高等学校教材

# 水污染控制工程实验

陈泽堂　主编

化学工业出版社
教　材　出　版　中　心
·北　　京·

**图书在版编目（CIP）数据**

水污染控制工程实验/陈泽堂主编．—北京：化学工业出版社，2003.3（2025.3 重印）
高等学校教材
ISBN 978-7-5025-4281-8

Ⅰ．水…　Ⅱ．陈…　Ⅲ．水污染-污染控制-实验-高等学校-教材　Ⅳ．X52-33

中国版本图书馆 CIP 数据核字（2003）第 010328 号

责任编辑：王文峡　　　文字编辑：杨欣欣
责任校对：蒋　宇　　　装帧设计：蒋艳君

出版发行：化学工业出版社（北京市东城区青年湖南街 13 号　邮政编码 100011）
印　　装：北京建宏印刷有限公司
787mm×1092mm　1/16　印张 12　字数 296 千字　2025 年 3 月北京第 1 版第 14 次印刷

购书咨询：010-64518888　　售后服务：010-64518899
网　　址：http：//www.cip.com.cn
凡购买本书，如有缺损质量问题，本社销售中心负责调换。

**定　价：32.00 元**

**版权所有　违者必究**

# 前　　言

“水污染控制工程实验”是高等学校环境工程专业和给水排水工程专业必修课程，是水污染控制工程教学的重要组成部分。本教材可以加深学生对水污染控制工程基本原理的理解；培养学生设计和组织水污染工程实验方案的初步能力，培养学生进行水污染控制工程实验的一般技能及使用实验仪器、设备的基本能力，培养学生分析实验数据与处理数据的基本能力。

本书是高等工科院校环境工程专业“水污染控制工程”课程的配套教材，是根据环境工程教材编审委员会制定的“水污染控制工程实验教学基本要求”编写的。

本书内容包括：1. 实验设计；2. 误差与实验数据的处理；3. 水样的采取与保存；4. 水污染控制工程实验内容的必开与选开的18个实验项目；5. 附录21项。本书主要面向高等院校教学，同时也面向生产和科学研究，可供选用。本书在编排上尽量做到由浅入深、由繁到简，在实验项目上具有完整性、实用性、独立性、正确性和科学性。

本书的前言、绪论、第一章、第二章、第三章，实验一、六、八、十一、十六、十八和附录由陈泽堂副教授编写；实验四、十、十三、十四、十五、十七由王光辉讲师编写；实验二、三、五、七、九、十二由韦红刚讲师编写；王学刚老师参与了实验二、三、五、七、九、十二、附录的编排与文字修改工作。全书由陈泽堂副教授和王学刚老师负责统稿，由陈泽堂副教授主编，由南昌大学李鸣教授和陈国树教授主审。此外，本书在编写过程中得到了环境工程教研室其他几位老师的帮助和支持，在此表示衷心感谢。

本书由东华理工学院教材基金及江西省“十五”重点建设学科“地质工程”建设基金资助。

由于编者水平有限，书中错误和不妥之处在所难免，敬请读者批评指正。

编　者

2002年12月

# 目　录

# 绪　　论

水污染控制工程是环境工程专业的一门重要学科，是建立在实验基础上的科学。许多水处理方法、处理设备的设计参数和操作运行方式的确定，都需要通过实验解决。例如，采用塔式生物滤池处理某种工业废水时，需要通过实验测定负荷率、回流比、滤池高度等工艺参数才能较合理地进行工程设计。

水污染控制工程实验是水污染控制工程的重要组成部分，是科研和工程技术人员解决水和污水处理中各种问题的一个重要手段。通过实验研究可以解决下述问题。

(1) 掌握污染物在自然界的迁移转化规律，为水环境保护提供依据。

(2) 掌握污水处理过程中污染物去除的基本规律，以改进和提高现有的处理技术及设备。

(3) 开发新的水处理技术和设备。

(4) 实现水处理设备的优化设计和优化控制。

(5) 解决水处理技术开发中的放大问题。

## 一、实验教学目的

实验教学是使学生理论联系实际，培养学生观察问题、分析问题和解决问题能力的一个重要方面。本课程的教学目的如下。

(1) 加深学生对基本概念的理解，巩固新的知识。

(2) 使学生了解如何进行实验方案的设计，并初步掌握水污染控制实验研究方法和基本测试技术。

(3) 通过实验数据的整理使学生初步掌握数据分析处理技术，包括如何收集实验数据、如何正确地分析和归纳实验数据、运用实验成果验证已有的概念和理论等。

## 二、实验教学程序

为了更好地实现教学目的，使学生学好本门课程，下面简单介绍实验研究工作的一般程序。

1. 提出问题

根据已经掌握的知识，提出打算验证的基本概念或探索研究的问题。

2. 设计实验方案

确定实验目标后要根据人力、设备、药品和技术能力等方面的具体情况进行实验方案的设计。实验方案应包括实验目的、装置、步骤、计划、测试项目和测试方法等内容。

3. 实验研究

(1) 根据设计好的实验方案进行实验，按时进行测试。

(2) 收集实验数据。

(3) 定期整理分析实验数据。实验数据的可靠性和定期整理分析是实验工作的重要环节。实验者必须经常用已掌握的基本概念分析实验数据，通过数据分析加深对基本概念的理解，并发现实验设备、操作运行、测试方法和实验方向等方面的问题，以便及时解决，使实验工作能较顺利地进行。

(4) 实验小结。通过实验数据的系统分析，对实验结果进行评价。小结的内容包括以下几个方面：

① 通过实验掌握了哪些新的知识；

② 是否解决了提出研究的问题；

③ 是否证明了文献中的某些论点；

④ 实验结果是否可用以改进已有的工艺设备和操作运行条件，或设计新的处理设备；

⑤ 当实验数据不合理时，应分析原因，提出新的实验方案。

由于受课程学时等条件限制，学生只能在已有的实验装置和规定的实验条件范围内进行实验，并通过本课程的学习得到初步的培养和训练，为今后从事实验研究和进行科学实验打好基础。

**三、实验教学要求**

1. 课前预习

为完成好每个实验，学生在课前必须认真阅读实验教材，清楚地了解实验项目的目的要求、实验原理和实验内容，写出简明的预习提纲。预习提纲包括：①实验目的和主要内容；②需测试项目的测试方法；③实验中应注意事项；④准备好实验记录表格。

2. 实验设计

实验设计是实验研究的重要环节，是获得满足要求的实验结果的基本保障。在实验教学中，宜将此环节的训练放在部分实验项目完成后进行，以达到使学生掌握实验设计方法的目的。

3. 实验操作

学生实验前应仔细检查实验设备、仪器仪表是否完整齐全。实验时要严格按照操作规程认真操作，仔细观察实验现象，精心测定实验数据并详细填写实验记录。实验结束后，要将实验设备和仪器仪表恢复原状，将周围环境整理干净。学生应注意培养自己严谨的科学态度，养成良好的工作学习习惯。

4. 实验数据处理

通过实验取得大量数据以后，必须对数据作科学的整理分析，去伪存真、去粗取精，以得到正确可靠的结论。

5. 编写实验报告

将实验结果整理编写成一份实验报告，是实验教学必不可少的组成部分。这一环节的训练可为今后写好科学论文或科研报告打下基础。实验报告包括下述内容：①实验目的；②实验原理；③实验装置和方法；④实验数据和数据整理结果；⑤实验结果讨论。对于科研论文，最后还要列出参考文献。实验教学的实验报告，参考文献一项可省略。实验报告的重点放在实验数据处理和实验结果的讨论。

# 第一章　实验设计

## 一、实验设计简介

实验设计的目的是选择一种对所研究的特定问题最有效的实验安排，以便用最少的人力、物力和时间获得满足要求的实验结果。从广义来说，它包括明确实验目的、确定测定参数、确定需要控制或改变的条件、选择实验方法和测试仪器、确定测量精度要求、实验方案设计和数据处理步骤等。实验设计是实验研究过程的重要环节，通过实验设计可以使我们的实验安排在最有效的范围内，以保证通过较少的实验得到预期的实验结果。例如，在进行生化需氧量（BOD）的测定时，为了能全面地描述废水有机污染的情况，往往需要估计最终生化需氧量（$BOD_u$ 或 $L_u$）和生化反应速率常数 $K_1$。完成这一实验需对 BOD 进行大量的、较长时间的（约 20d）测定，既费时又费钱。此时如有较合理的实验设计，就可能以较少的时间得到较正确的结果。表 1-1 是三种不同的实验设计得到的结果。图 1-1，图 1-2 是实验得到的 BOD 曲线。从上述图、表中可以看出，30 个测点的一组实验设计是不合适的，它不能给出满意的参数估算值。原因在于 BOD 是一级反应模型，因此，如果要使实验曲线与实测数据拟合得好些，要同时调整 $K_1$ 和 $L_u$。由图 1-2 可以看到，如果只调整 $K_1$，会使 $L_u$ 值变化很大，但模型对前 30 个数据的拟合情况却无显著差异，也就是说，两组截然不同的参数，其前 30 个点的拟合情况差别不大。可见在这种实验设计条件下，在一定的实验误差范围内，虽然两个实验者所得的结果都是对的，但结论可能相差很大。20d 59 次观测的结果虽然好，但需要大量人力与物力。而 20d 12 次观测的实验安排（图 1-1 中第 4 天 6 个点，第 20 天 6 个点）测试次数最少，而其参数估算结果与 59 次观测所得结果相接近。这个例子说明，只要实验设计合理，不必进行大量观测便可得到精确的参数估算值，使实验的工作显著地减少。如果实验点安排不好（例如，全部安排在早期），虽然得到的参数估算值高度相关，但实验不能达到预期目的。此外，即使实验观测的次数完全相同，如果实验点的安排不同，所得结果也可能截然不同。因此，正确的实验设计不仅可以节省人力、物力和时间，并且是得到可信的实验结果的重要保证。

**表 1-1　三种 BOD 实验设计所得结果**

| 实验安排 | 参数估算值 | | 参数的均方差 |
|---|---|---|---|
| | $K_1/d^{-1}$ | $L_u/(mg/L)$ | |
| 20d 59 次观测 | 0.22 | 10100 | −0.85 |
| 30 次观测，0～5d | 0.19 | 11440 | −0.9989 |
| 第 4 天 6 次，第 20 天 6 次 | 0.22 | 10190 | −0.63 |

在生产和科学研究中，实验设计方法已得到广泛应用，概括地说，包括三方面的应用。

（1）在生产过程中，人们为了达到优质、高产、低消耗等目的，常需要对有关因素的最佳点进行选择，一般是通过实验来寻找这个最佳点。实验的方法很多，为能迅速地找到最佳点，这就需要通过实验设计，合理安排实验点，才能最迅速找到最佳点。例如，混凝剂是水污染控制常用的化学药剂，其投加量因具体情况不同而异，因此常需要多次实验确定最佳投

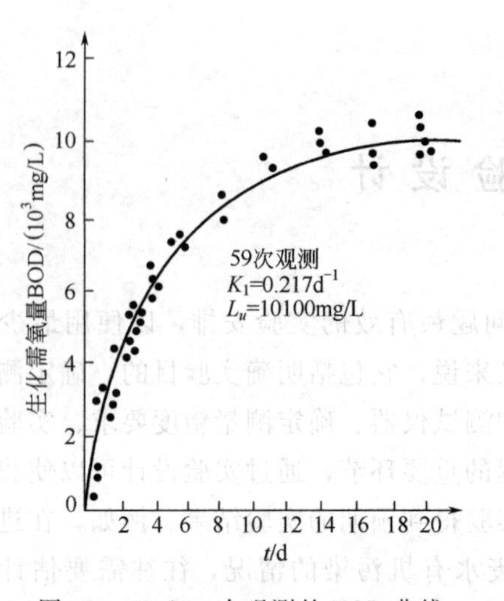

图 1-1　20d 59 次观测的 BOD 曲线

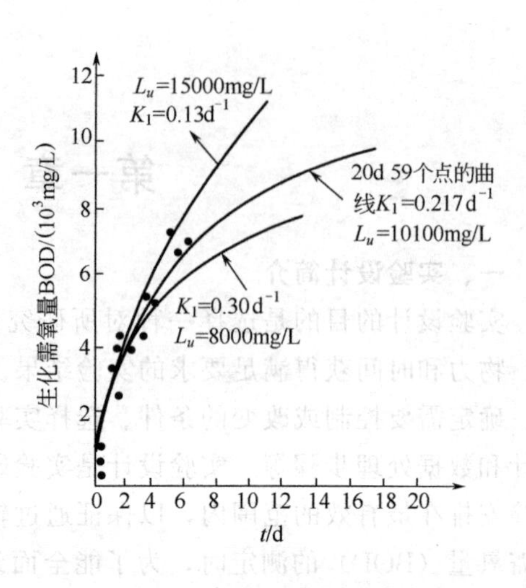

图 1-2　5d 30 次观测的 BOD 曲线

药量，此时便可以通过实验设计来减少实验的工作量。

（2）估算数学模型中的参数时，在实验前，若通过实验设计合理安排实验点、确定变量及其变化范围等，可以以较少的时间获得较精确的参数。例如，已知 BOD 一级反应模型 $Y=L_u\ (1-10^{-K_1 t})$，要估计 $K_1$ 和 $L_u$。由于 $\left.\frac{\mathrm{d}y}{\mathrm{d}t}\right|_{t=0}=K_1 L_u$，说明在反应的前期参数 $K_1$ 和 $L_u$ 相关性很好。所以如果在 $t$ 靠近 0 的小范围内进行实验，就难以得到正确的 $K_1$ 和 $L_u$，因为在此范围内，$K_1$ 的任何偏差都会由于 $L_u$ 的变化而得补偿（见图 1-2）。因此，只有通过正确的实验设计，把实验安排在较大的时间范围内进行，才能较精确地获得 $K_1$ 和 $L_u$。

（3）当可以用几种型式描述某一过程的数学模型时，常需要通过实验来确定哪一种是较恰当的模型（即竞争模型的筛选），此时也需要通过实验设计来保证实验提供可靠的信息，以便正确地进行模型筛选。例如，判断某化学反应是按 A→B→C 进行，还是按 A→B⇌C 进行时，要做许多实验。根据这两种反应动力学特征，B 的浓度与时间 $t$ 的关系分别为图 1-3 所示的两条曲线。从图中可以看出，要区分表示这两种不同反应机理的数学模型，应该观测反应后期 B 的浓度变化，在均匀的时间间隔内进行实验是没有必要的。如果把实验安排在前期，用所得到的数据进行鉴别，则无法达到筛选模型的目的。这个例子说明，实验设计对于模型筛选是十分重要的，如果实验点位置取得不好，即使实验数据很多，数据很精确，也得不到预期的实验目的。相反，选择适当的实验点位置后，即使测试精度稍差些，或者数据少一些，也能达到实验目的。

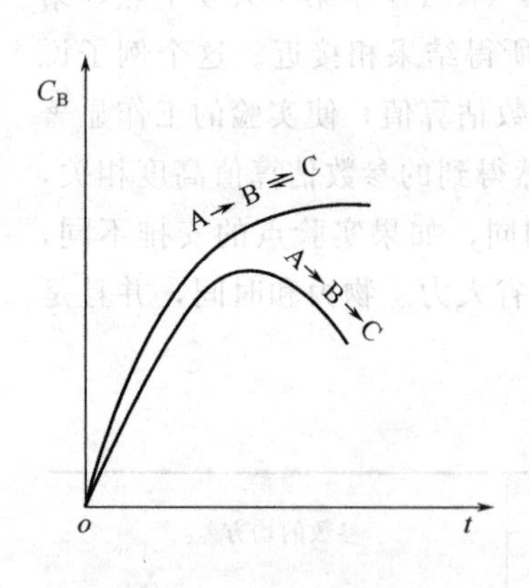

图 1-3　$C_B$ 与 $t$ 的关系

实验设计的方法很多，有单因素实验设计、双因素实验设计、正交实验设计、析因分析实验设计、序贯实验设计等。各种实验设计方法的目的和出发点不同，因此，在进行实验设计时，应根据研究对象的具体情况决定采用哪一种方法。

在生产过程和科学研究中，对实验指标有影响的条件，通常称为因素。有一类因素，在实验中可以人为地加以调节和控制，叫做可控因素。例如，混凝实验中的投药量和 pH 值是可以人为控制的，属于可控因素。另一类因素，由于技术、设备和自然条件的限制，暂时还不能人为控制，叫做不可控因素。例如，气温、风对沉淀效率的影响都是不可控因素。实验方案设计一般只适用于可控因素。下面说到因素，凡没有特别说明的都是指可控因素。在实验中，影响因素通常不止一个，但往往不是对所有的因素都加以考察。有的因素在长期实验中已经比较清楚，可暂时不考察，固定在某一状态上，只考察一个因素。这种考察一个因素的实验，叫做单因素实验。考察两个因素的实验称双因素实验。考察两个以上因素的实验称多因素实验。

在实验设计中用来衡量实验效果好坏所采用的标准称为实验指标，或简称指标。例如，在进行地面水的混凝实验时，为了确定最佳投药量和最佳 pH 值，选定浑浊度作为评定比较各次实验效果好坏的标准，即浊度是混凝实验的指标。

进行实验方案设计的步骤如下。

(1) 明确实验目的、确定实验指标　研究对象需要解决的问题，一般不止一个。例如，在进行混凝效果的研究时，要解决的问题有最佳投药量问题、最佳 pH 值问题和水流速度梯度问题。不可能通过一次实验把所有这些问题都解决，因此，实验前应首先确定这次实验的目的究竟是解决哪一个或者哪几个主要问题，然后确定相应的实验指标。

(2) 挑选因素　在明确实验目的和确定实验指标后，要分析研究影响实验指标的因素。从所有的影响因素中排除那些影响不大，或者已经掌握的因素，让它们固定在某一状态上；挑选那些对实验指标可能有较大影响的因素来进行考察。例如，在进行 BOD 模型的参数估计时，影响因素有温度、菌种数、硝化作用及时间等。通常是把温度和菌种数控制在一定状态上，并排除硝化作用的干扰，只通过考察 BOD 随时间的变化来估计参数。

(3) 选定实验设计方法　因素选定后，可根据研究对象的具体情况决定选用哪一种实验设计方法。例如，对于单因素问题，应选用单因素实验设计法；3 个以上因素的问题，可以用正交实验设计法；若要进行模型筛选或确定已知模型的参数估计，可采用序贯实验设计法。

(4) 实验安排　上述问题都解决后，便可以进行实验点位置安排，开展具体的实验工作。

下面我们仅介绍单因素实验设计、双因素实验设计及正交实验设计法的部分基本方法，原理部分可根据需要参阅有关书籍。

## 二、单因素实验设计

单因素实验设计方法有 0.618 法（黄金分割法）、对分法、分数法、分批实验法、爬山法和抛物线法等。前 3 种方法可以用较少的实验次数迅速找到最佳点，适用于一次只能出一个实验结果的问题。对分法效果最好，每做一个实验就可以去掉实验范围的一半。分数法应用较广，因为它还可以应用于实验点只能取整数或某特定数的情况，以及限制实验次数和精确度的情况。分批实验法适用于一次可以同时得出许多个实验结果的问题。爬山法适用于研究对象不适宜或者不易大幅度调整的问题。

下面介绍对分法、分数法和分批实验法。

### 1. 对分法

采用对分法时，首先要根据经验确定实验范围。设实验范围在 $a \sim b$ 之间，第一次实验点安排在 $(a, b)$ 的中点 $x_1\left(x_1=\dfrac{a+b}{2}\right)$。若实验结果表明 $x_1$ 取大了，则丢去大于 $x_1$ 的一半，第二次实验点安排在（$a$，$x_1$）的中点 $x_2\left(x_2=\frac{a+x_1}{2}\right)$。如果第一次实验结果表明 $x_1$ 取小了，便丢去小于 $x_1$ 的一半，第二次实验点就取在（$x_1$，$b$）的中点。这个方法的优点是每做一次实验便可以去掉一半，且取点方便。适用于预先已经了解所考察因素对指标的影响规律，能够从一个实验的结果直接分析出该因素的值是取大了或取小了的情况。

例如，确定消毒时加氯量的实验，可以采用对分法。

2. 分数法

分数法又叫菲波那契数列法，它是利用菲波那契数列进行单因素优化实验设计的一种方法。当实验点只能取整数，或者限制实验次数的情况下，采用分数法较好。例如，如果只能做一次实验时，就在$\frac{1}{2}$处做，其精确度为$\frac{1}{2}$，即这一点与实际最佳点的最大可能距离为$\frac{1}{2}$。如果只能做两次实验，第一次实验在$\frac{2}{3}$处做，第二次在$\frac{1}{3}$处做，其精确度为$\frac{1}{3}$。如果能做三次实验，则第一次在$\frac{3}{5}$处做实验，第二次在$\frac{2}{5}$处做，第三次在$\frac{1}{5}$或$\frac{4}{5}$处做，其精确度为$\frac{1}{5}$……做几次实验就在实验范围内$\frac{F_n}{F_{n+1}}$处做，其精度为$\frac{1}{F_{n+1}}$，如表 1-2 所示。

**表 1-2　分数法实验点位置与精确度**

| 实验次数 | 2 | 3 | 4 | 5 | 6 | 7 | … | $n$ | … | … |
|---|---|---|---|---|---|---|---|---|---|---|
| 等分实验范围的份数 | 3 | 5 | 8 | 13 | 21 | 34 | … | $F_{n+1}$ | … | … |
| 第一次实验点的位置 | $\frac{2}{3}$ | $\frac{3}{5}$ | $\frac{5}{8}$ | $\frac{8}{13}$ | $\frac{13}{21}$ | $\frac{21}{34}$ | … | $\frac{F_n}{F_{n+1}}$ | … | … |
| 精　确　度 | $\frac{1}{3}$ | $\frac{1}{5}$ | $\frac{1}{8}$ | $\frac{1}{13}$ | $\frac{1}{21}$ | $\frac{1}{34}$ | … | $\frac{1}{F_{n+1}}$ | … | … |

表 1-2 中的 $F_n$ 及 $F_{n+1}$ 叫"菲波那契数"，它们可由下列递推式确定

$$F_0=F_1=1 \qquad F_K=F_{K-1}+F_{K-2} \qquad (K=2、3、4\cdots)$$

由此得 $F_2=F_1+F_0=2$，$F_3=F_2+F_1=3$，$F_4=F_3+F_2=5\cdots F_{n+1}=F_n+F_{n-1}\cdots$

因此，表 1-2 第三行中各分数，从分数$\frac{2}{3}$开始，以后的每一分数，其分子都是前一分数的分母，而其分母都等于前一分数的分子与分母之和，照此方法不难写出所需要的第一次实验点位置。

分数法各实验点的位置，可用下列公式求得

$$第一个实验点=（大数-小数）\times\frac{F_n}{F_{n+1}}+小数 \tag{1-1}$$

$$新实验点=（大数-中数）+小数 \tag{1-2}$$

式中　中数——已实验的实验点数值。

上述两式推导如下。

首先由于第一个实验点 $x_1$ 取在实验范围内的$\frac{F_n}{F_{n+1}}$处，所以 $x_1$ 与实验范围左端点（小数）的距离等于实验范围总长度的$\frac{F_n}{F_{n+1}}$倍，即

第一实验点$-$小数$=$[大数(右端点)$-$小数]$\times\frac{F_n}{F_{n+1}}$移项后，即得式(1-1)。

又由于新实验点（$x_2$、$x_3$…）安排在余下范围内与已实验点相对称的点上，因此不仅新实验点到余下范围的中点的距离等于已实验点到中点的距离，而且新实验点到左端点的距离也等于已实验点到右端点的距离（图 1-4），即

$$新实验点-左端点=右端点-已实验点$$

移项后即得式（1-2）。

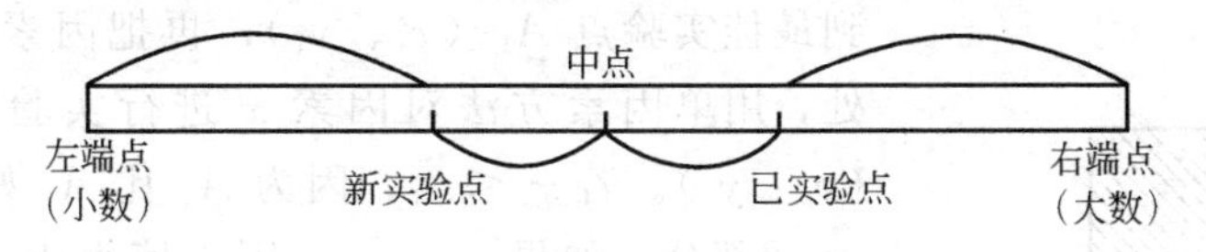


图 1-4　分数法实验点位置示意图

下面以一具体例子说明分数法的应用。

某污水厂准备投加三氯化铁来改善污泥的脱水性能，根据初步调查投药量在 160mg/L 以下，要求通过 4 次实验确定出最佳投药量。具体计算方法如下。

① 根据式（1-1）可得到第一个实验点位置

$$(160-0)\times\frac{5}{8}+0=100(\text{mg/L})$$

② 根据式（1-2）得到第二个实验点位置

$$(160-100)+0=60(\text{mg/L})$$

③ 假定第一点比第二点好，所以在 60～160 之间找第三点，丢去 0～60 的一段，即

$$(160-100)+60=120(\text{mg/L})$$

④ 第三点与第一点结果一样，此时可用对分法进行第四次实验，即在 $\frac{100+120}{2}=110$（mg/L）处进行实验得到的效果最好。

3. 分批实验法

当完成实验需要较长的时间，或者测试一次要花很大代价，而每次同时测试几个样品和测试一个样品所花的时间、人力或费用相近时，采用分批实验法较好。分批实验法又可分为均匀分批实验法和比例分割实验法。这里仅介绍均匀分批实验法。这种方法是每批实验均匀地安排在实验范围内。例如，每批要做 4 个实验，我们可以先将实验范围（$a$，$b$）均分为 5 份，在其 4 个分点 $x_1$、$x_2$、$x_3$、$x_4$ 处做 4 个实验。将 4 个实验样品同时进行测试分析，如果 $x_3$ 好，则去掉小于 $x_2$ 和大于 $x_4$ 的部分，留下（$x_2$，$x_4$）范围。然后将留下部分再分成 6 份，在未做过实验的 4 个分点实验，这样一直做下去，就能找到最佳点。对于每批要做 4 个实验的情况，用这种方法，第一批实验后范围缩小$\frac{2}{5}$，以后每批实验后都能缩小为前次余下的$\frac{1}{3}$（见图 1-5）。

$a$　$x_1$　$x_2$　$x_3$　$x_4$　$b$

图 1-5　分批实验法示意图

例如，测定某种有毒物质进入生化处理构筑物的最大允许浓度时，可以用这种方法。

**三、双因素实验设计**

对于双因素问题，往往采取把两个因素变成一个因素的办法（即降维法）来解决，也就

是先固定第一个因素，做第二个因素的实验，然后固定第二个因素再做第一个因素的实验。这里介绍两种双因素实验设计。

1. 从好点出发法

这种方法是先把一个因素，例如 $x$ 固定在实验范围内的某一点 $x_1$（0.618 点处或其他点处），然后用单因素实验设计对另一因素 $y$ 进行实验，得到最佳实验点 $A_1$（$x_1$、$y_1$）；再把因素 $y$ 固定在好点 $y_1$ 处，用单因素方法对因素 $x$ 进行实验，得到最佳点 $A_2$（$x_2$、$y_1$）。若 $x_2<x_1$，因为 $A_2$ 比 $A_1$ 好，可以去掉大于 $x_1$ 的部分，如果 $x_2>x_1$，则去掉小于 $x_1$ 的部分。然后，在剩下的实验范围内，再从好点 $A_2$ 出发，把 $x$ 固定在 $x_2$ 处，对因素 $y$ 进行实验，得到最佳实验点 $A_3$（$x_2$、$y_2$），于是再沿直线 $y=y_1$ 把不包含 $A_3$ 的部分范围去掉，这样继续下去，能较好地找到需要的最佳点（见图 1-6）。

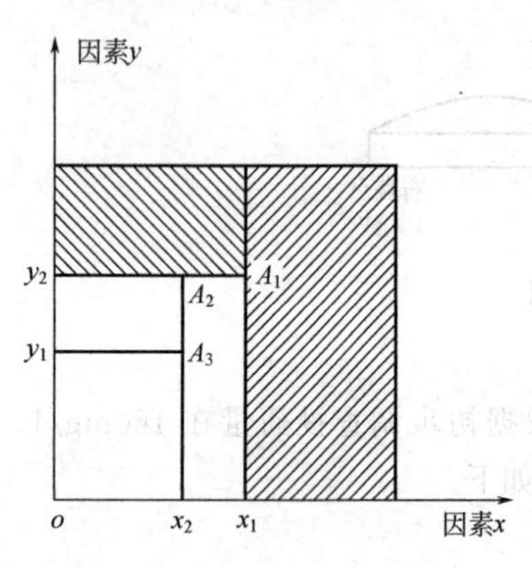

图 1-6 从好点出发法示意图

这个方法的特点是对某一因素进行实验选择最佳点时，另一个因素都是固定在上次实验结果的好点上（除第一次外）。

2. 平行线法

如果双因素问题的两个因素中有一个因素不易改变时，宜采用平行线法。具体方法如下。

设因素 $y$ 不易调整，把 $y$ 先固定在其实验范围的 0.5（或 0.618）处，过该点做平行于 $x$ 轴的直线，并用单因素方法找出另一因素 $x$ 的最佳点 $A_1$。再把因素 $y$ 固定在 0.25 处，用单因素法找出因素 $x$ 的最佳点 $A_2$。比较 $A_1$ 和 $A_2$，若 $A_1$ 比 $A_2$ 好，则沿直线 $y=0.25$ 将下面的部分去掉，然后在剩下的范围内再用对分法找出因素 $y$ 的第三点 0.625。第三次实验将因素 $y$ 固定在 0.625 处。用单因素法找出因素 $x$ 的最佳点 $A_3$。若 $A_1$ 比 $A_3$ 好，则又可将直线 $y=0.625$ 以上的部分去掉。这样一直做下去，就可以找到满意的结果（见图 1-7）。

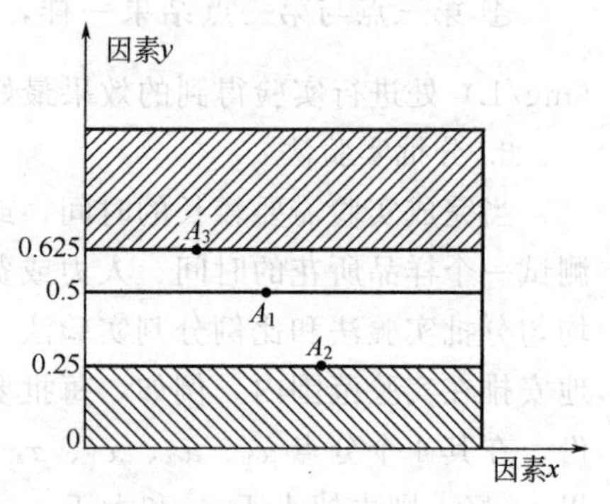

图 1-7 平行线法示意图

例如，混凝效果与混凝剂的投加量、pH 值、水流速度梯度三因素有关。根据经验分析，主要的影响因素是投药量和 pH 值，因此可以根据经验把水流速度梯度固定在某一水平上，然后，用双因素实验设计法选择实验点进行实验。

**四、正交实验设计**

在生产和科学研究中遇到的问题，一般都是比较复杂的，包含多种因素，且各个因素又有不同的状态，它们往往互相交织、错综复杂。要解决这类问题，常常需要做大量实验。例如，某工业废水欲采用厌氧消化处理，经过分析研究后，决定考察 3 个因素（如温度、时间、负荷率），而每个因素又可能有 3 种不同的状态（如温度因素为 25℃、30℃、35℃等 3 个水平），它们之间可能有 $3^3=27$ 种不同的组合，也就是说要经过 27 次实验后才能知道哪一种组合最好。显然，这种全面进行实验的方法，不但费时费钱，有时甚至是不可能的。对于这样的一个问题，如果采用正交设计法安排实验，只要经过 9 次实验便能得到满意的结果。对于多因素问题，采用正交实验设计可以达到事半功倍的效果，这是因为可以通过正交设计合理地挑选和安排实验点，较好地解决多因素实验中的两个突出问题：

① 全面实验的次数与实际可行的实验次数之间的矛盾；

② 实际所做的少数实验与要求掌握的事物的内在规律之间的矛盾。

正交实验设计法是一种研究多因素实验问题的数学方法。它主要是使用正交表这一工具从所有可能的实验搭配中挑选出若干必需的实验，然后再用统计分析方法对实验结果进行综合处理，得出结果。下面先介绍两个有关的概念。

（1）水平　因素变化的各种状态叫因素的水平。某个因素在实验中需要考察它的几种状态，就叫它是几水平的因素。因素在实验中所处状态（即水平）的变化，可能引起指标发生变化。例如，在污泥厌氧消化实验中要考察 3 个因素：温度、泥龄和负荷率。温度因素选择为 25℃、30℃、35℃3 种状态，这里的 25℃、30℃、35℃就是温度因素的 3 个水平。

因素的水平有的能用数量表示（如温度），有的则不能用数量表示。例如，在采用不同混凝剂进行印染废水脱色实验时，要研究哪种混凝剂较好，在这里各种混凝剂就表示混凝剂这个因素的各个水平，不能用数量表示。凡是不能用数量表示水平的因素，叫做定性因素。在多因素实验中，有时会遇到定性因素。对于定性因素，只要对每个水平规定具体含义，就可与定量因素一样对待。

（2）正交表　用正交设计法安排实验都要用正交表。它是正交实验设计法中合理安排实验，以及对数据进行统计分析的工具。正交表都以统一形式的记号来表示。如 $L_4$（$2^3$）（图 1-8），字母 L 代表正交表；L 右下角的数字“4”表示正交表有 4 行，即要安排 4 次实验；括号内的指数“3”表示表中有 3 列，即最多可以考察 3 个因素；括号内的底数“2”表示表中每列有 1、2 两种数据，即安排实验时，被考察的因素有两种水平 1 与 2，称为 1 水平与 2 水平。如表 1-3 所示。

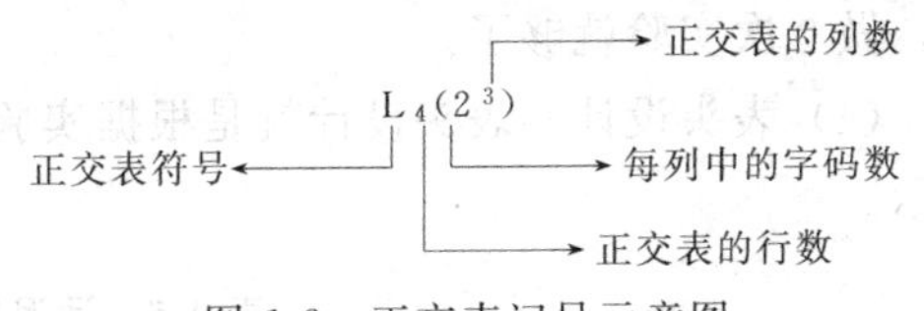


图 1-8　正交表记号示意图

**表 1-3　$L_4$（$2^3$）正交表**

| 实验号 | 列号 1 | 列号 2 | 列号 3 | 实验号 | 列号 1 | 列号 2 | 列号 3 |
|---|---|---|---|---|---|---|---|
| 1 | 1 | 1 | 1 | 3 | 2 | 1 | 2 |
| 2 | 1 | 2 | 2 | 4 | 2 | 2 | 1 |

如果被考察各因素的水平不同，应采用混合型正交表，其表示方式略有不同。如 $L_8$（$4\times2^4$），它表示有 8 行（即要做 8 次实验）5 列（即有 5 个因素）；而括号内的第一项“4”表示被考察的第一个因素是 4 个水平，在正交表中位于第一列，这一列由 1、2、3、4 四种数字组成；括号内第二项的指数“4”表示另外还有 4 个考察因素；底数“2”表示后 4 个因素是 2 水平，即后 4 列由 1、2 两种数字组成。用 $L_8$（$4\times2^4$）安排实验时，最多可以考察一个具有五因素的问题，其中一因素为 4 水平，另四因素为 2 水平，共要做 8 次实验。

1. 正交设计法安排多因素实验的步骤

（1）明确实验目的，确定实验指标。

（2）挑因素选水平，列出因素水平表。影响实验成果的因素很多，但是，我们不是对每个因素都进行考察。例如，对于不可控因素，由于无法测出因素的数值，因而看不出不同水平的差别，难以判断该因素的作用，所以不能列为被考察的因素。对于可控因素则应挑选那些对指标可能影响较大，但又没有把握的因素来进行考察，特别注意不能把重要因素固定(即固定在某一状态上不进行考察)。

对于选出的因素，可以根据经验定出它们的实验范围，在此范围内选出每个因素的水平，即确定水平的个数和各个水平的数量。因素水平选定后，便可列成因素水平表。例如，某污水厂进行污泥厌氧消化实验，经分析后决定对温度、泥龄、投配率等三因素进行考察，并确定了各因素均为 2 水平和每个水平的数值。此时可以列出因素水平表（见表 1-4)。

**表 1-4　污泥厌氧消化实验因素水平表**

| 水　平 | 因　素 | | |
|---|---|---|---|
| | 温　度/℃ | 泥　龄/d | 污泥投配率/% |
| 1 | 25 | 5 | 5 |
| 2 | 35 | 10 | 8 |

(3) 选用正交表。常用的正交表有几十个，究竟选用哪个正交表，需要综合分析后决定，一般是根据因素和水平的多少、实验工作量大小和允许条件而定。实际安排实验时，挑选因素、水平和选用正交表等步骤有时是结合进行的。例如，根据实验目的，选好 4 个因素，如果每个因素取 4 个水平，则需用 $L_{16}$ ($4^4$) 正交表，要做 16 次实验。但是由于时间和经费上的原因，希望减少实验次数，因此，改为每个因素 3 个水平，则改用 $L_9$ ($3^4$) 正交表，做 9 次实验就够了。

(4) 表头设计。表头设计就是根据实验要求，确定各因素在正交表中的位置，如表 1-5 所示。

**表 1-5　污泥厌氧消化实验的表头**

| 因　素 | 温　度 | 泥　龄 | 污泥投配率 |
|---|---|---|---|
| 列　号 | 1 | 2 | 3 |

(5) 列出实验方案。根据表头设计，从 $L_4$ ($2^3$) 正交表（表 1-6）中把 1、2、3 列的 1 和 2 换成表 1-4 所给的相应的水平，即得实验方案表（表 1-7)。

**表 1-6　$L_4$ ($2^3$) 正交表**

| 实　验　号 | 列　号 | | | 实　验　号 | 列　号 | | |
|---|---|---|---|---|---|---|---|
| | 1 | 2 | 3 | | 1 | 2 | 3 |
| 1 | 1 | 1 | 1 | 3 | 2 | 1 | 2 |
| 2 | 1 | 2 | 2 | 4 | 2 | 2 | 1 |

**表 1-7　污泥厌氧消化实验方案表**

| 实验号 | 因素(列号) | | | 实验指标:产气量/(L/kgCOD) | 实验号 | 因素(列号) | | | 实验指标:产气量/(L/kgCOD) |
|---|---|---|---|---|---|---|---|---|---|
| | A<br>温度/℃<br>(1) | B<br>泥龄/d<br>(2) | C<br>污泥投配率/%<br>(3) | | | A<br>温度/℃<br>(1) | B<br>泥龄/d<br>(2) | C<br>污泥投配率/%<br>(3) | |
| 1 | 25(1) | 5(1) | 5(1) | | 3 | 35(2) | 5(1) | 8(2) | |
| 2 | 25(1) | 10(2) | 8(2) | | 4 | 35(2) | 10(2) | 5(1) | |

2. 实验结果的分析——直观分析法

通过实验获得大量实验数据后，如何科学地分析这些数据，从中得到正确的结论，是实验设计法不可分割的组成部分。

正交实验设计法的数据分析是要解决：①挑选的因素中，哪些因素影响大些，哪些影响小些，各因素对实验目的影响的主次关系如何；②各影响因素中，哪个水平能得到满意的结果，从而找到最佳的管理运行条件。

直观分析法是一种常用的分析实验结果的方法，其具体步骤如下。

(1) 填写实验指标。表 1-8 是采用直观分析法时的实验结果分析表示例。实验结束后，应归纳各组实验数据，填入表 1-8 中的“实验结果”栏中，并找出实验中结果最好的一个，计算实验指标的总和填入表内。

**表 1-8 $L_4$ ($2^3$) 表的实验结果分析**

| 实验号 | 列号 | | | | 实验号 | 列号 | | | |
|---|---|---|---|---|---|---|---|---|---|
| | 1 | 2 | 3 | 实验结果(实验指标) | | 1 | 2 | 3 | 实验结果(实验指标) |
| 1 | 1 | 1 | 1 | $x_1$ | $K_1$<br>$K_2$ | | | | $\sum_{i=1}^{n} x$($n$ = 实验次数) |
| 2 | 1 | 2 | 2 | $x_2$ | | | | | |
| 3 | 2 | 1 | 2 | $x_3$ | $\overline{K}_1$<br>$\overline{K}_2$ | | | | |
| 4 | 2 | 2 | 1 | $x_4$ | $R$ | | | | |

例如，将前叙某污水厂厌氧消化实验所取得的 4 次产气量结果填入表 1-9 中，找出第 3 号实验的产气量最高（817 L/kgCOD），它的实验条件是 $A_2B_1C_2$，并将产气量的总和 2854（2854＝627＋682＋817＋729）也填入表内。

(2) 计算各列的 $K_i$，$\overline{K}_i$ 和 $R$ 值，并填入表 1-8 中。

$K_i$（第 $m$ 列）＝第 $m$ 列中数字与“$i$”对应的指标值之和

$$\overline{K}_i（第\ m\ 列）=\frac{K_i（第\ m\ 列）}{第\ m\ 列中“i”水平的重复次数}$$

$R$（第 $m$ 列）＝第 $m$ 列的 $\overline{K}_1$、$\overline{K}_2$……中最大值减去最小值之差。

$R$ 称为极差。极差是衡量数据波动大小的重要指标，极差越大的因素越重要。

例如，表 1-9 的第 1 列中与（1）和（2）相应的实验指标分别为“627”、“682”和“817”，“728”，所以

$K_1$（第 1 列）＝627＋682＝1309(L/kgCOD)

$K_2$（第 1 列）＝817＋728＝1545(L/kgCOD)

表 1-9 中第一列中的水平（1）和（2）重复次数均为 2 次，所以

$$\overline{K}_1（第\ 1\ 列）=\frac{K_1（第\ 1\ 列）}{2}=\frac{1309}{2}=654.5(\text{L/kgCOD})$$

$$\overline{K}_2（第\ 1\ 列）=\frac{K_2（第\ 1\ 列）}{2}=\frac{1545}{2}=772.5(\text{L/kgCOD})$$

$R$（第 1 列）＝772.5－654.5＝118(L/kgCOD)

(3) 作因素与指标的关系图。以指标的 $\overline{K}$ 为纵坐标，因素水平为横坐标作图。该图反映了在其他因素基本上是相同变化的条件下，该因素与指标的关系。

表 1-9　厌氧消化实验结果分析

| 实验号 | 因素（列号） | | | 实验结果（实验指标）产气量/(L/kgCOD) |
|---|---|---|---|---|
| | A 温度/℃ (1) | B 泥龄/d (2) | C 污泥投配率/% (3) | |
| 1 | 25(1) | 5(1) | 5(1) | 627 |
| 2 | 25(1) | 10(2) | 8(2) | 682 |
| 3 | 35(2) | 5(1) | 8(2) | 817 |
| 4 | 35(2) | 10(2) | 5(1) | 728 |
| $K_1$ | 1309 | 1444 | 1355 | 2854 |
| $K_2$ | 1545 | 1410 | 1499 | |
| $\overline{K}_1$ | 654.5 | 722 | 677.5 | |
| $\overline{K}_2$ | 772.5 | 705 | 749.5 | |
| $R$ | 118 | 17 | 72 | |

例如，表 1-9 中所列的 $\overline{K}$ 与 A、B、C 三因素的关系可绘得图 1-9。从图 1-9 可以很直观地看出三因素中，对产气量影响最大的是温度，影响最小的是泥龄。

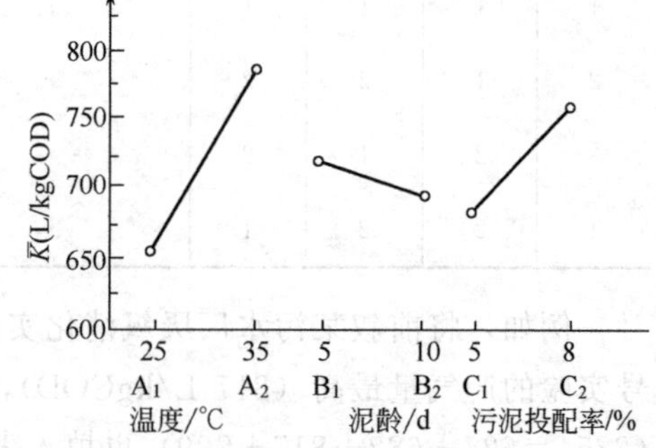

图 1-9　$\overline{K}$ 与 A、B、C 三因素关系

(4) 比较各因素的极差 $R$，排出因素的主次顺序。例如，根据表 1-9，厌氧消化过程中影响产气量大小的三因素的主次顺序是

温度⟶污泥投配率⟶泥龄

应该注意，实验分析得到的因素的主次、水平的优劣，都是相对于某具体条件而言。在一次实验中是主要因素。在另一次实验中，由于条件变了，就可能成为次要因素。反过来，原来次要的因素，也可能由于条件的变化而转化为主要因素。

(5) 选取较好的水平组。从表 1-9 可以看到，4 个实验中产气量最高的操作条件是 $A_2B_1C_2$，通过计算分析找出的好的操作条件也是 $A_2B_1C_2$。因此，可以认为 $A_2B_1C_2$ 是一组好的操作条件。如果计算分析结果与按实验安排进行实验后得到的结果不一致时，应将各自得到的好的操作条件再各做两次实验加以验证，最后确定哪一组操作条件最好。

## 五、正交实验分析举例

**例 1**　污水生物处理所用曝气设备，不仅关系到处理厂站基建投资，还关系到运行费用，因而国内外均在研制新型高效节能的曝气设备。自吸式射流曝气设备是一新型设备，为了研制设备结构尺寸、运行条件与充氧性能关系，拟用正交实验法进行清水充氧实验。

实验是在 1.6m×1.6m×7.0m 的钢板池内进行，喷嘴直径 $d$＝20mm（整个实验中的一部分）。

1. 实验方案确定及实验

(1) 实验目的　实验是为了找出影响曝气充氧性能的主要因素及确定较理想的结构尺寸和运行条件。

(2) 挑选因素　影响充氧的因素较多，根据有关文献资料及经验，对射流器本身结构主要考察两个：一个射流器的长、径比，即混合段的长度 $L$ 与其直径 $D$ 之比 $L/D$；另一是射

流器的面积比，即混合段的断面面积与喷嘴面积之比

$$m=\frac{F_2}{F_1}=\frac{D^2}{d^2}$$

对射流器运行条件，主要考察喷嘴工作压力 $p$ 和曝气水深 $H$。

（3）确定各因素的水平　为了能减少实验次数，又能说明问题，因此，每个因素选用 3 个水平。根据有关资料选用，结果如表 1-10。

**表 1-10　自吸式射流曝气实验因素水平表**

| 项　目 | 因　素 | | | |
|---|---|---|---|---|
| | 1 | 2 | 3 | 4 |
| 内　容 | 水深 $H$/m | 压力 $p$/MPa | 面积比 $m$ | 长径比 $L/D$ |
| 水　平 | 1，2，3 | 1，2，3 | 1，2，3 | 1，2，3 |
| 数　值 | 4.5，5.5，6.5 | 0.1，0.2，0.25 | 9.0，4.0，6.3 | 60，90，120 |

（4）确定实验评价指标　本实验以充氧动力效率为评价指标。充氧动力效率系指曝气设备所消耗的理论功率为1kW·h时，向水中充入氧的数量，以 kg/(kW·h) 计。该值将曝气供氧与所消耗的动力联系在一起，是一个具有经济价值的指标，它的大小将影响到活性污泥处理厂站的运行费用。

（5）选择正交表　根据以上所选择的因素与水平，确定选用 $L_9$（$3^4$）正交表。见表 1-11。

**表 1-11　$L_9$（$3^4$）正交实验表**

| 实验号 | 列　号 | | | | 实验号 | 列　号 | | | |
|---|---|---|---|---|---|---|---|---|---|
| | 1 | 2 | 3 | 4 | | 1 | 2 | 3 | 4 |
| 1 | 1 | 1 | 1 | 1 | 6 | 2 | 3 | 1 | 2 |
| 2 | 1 | 2 | 2 | 2 | 7 | 3 | 1 | 3 | 2 |
| 3 | 1 | 3 | 3 | 3 | 8 | 3 | 2 | 1 | 3 |
| 4 | 2 | 1 | 3 | 3 | 9 | 3 | 3 | 2 | 1 |
| 5 | 2 | 2 | 3 | 1 | | | | | |

（6）确定实验方案　根据已定的因素、水平及选用的正交表。

① 因素顺序上列。

② 水平对号入座。

则得出正交实验方案表 1-12。

**表 1-12　自吸式射流曝气正交实验方案表 $L_9$（$3^4$）**

| 实验号 | 因　子 | | | | 实验号 | 因　子 | | | |
|---|---|---|---|---|---|---|---|---|---|
| | $H$/m | $p$/MPa | $m$ | $L/D$ | | $H$/m | $p$/MPa | $m$ | $L/D$ |
| 1 | 4.5 | 0.10 | 9.0 | 60 | 6 | 5.5 | 0.25 | 9.0 | 90 |
| 2 | 4.5 | 0.20 | 4.0 | 90 | 7 | 6.5 | 0.10 | 6.3 | 90 |
| 3 | 4.5 | 0.25 | 6.3 | 120 | 8 | 6.5 | 0.20 | 9.0 | 120 |
| 4 | 5.5 | 0.10 | 4.0 | 120 | 9 | 6.5 | 0.25 | 4.0 | 60 |
| 5 | 5.5 | 0.20 | 6.3 | 60 | | | | | |

③ 确定实验条件并进行实验。根据表 1-12，共需组织 9 次实验，每组具体实验条件如表中 1、2……9 各横行所示。第一次实验在水深 4.5m，喷嘴工作压力 $p=0.1$MPa，面积比 $m=\frac{D^2}{d^2}=9.0$，长径比 $L/D=60$ 的条件下进行。

2. 实验结果直观分析

实验结果及分析如表 1-13 所示，具体做法如下。

**表 1-13 自吸式射流曝气正交实验结果直观分析**

| 实验号 | 因子 | | | | |
|---|---|---|---|---|---|
| | $H$/m | $p$/MPa | $m$ | $L/D$ | $E$/[kg/(kW·h)] |
| 1 | 4.5 | 0.100 | 9.0 | 60 | 1.03 |
| 2 | 4.5 | 0.195 | 4.0 | 90 | 0.89 |
| 3 | 4.5 | 0.297 | 6.3 | 120 | 0.88 |
| 4 | 5.5 | 0.115 | 4.0 | 120 | 1.30 |
| 5 | 5.5 | 0.180 | 6.3 | 60 | 1.07 |
| 6 | 5.5 | 0.253 | 9.0 | 90 | 0.77 |
| 7 | 6.5 | 0.105 | 6.3 | 90 | 0.83 |
| 8 | 6.5 | 0.200 | 9.0 | 120 | 1.11 |
| 9 | 6.5 | 0.255 | 4.0 | 60 | 1.01 |
| $K_1$ | 2.80 | 3.16 | 2.91 | 3.11 | $\sum E=8.89$ |
| $K_2$ | 3.14 | 3.07 | 3.20 | 2.49 | $\mu=\frac{\sum E}{9}=0.99$ |
| $K_3$ | 2.95 | 2.66 | 2.78 | 3.29 | |
| $\overline{K}_1$ | 0.93 | 1.05 | 0.97 | 1.04 | |
| $\overline{K}_2$ | 1.05 | 1.02 | 1.07 | 0.83 | |
| $\overline{K}_3$ | 0.98 | 0.89 | 0.93 | 1.10 | |
| $R$ | 0.12 | 0.16 | 0.14 | 0.27 | |

(1) 填写评价指标　将每一实验条件下的原始数据，通过数据处理后求出动力效率 $E$，并计算算术平均值，填写在相应的栏内。

(2) 计算各列的 $K$、$\overline{K}$ 及极差 $R$　如计算 $H$ 这一列的因素时，各水平的 $K$ 值如下。

第一个水平 $K_{4.5}=1.03+0.89+0.88=2.80$

第二个水平 $K_{5.5}=1.30+1.07+0.77=3.14$

第三个水平 $K_{6.5}=0.83+1.11+1.01=2.95$

其均值 $\overline{K}$ 分别为

$$\overline{K}_{11}=\frac{2.80}{3}=0.93$$

$$\overline{K}_{12}=\frac{3.14}{3}=1.05$$

$$\overline{K}_{13}=\frac{2.95}{3}=0.98$$

极差 $R_1=1.05-0.93=0.12$

依此分别计算 2、3、4 列，结果如表 1-13。

(3) 成果分析

① 由表中极差大小可见，影响射流曝气设备充氧效率的因素主次顺序依次为 $L/D \rightarrow p \rightarrow m \rightarrow H$。

② 由表中各因素水平值的均值可见各因素中较佳的水平条件分别为：$L/D=120$；$p=0.1$MPa；$m=4.0$；$H=5.5$m。

**例 2** 某直接过滤工艺流程如图 1-10，原水浊度约 30 度，水温约 22℃。今欲考察混凝剂硫酸铝投量、助滤剂聚丙烯酰胺投量、助滤剂投加点及滤速对过滤周期平均出水浊度的影响，进行正交实验。每个因素选用三个水平，根据经验及小型实验，混凝剂投量分别为 10mg/L、12mg/L 及 14mg/L；助滤剂投量分别为 0.008mg/L、0.015mg/L 及 0.03mg/L；助滤剂投加点分别为 A、B、C 点；滤速分别为 8m/h、10m/h 及 12m/h。用 $L_9(3^4)$ 表安排实验，实验成果及分析见表 1-14。

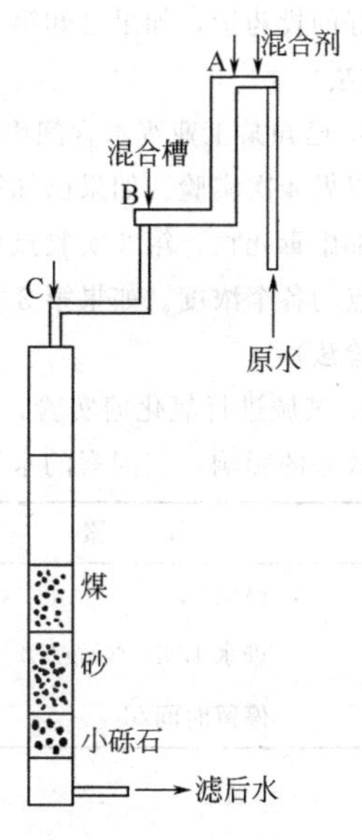


图 1-10 直接过滤工艺流程示意

**表 1-14 $L_9(3^4)$ 直接过滤正交实验成果及直观分析**

| 实验号 | 混凝剂投量/(mg/L) | 助滤剂投量/(mg/L) | 助滤剂投点 | 滤速/(m/h) | 过滤出水平均浊度 |
|---|---|---|---|---|---|
| 1 | 10 | 0.008 | A | 8 | 0.60 |
| 2 | 10 | 0.015 | B | 10 | 0.55 |
| 3 | 10 | 0.03 | C | 12 | 0.72 |
| 4 | 12 | 0.008 | B | 12 | 0.54 |
| 5 | 12 | 0.015 | C | 8 | 0.50 |
| 6 | 12 | 0.03 | A | 10 | 0.48 |
| 7 | 14 | 0.008 | C | 10 | 0.50 |
| 8 | 14 | 0.015 | A | 12 | 0.45 |
| 9 | 14 | 0.03 | B | 8 | 0.37 |
| $K_1$ | 1.87 | 1.64 | 1.53 | 1.47 | |
| $K_2$ | 1.52 | 1.50 | 1.46 | 1.53 | |
| $K_3$ | 1.32 | 1.57 | 1.72 | 1.71 | |
| $\overline{K}_1$ | 0.62 | 0.55 | 0.51 | 0.49 | |
| $\overline{K}_2$ | 0.51 | 0.50 | 0.49 | 0.51 | |
| $\overline{K}_3$ | 0.44 | 0.52 | 0.57 | 0.57 | |
| $R$ | 0.18 | 0.05 | 0.08 | 0.08 | |

注：助滤剂投加点 A——药剂经过混合设备；B——药剂未经设备，但经过设备出口处 0.25m 跌水混合；C——原水投药后未经混合即进入滤柱。

由上表知各因素较佳值分别为：混凝剂投量 14mg/L，助滤剂投量 0.015mg/L，助滤剂投加点 B，滤速 8m/h。而影响因素的主次顺序为：混凝剂投量⟶助滤剂投点⟶滤速⟶助滤剂投量。

## 习 题

1. 试以具体例子说明对分法、分数法和分批实验法各适用于什么情况。

2. 某污水厂用 $FeCl_3$ 调节污泥脱水性能，已知加药量为污泥干重的 4%～12%之间，做了 4 次实验，找到好的投药量，如果已知第 1 点比第 2 点好，第 3 点比第 1 点和第 2 点都好，试问好点的投药量是多少？（分数法）

3. 已知某工业废水含间甲酚 1000mg/L，要用摇床实验确定其进入生化处理设备的最大允许浓度，每批可以做 4 次实验。如果已知第 1、2 实验点的间甲酚的浓度对微生物的生长没有影响，第 4 实验点处微生物全部中毒死亡，第 3 实验点处虽然对微生物有影响，但还是能去除 60%～70% 的间甲酚，试求出第 2 批实验点的各个浓度。如果第 3 实验点处微生物也全部死亡，那么第 2 批实验的各点浓度应为多少？（均匀分批实验法）

4. 某城进行氧化塘实验，经研究后决定考察温度、进水 $BOD_5$ 浓度和水力停留时间等三因素对氧化塘处理效率的影响，三因素的水平如下表，试列出正交实验方案。

| 因素 | 水平 | | | |
|---|---|---|---|---|
| 温度/℃ | 3 | 15 | 20 | 25 |
| 进水 $BOD_5$/(mg/L) | 100 | 150 | 200 | 250 |
| 停留时间/d | 7 | 15 | 20 | 30 |

# 第二章　误差与实验数据处理

水污染控制工程实验，常需要做一系列的测定，并取得大量数据。实践表明，每项实验都有误差，同一项目的多次重复测量，结果总有差异。即实验值与真实值之间的差异，这是由于实验环境不理想、实验人员技术水平不高、实验设备或实验方法不完善等因素引起的。随着研究人员对研究课题认识的提高，仪器设备的不断完善，实验中的误差可以逐渐减少，但是不可能做到没有误差。因此，绝不能认为取得了实验数据就已经万事大吉。一方面，必须对所测对象进行分析研究，估计测试结果的可靠程度，并对取得的数据给予合理的解释；另一方面，还必须将所得数据加以整理归纳，用一定的方式表示出各数据之间的相互关系。前者即误差分析，后者为数据处理。

对实验结果进行误差分析与数据处理的目的如下。

① 可以根据科学实验的目的，合理地选择实验装置、仪器、条件和方法；

② 能正确处理实验数据，以便在一定条件下得到接近真实值的最佳结果；

③ 合理选定实验结果的误差，避免由于误差选取不当造成人力、物力的浪费；

④ 总结测定的结果，得出正确的实验结论，并通过必要的整理归纳（如绘成实验曲线或得出经验公式）为验证理论分析提供条件。

误差与数据处理内容很多，在此介绍一些基本知识。读者需要更深入了解时，可参阅有关参考书。

## 一、误差的基本概念

### 1. 真值与平均值

实验过程中要做各种测试工作，由于仪器、测试方法、环境、人的观察力、实验方法等都不可能做到完美无缺，因此我们无法测得真值（真实值）。如果我们对同一考察项目进行无限多次的测试，然后根据误差分布定律正负误差出现的概率相等的概念，可以求得各测试值的平均值。在无系统误差（系统误差的含意请参阅“2. 误差与误差的分类”）的情况下，此值为接近于真值的数值。通常我们测试的次数总是有限的，用有限测试次数求得的平均值，只能是真值的近似值。

常用的平均值有下列几种：①算术平均值；②均方根平均值；③加权平均值；④中位值（或中位数）；⑤几何平均值。计算平均值方法的选择，主要取决于一组观测值的分布类型。

（1）算术平均值　算术平均值是最常用的一种平均值，当观测值呈正态分布时，算术平均值最近似真值。

设 $x_1$，$x_2 \cdots x_n$ 为各次的观测值，$n$ 代表观测次数，则算术平均值为

$$\bar{x} = \frac{x_1 + x_2 + \cdots + x_n}{n} = \frac{1}{n}\sum_{i=1}^{n} x_i \qquad (2\text{-}1)$$

（2）均方根平均值　均方根平均值应用较少，其定义为

$$\bar{x} = \sqrt{\frac{x_1^2 + x_2^2 + \cdots + x_n^2}{n}} = \sqrt{\frac{\sum_{i}^{n} x_i^2}{n}} \qquad (2\text{-}2)$$

式中符号同前。

(3) 加权平均值　若对同一事物用不同方法去测定，或者由不同的人去测定，计算平均值时，常用加权平均值。计算公式如下

$$\bar{x}=\frac{w_1x_1+w_2x_2+\cdots+w_nx_n}{w_1+w_2+\cdots+w_n}=\frac{\sum_{i=1}^{n}w_ix_i}{\sum_{i=1}^{n}w_i} \tag{2-3}$$

式中的 $w_1$，$w_2\cdots w_n$ 代表与各观测值相应的权，其他符号同前。各观测值的权数 $w$，可以是观测值的重复次数、观测者在总数中所占的比例或者根据经验确定。

**例 1**　某工厂测定含铬废水浓度的结果如下表，试计算其平均浓度。

| 铬/(mg/L) | 0.3 | 0.4 | 0.5 | 0.6 | 0.7 |
|---|---|---|---|---|---|
| 出现次数 | 3 | 5 | 7 | 7 | 5 |

**解**：$\bar{x}=\frac{0.3\times3+0.4\times5+0.5\times7+0.6\times7+0.7\times5}{3+5+7+7+5}=0.52(\text{mg/L})$

**例 2**　某印染厂各类污水的 $BOD_5$ 测定结果如下表，试计算该厂污水平均浓度。

| 污水类型 | $BOD_5$/(mg/L) | 污水流量/($m^3$/d) | 污水类型 | $BOD_5$/(mg/L) | 污水流量/($m^3$/d) |
|---|---|---|---|---|---|
| 退浆污水 | 4000 | 15 | 印染污水 | 400 | 1500 |
| 煮布锅污水 | 10000 | 8 | 漂白污水 | 70 | 900 |

**解**：$\bar{x}=\frac{4000\times15+10000\times8+400\times1500+70\times900}{15+8+1500+900}=331.4(\text{mg/L})$

(4) 中位值　中位值是指一组观测值按大小次序排列的中间值。若观测次数是偶然，则中位值为正中两个值的平均值。中位值的最大优点是求法简单。只有当观测值的分布呈正态分布时，中位值才能代表一组观测值的中心趋向，近似于真值。

(5) 几何平均值　如果一组观测值是非正态分布，当对这组数据取对数后，所得图形的分布曲线更对称时，常用几何平均值。

几何平均值是一组 $n$ 个观测值连乘并开 $n$ 次方求得的值。计算公式如下

$$\bar{x}=\sqrt[n]{x_1\cdot x_2\cdots x_n} \tag{2-4}$$

也可用对数表示

$$\lg\bar{x}=\frac{1}{n}\sum_{i=1}^{n}\lg x_i \tag{2-5}$$

**例 3**　某工厂测得污水的 $BOD_5$ 数据分别为 100mg/L、110mg/L、130mg/L、120mg/L、115mg/L、190mg/L、170mg/L，求其平均浓度。

**解**：该厂所得数据大部分在 100～130mg/L 之间，少数数据的数值较大，此时采用几何平均值才能较好地代表这组数据的中心趋向。

$$\bar{x}=\sqrt[7]{100\times110\times130\times120\times115\times190\times170}=130.3(\text{mg/L})$$

2. 误差与误差的分类

对某一指标进行测试后，观测值与其真值之间的差值称为绝对误差，即

绝对误差＝观测值－真值

绝对误差用以反映观测值偏离真值的大小，其单位与观测值相同。由于不易测得真值，

实际应用中常用观测值与平均值之差表示绝对误差。严格地说，观测值与平均值之差应称为偏差，但在工程实践中多称之为误差。

在分析工作中常把标准试样中的某成分的含量作为该成分的真值，用以估计误差的大小。

绝对误差与平均值（真值）的比值称为相对误差，即

$$相对误差=\frac{绝对误差}{平均值}$$

相对误差用于不同观测结果的可靠性的对比，常用百分数表示。

根据误差的性质及发生的原因，误差可分为：系统误差、偶然误差、过失误差等三种。

（1）系统误差　系统误差（恒定误差）是指在测定中未发现或未确认的因素所引起的误差。这些因素使测定结果永远朝一个方向发生偏差，其大小及符号在同一实验中完全相同。产生系统误差的原因是：①仪器不良，如刻度不准、砝码未校正等；②环境的改变，如外界温度、压力和湿度的变化等；③个人的习惯和偏向，如读数偏高或偏低等。这类误差可以根据仪器的性能、环境条件或个人偏差等加以校正克服使之降低。

（2）偶然误差　单次测试时，观测值总是有些变化且变化不定，其误差时大、时小、时正、时负、方向不定，但是多次测试后，其平均值趋于零，具有这种性质的误差称为偶然误差（或然误差、随机误差）。

偶然误差产生的原因一般不清楚，因而无法人为控制。偶然误差可用概率理论处理数据而加以避免。

（3）过失误差　过失误差是由于操作人员工作粗枝大叶、过度疲劳或操作不正确等因素引起的，是一种与事实明显不符的误差。过失误差是可以避免的。

3. 准确度和精密度

精密度（又称精确度、精度）指在控制条件下用一个均匀试样反复测试，所测得数值之间重复的程度，它反映偶然误差的大小。准确度指测定值与真实值符合的程度，它反映偶然误差和系统误差的大小。一个化学分析，虽然精密度很高，偶然误差小，但可能由于溶液标定不准确、稀释技术不正确、不可靠的砝码或仪器未校准等原因出现系统误差，其准确度不高。相反，一个方法可能很准确，但由于仪器灵敏度低或其他原因，使其精密度不够。因此，评定观测数据的好坏，首先要考察精密度，然后考察准确度。一般情况下，无系统误差时，精密度愈高观测结果愈准确。但若有系统误差存在，则精密度高，准确度不一定高。

分析工作中可在试样中加入已知量的标准物质，考核测试方法的准确度和精密度。

4. 精密度的表示方法

若在某一条件下进行多次测试，其误差为 $\delta_1$，$\delta_2 \cdots \delta_n$。因为单个误差可大可小、可正可负，无法表示该条件下的测试精密度，因此常采用极差、算术平均误差、标准误差等表示精密度的高低。

（1）极差　极差（范围误差）是指一组观测值中的最大值与最小值之差，是用以描述实验数据分散程度的一种特征参数。计算式为

$$R=x_{\max}-x_{\min} \tag{2-6}$$

极差的缺点是只与两极端值有关，而与观测次数无关。用它反映精密度的高低比较粗糙，但其计算简便，在快速检验中可用以度量数据波动的大小。

（2）算术平均误差　算术平均误差是观测值与平均值之差的绝对值的算术平均值。可用

下式表示

$$\delta=\frac{\sum_{i=1}^{n}|x_i-\overline{x}|}{n} \tag{2-7}$$

式中 $\delta$——算术平均误差；

$x_i$——观测值；

$\overline{x}$——全部观测值的平均值；

$n$——观测次数。

例如：有一组观测值与平均值的偏差（即单个误差）为＋4、＋3、－2、＋2、＋4，其算术平均误差为

$$\delta=\frac{4+3+2+2+4}{5}=3$$

算术平均误差的缺点是无法表示出各次测试间彼此符合的情况。因为在一组测试中偏差彼此接近的情况下，与另一组测试中偏差有大、中、小三种的情况下，所得的算术平均误差可能完全相等（参阅例 4）。

（3）标准误差　各观测值与平均值之差的平方和的算术平均值的平方根称为标准误差（均方根误差、均方误差）。其单位与实验数据相同。计算式为

$$d=\sqrt{\frac{\sum_{i=1}^{n}(x_i-\overline{x})^2}{n}} \tag{2-8}$$

式中 $d$——标准误差；

$x_i$——观测值；

$\overline{x}$——全部观测值的平均值；

$n$——观测次数。

在有限观测次数中，标准误差常用下式表示

$$d=\sqrt{\frac{\sum_{i=1}^{n}(x_i-\overline{x})^2}{n-1}} \tag{2-9}$$

由式（2-8）可以看到，当观测值越接近平均值时，标准误差越小；当观测值和平均值相差越大时，标准误差越大。即标准误差对测试中的较大误差或较小误差比较灵敏，所以它是表示精密度的较好方法，是表明实验数据分散程度的特征参数。

**例 4**　已知两组测试的偏差分别为＋4、＋3、－2、＋2、＋4 和＋1、＋5、0、－3、－6，试计算其误差。

**解**：① 算术平均误差为

$$\delta_1=\frac{4+3+2+2+4}{5}=3$$

$$\delta_2=\frac{1+5+0+3+6}{5}=3$$

② 标准误差为

$$d_1=\sqrt{\frac{4^2+3^2+(-2)^2+2^2+4^2}{5}}=3.1$$

$$d_2=\sqrt{\frac{1^2+5^2+0^2+(-3)^2+(-6)^2}{5}}=3.7$$

上述计算结果表明，虽然第一组测试所得的偏差彼此比较接近，第二组测试的偏差较离散，但用算术平均误差表示时，二者所得结果相同。而标准误差则能较好地反映出测试结果与真值的离散程度。

5. 有效数字与其运算

实验测定总含有误差，因此表示测定结果数字的位数应恰当，不宜太多，也不能太少。太多容易使人误认为测试的精密度很高，太少则精密度不够。位数多少常用“有效数字”表示。有效数字是指准确测定的数字加上最后一位估读数字（又称存疑数字）所得的数字。即实验报告的每一位数字，除最后一位数可能有疑问外，都希望不带误差。如果可疑数不只一位，其他一位或几位就应剔除。剔除没有意义的位数时，应采用四舍五入的方法。但“五入”时要把前一位数凑成偶数，如果前一位数已是偶数，则“5”应舍去。例如把5.45变成5.4，5.35变成5.4。

实验中观测值的有效数字与仪器仪表的刻度有关，一般可根据实际可能估计到1/10、1/5或1/2。例如滴定管的最小刻度是1/10（即0.1mL），百分位上是估计值，故在读数时，可读到百分位，即其有效数字是到百分位止。

在整理数据时，常要运算一些精密度不相同的数值，此时要按一定规则计算。这样既可节省时间，又可避免因计算过繁引起的错误。一些常用的规则如下：

① 记录观测值时，只保留一位可疑数，其余数一律弃去；

② 在加减运算中，运算后得到的数所保留的小数点后的位数，应与所给各数中小数点后位数最少的相同，例如31.52、0.683、0.009三个数相加时，应写为31.52＋0.68＋0.01＝31.21；

③ 计算有效数字位数时，若首位有效数字是8或9时，则有效数字位数要多计1位，例如9.35，虽然实际上只有三位，但在计算有效数字时可作四位计算；

④ 在乘除运算中，运算后所得的商或积的有效数字与参加运算各有效数中位数最少的相同；

⑤ 计算平均值时，若为四个数或超过四个数相平均时，则平均值的有效数字位数可增加一位。

应该指出，水污染控制工程中的一些公式中的系数，不是用实验测得的，在计算中不应考虑其位数。

6. 可疑观测值的取舍

在整理分析实验数据时，有时会发现个别观测值与其他观测值相差很大，通常称它为可疑值。可疑值可能是由偶然误差造成，也可能是由系统误差引起的。如果保留这样的数据，可能会影响平均值的可靠性。如果把属于偶然误差范围内的数据任意弃去，可能暂时可以得到精密度较高的结果，但它是不科学的。因为以后在同样条件下再做实验时，超出该精度的数据还会再次出现。因此，在整理数据时，如何正确地判断可疑值的取舍是很重要的。

可疑值的取舍，实质上是区别离群较远的数据究竟是偶然误差还是系统误差造成的。因此，应该按照统计检验的步骤进行处理。

用于一组观测值中离群数据的检验方法有格拉布斯（Grubbs）检验法、狄克逊（Dixon）检验法、肖维涅（Chauvenet）准则等。下面介绍其中的两种方法。

（1）格拉布斯检验法　设有一组观测值 $x_1$，$x_2 \cdots x_n$，观测次数为 $n$，其中 $x_i$ 可疑，检验步骤如下：

① 计算 $n$ 个观测值的平均值 $\overline{x}$（包括可疑值）；

② 计算标准误差 $d$；

③ 计算 $T$ 值，见式（2-10）。

$$T_i=\frac{x_i-\overline{x}}{d} \tag{2-10}$$

算出的 $T_i$ 若大于表 2-1 的临界值，则 $x_i$ 弃去，反之则保留。

**表 2-1 格拉布斯临界值 $T$ 表**

| $n$ | $T$ | $n$ | $T$ | $n$ | $T$ | $n$ | $T$ | $n$ | $T$ | $n$ | $T$ |
|---|---|---|---|---|---|---|---|---|---|---|---|
| 3 | 1.15 | 6 | 1.82 | 9 | 2.11 | 12 | 2.29 | 15 | 2.41 | 18 | 2.50 |
| 4 | 1.46 | 7 | 1.94 | 10 | 2.18 | 13 | 2.33 | 16 | 2.44 | 19 | 2.53 |
| 5 | 1.67 | 8 | 2.03 | 11 | 2.24 | 14 | 2.37 | 17 | 2.47 | 20 | 2.58 |

**例 5** 某河流的 $BOD_5$ 测定结果为 1.25、1.27、1.31、1.40，问 1.40 这个数据是否要保留。

**解：** $\overline{x}=1.31$ $d=0.066$

$$T_4=\frac{1.40-1.31}{0.066}=1.36$$

查表 2-1，当 $n=4$ 时，$T=1.46$

$T_4<T$，所以 1.40 应保留。

(2) 肖维涅准则 本方法是借助于肖维涅数据取舍标准表来决定可疑值的取舍。方法如下：

① 计算标准误差 $d$ 和 $n$ 个数据的平均值 $\overline{x}$；

② 根据观测次数 $n$ 查表 2-2 得系数 $K$；

③ 计算极限误差 $K_d$，$K_d=Kd$；

④ 用 $x_i-\overline{x}$ 与 $K_d$ 进行比较，若 $x_i-\overline{x}>K_d$，则 $x_i$ 弃去，反之则保留。

**例 6** 以上例数据用肖维涅准则检验：

根据表 2-2，观测次数 $n=4$ 时 $K=1.53$

$$K_d=Kd=1.53\times0.066=0.10098$$

$1.40-1.31=0.09<K_d=0.10098$，所以 1.40 应保留，与上例用格拉布斯检验判断一致。

**表 2-2 肖维涅数值取舍标准**

| $n$ | $K$ | $n$ | $K$ | $n$ | $K$ | $n$ | $K$ | $n$ | $K$ | $n$ | $K$ |
|---|---|---|---|---|---|---|---|---|---|---|---|
| 4 | 1.53 | 7 | 1.79 | 10 | 1.96 | 13 | 2.07 | 16 | 2.16 | 19 | 2.22 |
| 5 | 1.68 | 8 | 1.86 | 11 | 2.00 | 14 | 2.10 | 17 | 2.18 | 20 | 2.24 |
| 6 | 1.73 | 9 | 1.92 | 12 | 2.04 | 15 | 2.13 | 18 | 2.20 | | |

多组观测值均值的可疑值的检验常用格拉布斯检验法，其步骤与一组观测值时用的格拉布斯检验法类似。

① 计算各组观测值的平均值 $\overline{x}_1$，$\overline{x}_2\cdots\overline{x}_m$，$m$ 为组数；

② 计算上列均值的平均值$\overline{\overline{x}}$（$\overline{\overline{x}}$称为总平均值）和标准误差 $d_{\overline{x}}$；

$$\overline{\overline{x}}=\frac{1}{m}\sum_{i=1}^{m}\overline{x}_i \tag{2-11}$$

$$d_{\bar{x}} = \sqrt{\frac{1}{m-1}\sum_{i=1}^{m}(\bar{x}_i - \bar{\bar{x}})^2} \tag{2-12}$$

③ 计算 $T$ 值，设 $\bar{x}_i$ 为可疑均值，则

$$T_i = \frac{\bar{x}_i - \bar{\bar{x}}}{d\bar{x}} \tag{2-13}$$

④ 查出临界值 $T$。

用组数 $m$ 查表 2-2（将表中的 $n$ 改为 $m$ 即可），得到 $T$，若 $T_i$ 大于临界值 $T$，则 $\bar{x}_i$ 应弃去，反之则保留。

**二、实验数据处理**

在对实验数据进行误差分析整理剔除错误数据后，还要通过数据处理将实验所提供的数据进行归纳整理，用图形、表格或经验公式加以表示，以找出影响研究事物的各因素之间互相影响的规律，为得到正确的结论提供可靠的信息。

常用的实验数据表示方法有列表表示法、图形表示法和方程表示法等三种。表示方法的选择主要是依靠经验，可以用其中的一种方法，也可两种或三种方法同时使用。

1. 列表表示法

列表表示法是将一组实验数据中的自变量、因变量的各个数值依一定的形式和顺序一一对应列出来，借以反应各变量之间的关系。

列表法具有简单易作、形式紧凑、数据容易参考比较等优点，但对客观规律的反映不如图形表示法和方程表示法明确，在理论分析方面使用不方便。

完整的表格应包括表的序号、表题、表内项目的名称和单位、说明以及数据来源等。

实验测得的数据，其自变量和因变量的变化，有时是不规则的，使用起来很不方便。此时可以通过数据的分度，使表中所列数据成为有规则的排列，即当自变量作等间距顺序变化时，因变量也随着顺序变化。这样的表格查阅较方便。数据分度的方法有多种，较为简便的方法是先用原始数据（即未分度的数据）画图，作出一光滑曲线，然后在曲线上一一读出所需的数据（自变量作等距离顺序变化），并列表。

2. 图形表示法

图形表示法的优点在于形式简明直观，便于比较，易显出数据中的最高点或最低点、转折点、周期性以及其他特异性等。当图形作得足够准确时，可以不必知道变量间的数学关系，对变量求微分或积分后得到需要的结果。

图形表示法可用于两种场合：①已知变量间的依赖关系图形，通过实验，将取得数据作图，然后求出相应的一些参数；②两个变量之间的关系不清，将实验数据点绘于坐标纸上，用以分析、反映变量间的关系和规律。

图形表示法包括以下 5 个步骤。

（1）坐标纸的选择　常用的坐标纸有直角坐标纸、半对数坐标纸和双对数坐标纸等。选择坐标纸时，应根据研究变量间的关系，确定选用哪一种坐标纸。坐标线不宜太密或太稀。

（2）坐标分度和分度值标记　坐标分度指沿坐标轴规定各条坐标线所代表的数值的大小。进行坐标分度应注意下列几点。

① 一般以 $x$ 轴代表自变量，$y$ 轴代表因变量。在坐标轴上应注明名称和所用计量单位。分度的选择应使每一点在坐标纸上都能够迅速方便地找到。例如，图 2-1 中（b）图的横坐标分度不合适，读数时图（a）比图（b）方便得多。

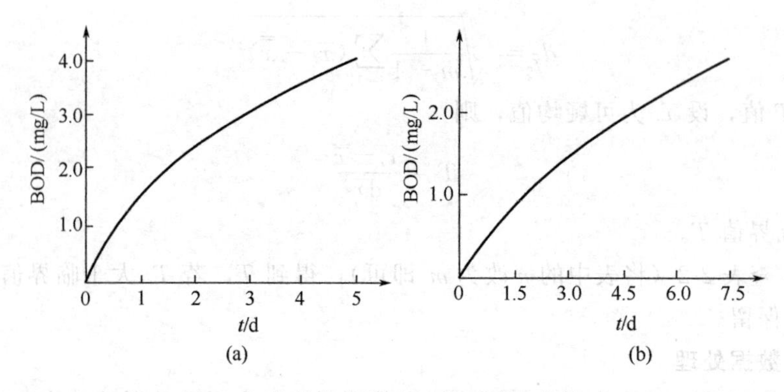


图 2-1 某种废水的 BOD 与时间 $t$ 的关系

② 坐标原点不一定就是零点，也可用低于实验数据中最低值的某一整数作起点，高于最高值的某一整数作终点。坐标分度应与实验精度一致，不宜过细，也不能太粗。图 2-2 中的（a）和（b）分别代表两种极端情况，图（a）的纵坐标分度过细，超过实验精度，而图（b）分度过粗，低于实验精度，这两种分度都不恰当。

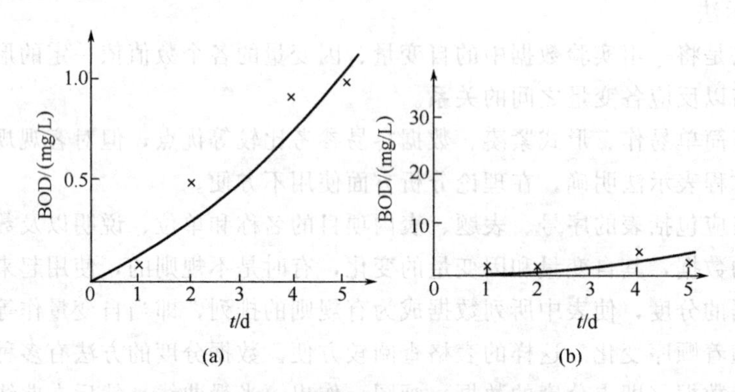


图 2-2 某污水的 BOD 与时间 $t$ 关系曲线

③ 为便于阅读，有时除了标记坐标纸上的主坐标线的分度值外，还在一细副主线上也标以数值。

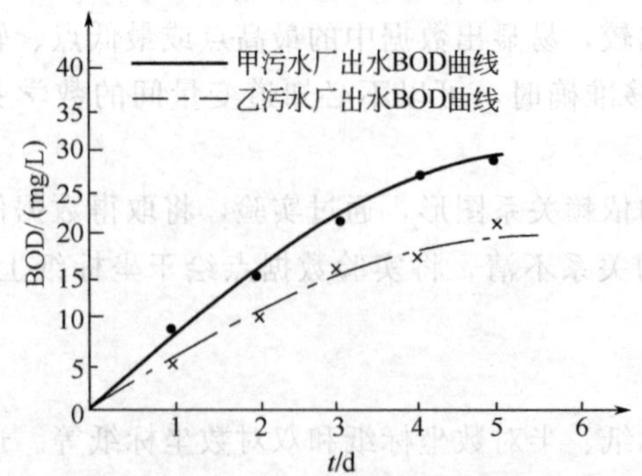


图 2-3 在同一图上表示不同的实验结果

（3）根据实验数据描点和作曲线　描点方法比较简单，把实验得到的自变量与因变量一一对应地点在坐标纸上即可。若在同一图上表示不同的实验结果，应采用不同符号加以区别，并注明符号的意义，如图 2-3 所示。

作曲线的方法有两种：① 数据不够充分、图上的点数较少，不易确定自变量与因变量之间的对应关系，或者自变量与因变量间不一定呈函数关系时，最好是将各点用直线直接连接，如图 2-4 所示；②实验数据充分，图上点数足够多，自变量与因变量呈函数关系，则可作出光滑连续曲线，如图 2-3 所示 BOD 曲线。

（4）注解说明　每一个图形下面应有图名，将图形的意义清楚准确地描写出来，紧接图表应有一简要说明，使读者能较好地理解文章的意思。此外，还应注明数据的来源，如作者姓名、实验地点、日期等（图 2-4）。

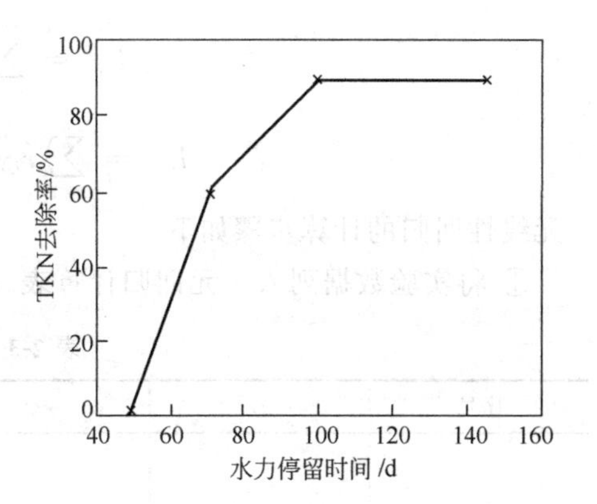


图 2-4　TKN 去除率与水力停留时间的关系
××年×月×日兼性氧化塘出水测试结果，
××研究所

3. 方程表示法

实验数据用列表或图形表示后，使用时虽然较直观简便，但不便于理论分析研究，故常需要用数学表达式来反映自变量与因变量的关系。

方程表示法通常包括下面两个步骤。

① 选择经验公式。表示一组实验数据的经验公式应该是形式简单紧凑，式中系数不宜太多。一般没有一个简单方法可以直接获得一个较理想的经验公式，通常是先将实验数据在直角坐标纸上描点，再根据经验和解析几何知识推测经验公式的形式。若经验证表明此形式不够理想时，则另立新式，再进行实验，直至得到满意的结果为止。表达式中容易直接用实验验证的是直线方程，因此应尽量使所得函数形式呈直线式。若得到的函数形式不是直线式，可以通过变量变换，使所得图形改为直线。

② 确定经验公式的系数。确定经验公式中系数的方法有多种，在此仅介绍直线图解法和回归分析中的一元线性回归、一元非线性回归以及回归线的相关系数与精度。

（1）直线图解法　凡实验数据可直接绘成一条直线或经过变量变换后能改为直线的，都可以用此法。具体方法如下。将自变量与因变量一一对应的点绘在坐标纸上作直线，使直线两边的点差不多相等，并使每一点尽量靠近直线。所得直线的斜率就是直线方程 $y=a+bx$ 中的系数 $b$，$y$ 轴上的截距就是直线方程中的 $a$ 值。直线的斜率可用直角三角形的 $\Delta y/\Delta x$ 比值求得（见图 2-17）。

直线图解法的优点是简便，但由于各人用直尺凭视觉画出的直线可能不同，因此，精度较差。当问题比较简单，或者精度要求低于 0.2%～0.5%时可以用此法。

（2）一元线性回归　一元线性回归就是工程上和科研中常常遇到的配直线的问题，即两个变量 $x$ 和 $y$ 存在一定的线性相关关系，通过实验取得数据后，用最小二乘法求出系数 $a$ 和 $b$，并建立起回归方程 $\hat{y}=a+bx$（它称为 $y$ 对 $x$ 的回归线）。

用最小二乘法求系数时，应满足以下两个假定：

a. 所有自变量的各个给定值均无误差，因变量的各值可带有测定误差；

b. 最佳直线应使各实验点与直线的偏差的平方和为最小。

由于各偏差的平方均为正数，如果平方和为最小，说明这些偏差很小，所得的回归线即为最佳线。

计算式为

$$a=\overline{y}-b\overline{x} \tag{2-14}$$

$$b=\frac{L_{xy}}{L_{xx}} \tag{2-15}$$

式中

$$\overline{x}=\frac{1}{n}\sum_{i=1}^{n}x_i \tag{2-16}$$

$$\overline{y}=\frac{1}{n}\sum_{i=1}^{n}y_i \tag{2-17}$$

$$L_{xx}=\sum_{i=1}^{n}x_i{}^2-\frac{1}{n}\left(\sum_{i=1}^{n}x_i\right)^2 \tag{2-18}$$

$$L_{xy}=\sum_{i=1}^{n}x_iy_i-\frac{1}{n}\left(\sum_{i=1}^{n}x_i\right)\left(\sum_{i=1}^{n}y_i\right) \tag{2-19}$$

一元线性回归的计算步骤如下。

① 将实验数据列入一元回归计算表（表 2-3），并计算。

**表 2-3　一元回归计算表**

| 序号 | $x_i$ | $y_i$ | $x_4^2$ | $y_4^2$ | $x_4y_4$ |
|---|---|---|---|---|---|
| | | | | | |
| $\Sigma$ | | | | | |

$\Sigma x=$　　　$\Sigma y=$　　　$n=$

$\overline{x}=$　　　$\overline{y}=$

$\Sigma x^2=$　　　$\Sigma y^2=$　　　$\Sigma xy=$

$L_{xx}=\Sigma x^2-(\Sigma x)^2/n=$　　　$L_{xy}=\Sigma xy-(\Sigma x)(\Sigma y)/n=$

$L_{yy}=\Sigma y^2-(\Sigma y)^2/n=$

② 根据式（2-14）、式（2-15）计算 $a$、$b$，得一元线性回归方程 $\hat{y}=a+bx$。

**例 7**　已知某污水测定结果如下表，试求 $a$ 和 $b$。

| 污染物浓度 $x$/(mg/L) | 0.05 | 0.10 | 0.20 | 0.30 | 0.40 | 0.50 |
|---|---|---|---|---|---|---|
| 吸光度 $y$ | 0.020 | 0.046 | 0.100 | 0.120 | 0.140 | 0.180 |

**解**：将实验数据列入一元回归计算表，并计算。

| 序号 | $x$ | $y$ | $x^2$ | $y^2$ | $xy$ |
|---|---|---|---|---|---|
| 1 | 0.05 | 0.020 | 0.0025 | 0.00040 | 0.0010 |
| 2 | 0.10 | 0.046 | 0.010 | 0.00212 | 0.0046 |
| 3 | 0.20 | 0.100 | 0.040 | 0.0100 | 0.0200 |
| 4 | 0.30 | 0.120 | 0.090 | 0.0144 | 0.0360 |
| 5 | 0.40 | 0.140 | 0.160 | 0.0195 | 0.0560 |
| 6 | 0.50 | 0.180 | 0.250 | 0.0324 | 0.0900 |
| $\Sigma$ | 1.55 | 0.606 | 0.5525 | 0.0789 | 0.208 |

$\Sigma x=1.55$　　　$\Sigma y=0.606$　　　$n=6$

$\overline{x}=0.258$　　　$\overline{y}=0.101$

$\Sigma x^2=0.5525$　　　$\Sigma y^2=0.0789$　　　$\Sigma xy=0.298$

$L_{xx}=0.152$　　　$L_{yy}=0.0177$　　　$L_{xy}=0.0514$

$$b=L_{xy}/L_{xx}=0.0514/0.152=0.338$$

$$a=\overline{y}-b\overline{x}=0.101-0.338\times0.258=0.014$$

$$\hat{y}=0.014+0.338x$$

（3）回归线的相关系数与精度　用上述方法配出的回归线是否有意义？两个变量间是否确实存在线性关系？在数学上引进了相关系数 $r$ 来检验回归线有无意义，用相关系数的大小判断建立的经验公式是否正确。

相关系数 $r$ 是判断两个变量之间相关关系的密切程度的指标，它有下述特点。

① 相关系数是介于 $-1$ 和 1 之间的某任意值。

② 当 $r=0$ 时，说明变量 $y$ 的变化可能与 $x$ 无关，这时 $x$ 与 $y$ 没有线性关系，如图 2-5 所示。

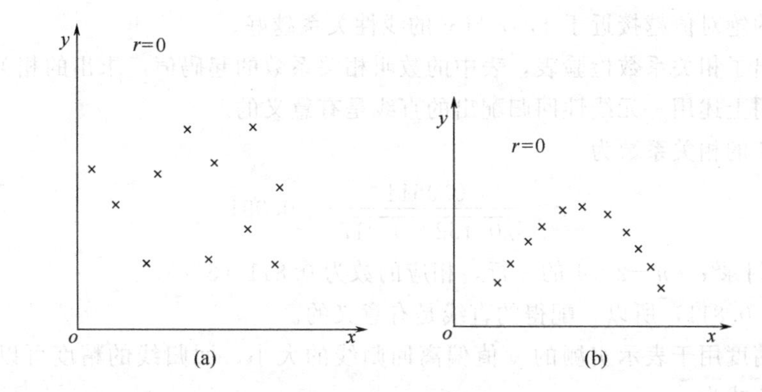


图 2-5　$x$ 与 $y$ 无线性关系

③ $0<|r|<1$ 时，$x$ 与 $y$ 之间存在着一定线性关系。当 $r>0$ 时，直线斜率是正的，$y$ 值随 $x$ 增加而增加，此时称 $x$ 与 $y$ 为正相关（图 2-6）。当 $r<0$ 时，直线的斜率是负的，$y$ 随着 $x$ 的增加而减少，此时称 $x$ 与 $y$ 为负相关（图 2-7）。

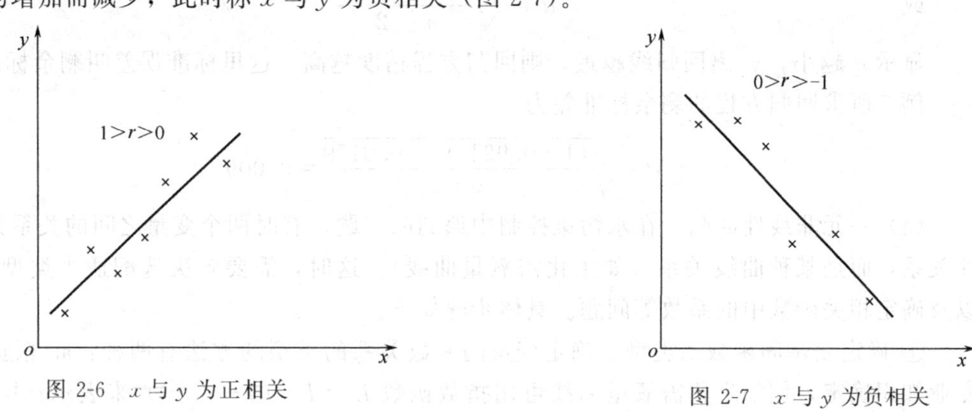


图 2-6　$x$ 与 $y$ 为正相关

图 2-7　$x$ 与 $y$ 为负相关

④ $|r|=1$ 时，$x$ 与 $y$ 完全线性相关。当 $r=+1$ 时称为完全正相关（图 2-8）。当 $r=-1$ 时，称为完全负相关（图 2-9）。

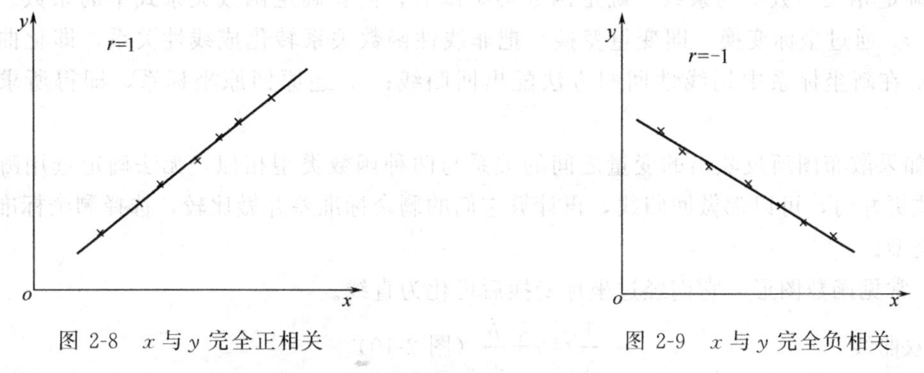


图 2-8　$x$ 与 $y$ 完全正相关

图 2-9　$x$ 与 $y$ 完全负相关

相关系数只表示 $x$ 与 $y$ 线性相关的密切程度，当 $|r|$ 很小，甚至为零时，只表明 $x$ 与 $y$ 之间线性关系不密切，或不存在线性关系，并不表示 $x$ 与 $y$ 之间没有关系，可能两者存在

着非线性关系（图 2-5）。

相关系数计算式如下

$$r=\frac{L_{xy}}{\sqrt{L_{xx}L_{yy}}} \tag{2-20}$$

相关系数的绝对值越接近于 1，$x$ 与 $y$ 的线性关系越好。

附录 7 给出了相关系数检验表，表中的数叫相关系数的起码值。求出的相关系数大于表上的数时，表明上述用一元线性回归配出的直线是有意义的。

例如，例 7 的相关系数为

$$r=\frac{0.0514}{\sqrt{0.152\times0.0177}}=0.991$$

此例 $n=6$，查附录 7　$n-2=4$ 的一行，相应的数为 0.811（5%）。

$r=0.991>0.811$，所以，配得的直线是有意义的。

回归线的精度用于表示实测的 $y$ 值偏离回归线的大小，回归线的精度可以用标准误差来估计，其计算式为

$$d=\sqrt{\frac{1}{n-2}\sum_{i=1}^{n}(y_i-\hat{y}_i)^2} \tag{2-21}$$

或

$$d=\sqrt{\frac{(1-r^2)L_{yy}}{n-2}} \tag{2-22}$$

显示 $d$ 越小，$y_i$ 离回归线越近，则回归方程精度越高。这里标准误差叫剩余标准差。

例 7 所求回归方程的剩余标准差为

$$d=\sqrt{\frac{(1-0.991^2)\times0.0179}{6-2}}=0.009$$

（4）一元非线性回归　在水污染控制中遇到的问题，有时两个变量之间的关系并不是线性关系，而是某种曲线关系（如生化需氧量曲线）。这时，需要解决选配适当类型的曲线，以及确定相关函数中的系数等问题。具体步骤如下。

① 确定变量间函数的类型。确定变量间函数关系的类型的方法有两种：a. 根据已有的专业知识确定，例如生化需氧量曲线可用指数函数 $L_t=L_u\ (1-e^{-K'_1t})$ 来表示；b. 事先无法确定变量间函数关系的类型时，先要根据实验数据作散布图，再从散布图的分布形状选择适当的曲线来配合。

② 确定相关函数中的系数。确定函数类型以后，需要确定函数关系式中的系数。其方法如下：a. 通过坐标变换（即变量变换）把非线性函数关系转化成线性关系，即化曲线为直线；b. 在新坐标系中用线性回归方法配出回归线；c. 还原回原坐标系，即得所求回归方程。

③ 如果散布图所反映出的变量之间的关系与两种函数类型相似，无法确定选用哪一种曲线形式更好时，可以都做回归线，再计算它们的剩余标准差并做比较，选择剩余标准差小的函数类型。

（5）常见函数图形　它们经过坐标变换后可化为直线。

① 双曲线　$\frac{1}{y}=a+\frac{b}{x}$（图 2-10）

令　$y'=\frac{1}{y}$，$x'=\frac{1}{x}$则有 $y'=a+bx'$

② 幂函数　$y=ax^b$（图 2-11）

令 $y'=\lg y$，$x'=\lg x$，$a'=\lg a$ 则有 $y'=a'+bx'$

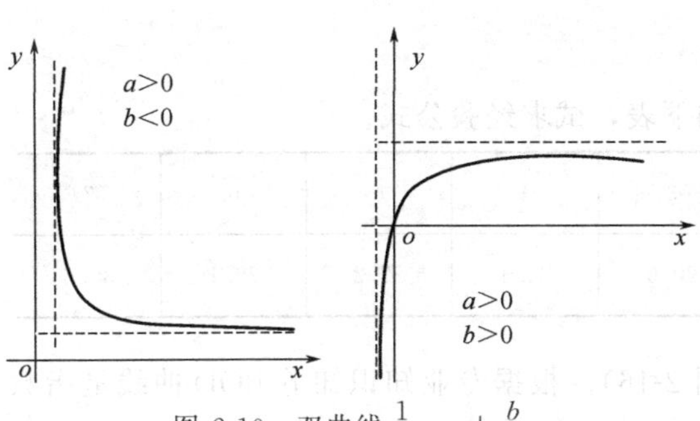


图 2-10　双曲线 $\frac{1}{y}=a+\frac{b}{x}$

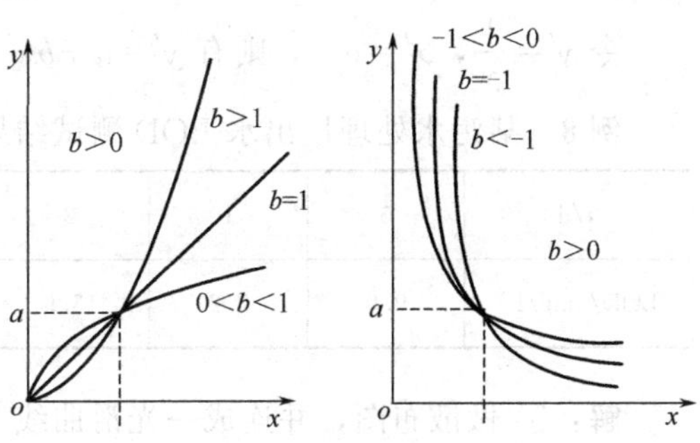


图 2-11　幂函数 $y=ax^b$ 的曲线

③ 指数函数　$y=ae^{bx}$（图 2-12）

令 $y'=\ln y$，$a'=\ln a$，则有 $y'=a'+bx$

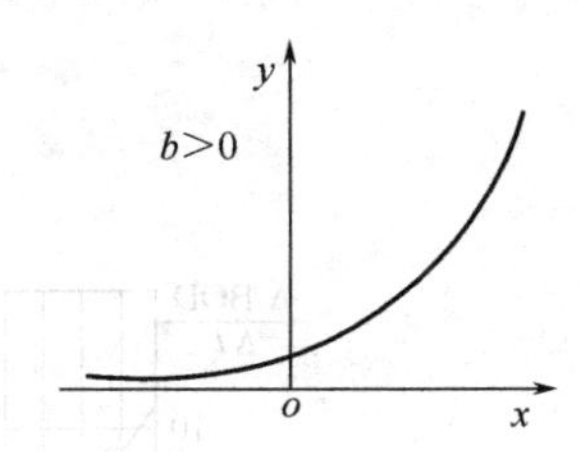


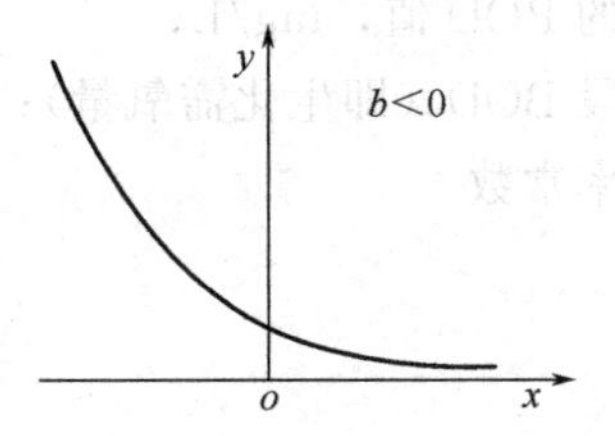


图 2-12　指数曲线 $y=ae^{bx}$

④ 指数函数　$y=ae^{b/x}$（图 2-13）

令 $y'=\ln y$，$x'=\frac{1}{x}$，$a'=\ln a$ 则有 $y'=a'+bx'$

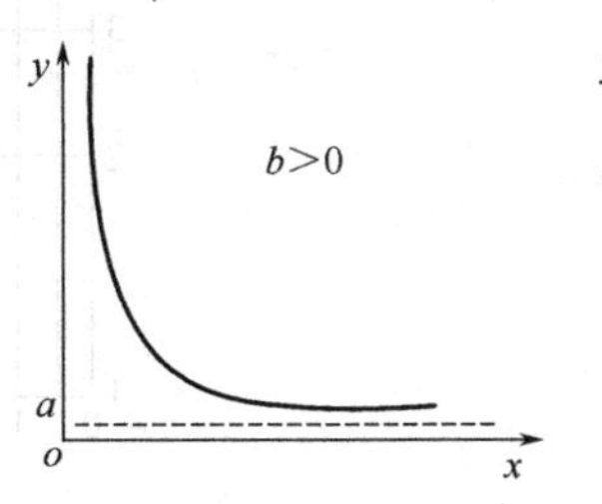


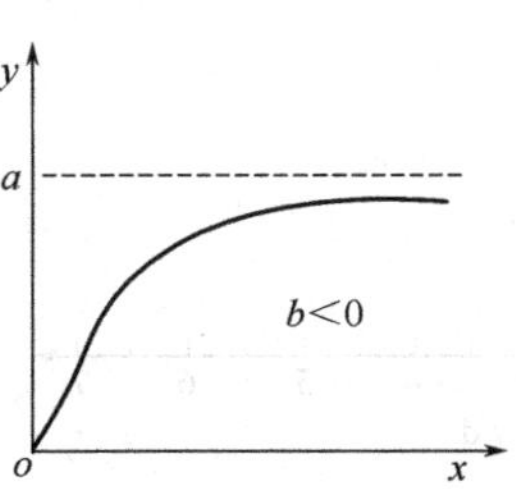


图 2-13　指数曲线 $y=ae^{b/x}$

⑤ 对数函数 $y=a+b\lg x$（图 2-14）

令 $x'=\lg x$ 则有 $y=a+bx'$

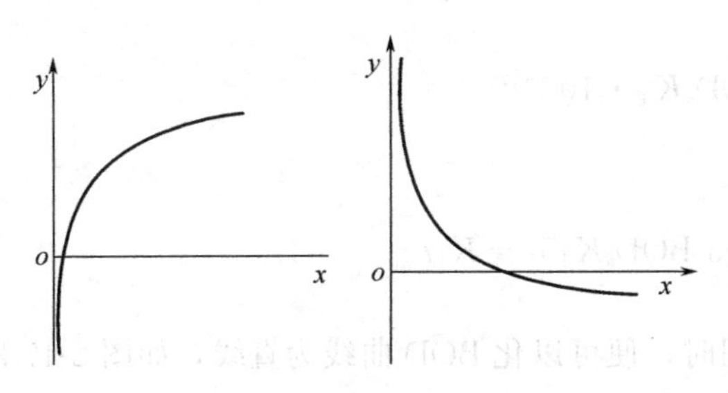


图 2-14　对数曲线 $y=a+b\lg x$

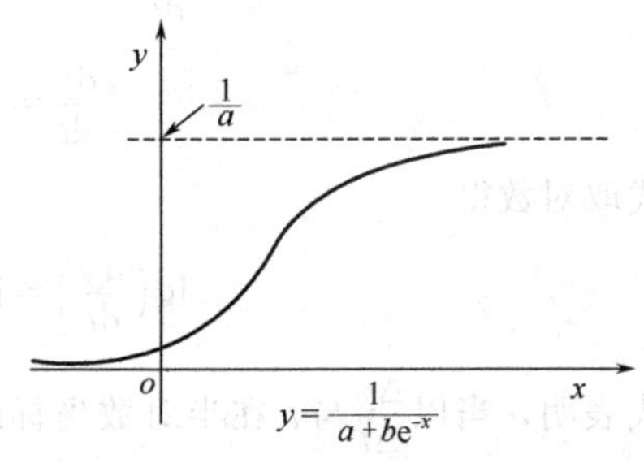


图 2-15　S 形曲线 $y=\frac{1}{a+be^{-x}}$

⑥ S形曲线 $y=\frac{1}{a+be^{-x}}$（图 2-15）

令 $y'=\frac{1}{y}$，$x'=e^{-x}$，则有 $y'=a+bx'$

**例 8** 某污水处理厂出水 BOD 测试结果如下表，试求经验公式。

| $t$/d | 0 | 1 | 2 | 3 | 4 | 5 | 6 | 7 |
|---|---|---|---|---|---|---|---|---|
| BOD/(mg/L) | 0.0 | 9.2 | 15.9 | 20.9 | 24.4 | 27.2 | 29.1 | 30.6 |

**解**：① 做散布图，并连成一光滑曲线（图 2-16）。根据专业知识知道 BOD 曲线呈指数函数形式

$$y=\mathrm{BOD}_u\ (1-e^{-K_1' t})$$

或

$$y=\mathrm{BOD}_u\ (1-10^{-K_1 t})$$

式中 $y$——某一天的 BOD 值，mg/L；

$\mathrm{BOD}_u$——第一阶段 BOD（即生化需氧量）；

$K_1'$，$K_1$——耗氧速率常数。

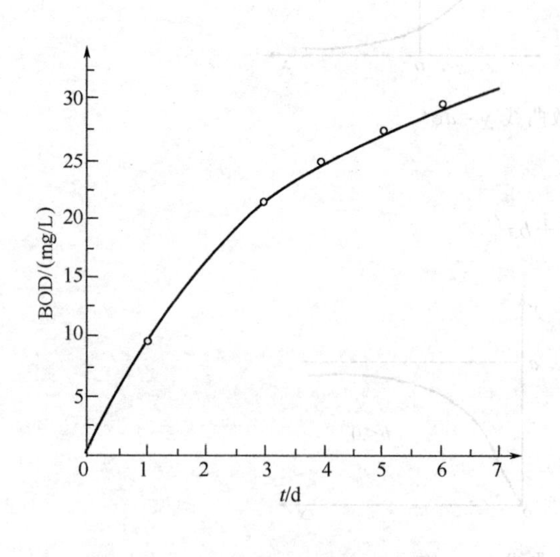


图 2-16 BOD 与 $t$ 的关系曲线

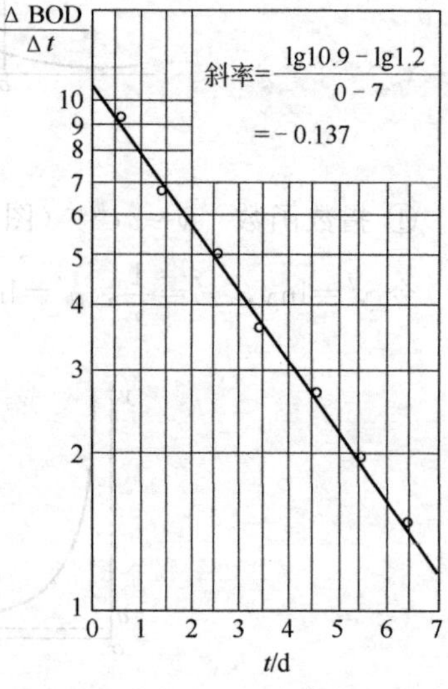


图 2-17 $\frac{\Delta \mathrm{BOD}}{\Delta t}$与 $t$ 关系曲线

② 变换坐标，曲线改为直线。根据专业知识对 $y=\mathrm{BOD}_u\ (1-10^{-K_1 t})$ 微分得

$$\frac{dy}{dt}=\mathrm{BOD}_u\ (-10^{-K_1 t})\ \ln 10\ (-K_1)$$

即

$$\frac{dy}{dt}=2.303\mathrm{BOD}_u K_1 \cdot 10^{-K_1 t}$$

上式取对数得

$$\lg\left(\frac{dy}{dt}\right)=\lg\ (2.303\ \mathrm{BOD}_u K_1)\ -K_1 t$$

上式表明，当以$\frac{\Delta y}{\Delta t}$与 $t$ 在半对数坐标纸上作图时，便可以化 BOD 曲线为直线，如图 2-17 所示。故先变换变量如下表，然后将数据在半对数纸上描点即得图 2-17。

| $t$/d | 0 | 1 | 2 | 3 | 4 | 5 | 6 | 7 |
|---|---|---|---|---|---|---|---|---|
| $y$/(mg/L) | 0 | 9.2 | 15.9 | 20.9 | 24.4 | 27.2 | 29.1 | 30.6 |
| $\Delta y/\Delta t(\Delta t=1)$ | — | 9.2 | 6.7 | 5.0 | 3.5 | 2.8 | 1.9 | 1.5 |
| $t_i$(两个 $t$ 的中间值)/d | — | 0.5 | 1.5 | 2.5 | 3.5 | 4.5 | 5.5 | 6.5 |

③ 相关函数中的系数。化BOD曲线为直线后，便可用线性回归方法配出回归线。鉴于在例7中对于配回归线的方法已做例解，在此例中不再赘述。为了便于读者更好地掌握图解法，在此改用图解法求系数。

图2-17中　斜率$=\dfrac{\lg 10.9-\lg 1.2}{0-7}=-0.137$

即

$$K_1=0.137(\text{d}^{-1})$$

$$\text{BOD}_u=\frac{10.9}{2.303\times 0.137}=34.5(\text{mg/L})$$

所以BOD曲线为

$$y=34.5(1-10^{-0.137t})$$

# 第三章　水样的采集与保存

合理的水样采集和保存方法，是保证检测结果能正确地反映被检测对象特征的重要环节。

为了取得具有代表性的水样，在水样采集以前，应根据被检测对象的特征拟定水样采集计划，确定采样地点、采样时间、水样数量和采样方法，并根据检测项目决定水样保存方法。力求做到所采集的水样，其组成成分的比例或浓度与被检测对象的所有成分一样，并在测试工作开展以前，各成分不发生显著的改变。

**一、一般要求**

采样时要根据采样计划小心采集水样，使水样在进行分析以前不变质或受到污染。水样灌瓶前要用所需要采集的水把采样瓶冲洗二、三遍，或根据检测项目的具体要求清洗采样瓶。

对采集到的每一个水样要做好记录，记述样品编号、采样日期、地点、时间和采样人员姓名，并在每一个水样瓶上贴好标签，标明样品编号。在进行江河、湖泊、水库等天然水体检测时，应同时记录与之有关的其他资料，如气候条件、水位、流量等，并用地图标明采样点位置。进行工业污染源检测时，应同时记述有关的工业生产情况，污水排放规律等，并用工艺流程方框图标明采样点位置。

在采集配水管网中的水样前，要充分地冲洗管线，以保证水样能代表供水情况。从井中采集水样时，要充分抽汲后进行，以保证水样能代表地下水水源。从江河湖海中采样时，分析数据可能随采样深度、流量、与岸边线的距离等变化，因此要采集从表面到底部不同位置的水样构成的混合水样。

如采水样供细菌检验时，采样瓶等必须事先灭菌。采集自来水样时，应先用酒精灯将水龙头烧灼消毒，然后把水龙头完全打开，放水数分钟后再取水样。采集含有余氯的水样作细菌检验时，应在水样瓶未消毒前加入硫代硫酸钠，以消除水样瓶中的余氯。加药量按 1L 水样加 4mL 1.5%的硫代硫酸钠计。

由于被检测对象的具体条件各不相同，变化很大，不可能制定出一个固定的采样步骤和方法，检测人员必须根据具体情况和考察目的而定。

**二、采样的形式**

当被检测对象在一个相当长的时间，或者在各个方向相当长的距离内，其水质水量稳定不变时，瞬时采集的水样具有很好的代表性。

当水质水量随时间变化时，可在预计变化频率的基础上选择采样时间间隔，用瞬时采集水样分别进行分析，以了解其变化程度、频率或周期。

当水的组成随空间变化，不随时间变化时，应在各个具有代表性的地点采集水样。

许多情况下，可以用混合水样代替一大批个别水样的分析。所谓混合水样是指在同一采样点，于不同时间所采集的瞬时样品的混合样品，或者在同一时间于不同采样点采得的瞬时样品的混合样品。前者有时称“时间混合水样”。“时间混合水样”对观察平均浓度最有用。例如在计算一个污水厂的负荷和效率时，“时间混合水样”可以代替用个别水样分析结果计算的平均值，节约大量化验工作和开支。“时间混合水样”可代表一天、一个班或者一个较短时间周期的平均情况。在进行样品混合时，应使各个水样照流量大小按比例（体积比）加以混合。

若水样中的测试成分或性质在水样贮存中会发生变化时，不能采用混合水样，要采集个别水样。采集后立即进行测定，最好是在采样地点进行。所有溶解性气体、可溶性硫化物、剩余氯、温度、pH 值的测定都不宜采用混合水样。

不同采样地点同时采集的瞬时样品的混合水样有时称综合水样。在进行河流水质模型研究时，常应用这种采样方式。因为河水的成分沿着江河的宽度和深度是有变化的，而在进行研究时需要的是平均的组成成分或者总的负荷，因此，应采用一种能代表整个横断面上各点和与它们相对流量成比例的混合水样。

若采用自动取样装置时，应每天把取样装置清洗干净，以避免微生物生长或沉淀物的沉积。

**三、水样的保存**

不论是对生活污水、工业废水或天然水，实际上不可能完全不变化的保存。使水样的各组成成分完全稳定是做不到的，合理的保存技术能延缓各组成成分的化学、生物学的变化。各种保存方法旨在延缓生物作用、延缓化合物和络合物的水解以及抑制各组成成分的挥发。

一般说来采集水样和分析之间的时间间隔越短，分析结果越可靠。对于某些成分（如溶解性气体）和物理特性（如温度）应在现场立即测定。水样允许存放的时间，随水样的性质、所要检测的项目和贮存条件而定。采样后立即分析最为理想。水样存放在暗处和低温（4℃）处可大大延缓微生物繁殖所引起的变化。大多数情况下，低温贮存可能是最好的办法。当使用化学保存剂时，应在灌瓶前就将其加到水样瓶中，使刚采集的水样得到保存。但所有保存剂都会对某些试剂干扰，影响测试结果。没有一种单一的保存方法能完全令人满意，一定要针对所要检测的项目选择保存方法。

附录 11.1、附录 12 按不同检测项目列出了水样保存方法。

# 第四章　水污染控制工程实验

## 实验一　混凝沉淀实验

1. 实验目的

（1）观察混凝现象及过程，了解混凝的净水机理及影响混凝的重要因素。

（2）确定某水样的最佳投药量及其相应的 pH 值。

（3）测定计算反应过程的 $G$ 值和 $GT$ 值，是否在适宜的范围内。

2. 实验原理

水中的胶体颗粒，主要是带负电的黏土颗粒。胶体间的静电斥力，胶粒的布朗运动及胶粒表面的水化作用，使得胶粒具有分散稳定性，三者中以静电斥力影响最大。因此，胶体颗粒靠自然沉淀是不能除去的。向水中投加混凝剂能提供大量的正离子，压缩胶团的扩散层，使 $\xi$ 电位降低，静电斥力减少。此时，布朗运动由稳定因素转变为不稳定因素，也有利于胶粒的吸附凝聚。水化胶中的水分子与胶粒有固定联系，具有弹性和较高的黏度，把这些分子排挤出去需要克服特殊的阻力，阻碍胶粒直接接触。有些水化膜的存在决定于双电层状态，投加混凝剂降低 $\xi$ 电位，有可能使水化作用减弱，混凝剂水解后形成的高分子物质或直接加入水中的高分子物质一般具有链状结构，在胶粒与胶粒间起吸附架桥作用。即使 $\xi$ 电位没有降低或降低不多，胶粒不能相互接触，通过高分子链状物吸附胶粒，也能形成絮凝体。

投加了混凝剂的水中，胶体颗粒脱稳后相互聚结，逐渐变成大的絮凝体。这时，水流速度梯度 $G$ 值的大小起着主要的作用，具体计算见有关教材。

3. 实验设备与试剂

（1）无级调速六联搅拌机 1 台。

（2）pH 酸度计 1 台。

（3）光电浊度计 1 台。

（4）温度计 1 支，秒表 1 块。

（5）1000mL 烧杯 6 个。

（6）1000 毫升量筒 1 个。

（7）1mL，2mL，5mL，10mL 移液管各 1 支。

（8）200mL 烧杯 1 个，吸耳球等。

（9）1%$FeCl_3$ 溶液 500mL。

（10）实验用原水（配制）。

（11）注射针筒。

（12）10%的 NaOH 溶液和 10%HCl 溶液 500mL 各 1 瓶。

4. 实验步骤

（1）熟悉搅拌机、浊度计的使用。

（2）用 1000mL 量筒量取 6 份水样至 6 个 1000mL 烧杯中。另量取 200mL 水样放在 200mL 的烧杯中。

(3) 测定原水的浊度、pH 值和水温。

(4) 确定在原水中能形成矾花的近似最小混凝剂量。方法是将搅拌机开关扳到手动位置，慢速搅拌烧杯中 200mL 的原水，用移液管每次增加 0.5mL 的混凝剂直至出现矾花为止。这时的混凝剂量作为形成矾花的最小投加量。

(5) 确定实验时的混凝剂投加量。根据步骤（4）得出的形成矾花最小混凝剂投加量，取其1/4作为 1 号烧杯的混凝投加量，其 2 倍作为 6 号烧杯的混凝剂投加量。用依次增加混凝剂量相等的方法求出 2～5 号烧杯混凝剂投加量。把混凝剂移到与烧杯号相对应的搅拌机投药试管中。

(6) 将 6 个水样放在搅拌叶片下，保持各烧杯中各叶片的位置相同，将搅拌机开关扳到自动位置，启动搅拌机。转动试管架转轴将混凝剂加入所对应的烧杯中。快速搅拌（120～150r/min）3min；慢速搅拌（40～80r/min）20min。

(7) 搅拌过程中，注意观察并记录矾花形成的过程、矾花大小、密实程度。

(8) 搅拌过程完成后，轻轻提起搅拌叶片（注意不要再搅拌水样）。静置沉淀 15min，并观察记录矾花沉淀情况。

(9) 沉降时间到达后，用注射器分别抽出各烧杯中的上清液，并测其浊度及相应的 pH 值。

(10) 测量计算水样慢速搅拌过程的速度梯度 $G$ 和 $GT$ 值所需数据。

5. 实验结果整理

(1) 把原水特征、混凝剂投加情况、沉淀后的水样浊度及 pH 值记入表格。

(2) 以沉淀后水样浊度为纵坐标，混凝剂加注量为横坐标，绘出浊度与投药量关系曲线，并在图上求出最佳混凝剂投加量。

(3) 以沉淀后水样 pH 值为纵坐标，混凝剂加注量为横坐标，给出 pH 值与投药量曲线，分析其规律性。

(4) 计算水样慢速搅拌过程的速度梯度 $G$ 及 $GT$ 值。分析其是否在合适范围。

(5) 实验记录参考格式。

实验小组名单__________　　　　实验日期__________

快速搅拌转速__________　　　　慢速搅拌转速__________

混凝剂名称__________　　　　混凝剂浓度__________

原水浊度__________　　　　原水 pH 值__________

废水中能形成矾花的近似最小混凝剂量/mL ________相当于/(mg/L) ________

(6) 实验结果记入表 4-1-1。

6. 注意事项

(1) 电源电压应稳定，如有条件，应配用一台稳压装置。

(2) 取水样时，所取水样要搅拌均匀，要一次量取以尽量减少所取水样浓度上的差别。

(3) 移取烧杯中沉淀水上层清液时，要在相同条件下取上层清液，不要把沉下去的矾花搅起来。

7. 思考题

(1) 为什么最大投药量时，混凝效果不一定好？

(2) 当无六联搅拌机时，试利用 0.618 法设计测定最佳 pH 值实验过程（可参考求最佳投药量的实验步骤）。

表 4-1-1 混凝沉淀实验记录

| 水样编号 | | 1 | 2 | 3 | 4 | 5 | 6 |
|---|---|---|---|---|---|---|---|
| 水样温度 | | | | | | | |
| 投药量 | /mL | | | | | | |
| | /(mg/L) | | | | | | |
| 初矾花时间 | | | | | | | |
| 矾花沉淀情况 | | | | | | | |
| 剩余浊度 | | | | | | | |
| 沉淀后 pH 值 | | | | | | | |
| 备　注 | | | | | | | |

（3）本实验与水处理实际情况有哪些差别？如何改进？

## 实验二　颗粒自由沉淀实验

1. 实验目的

（1）加深对自由沉淀特点、基本概念及沉淀规律的理解。

（2）掌握颗粒自由沉淀实验的方法，并能对实验数据进行分析、整理、计算和绘制颗粒自由沉淀曲线。

2. 实验原理

浓度较稀的、粒状颗粒的沉淀属于自由沉淀，其特点是静沉过程中颗粒互不干扰、等速下沉，其沉速在层流区符合 Stokes（斯托克斯）公式。但是由于水中颗粒的复杂性，颗粒粒径、颗粒密度很难或无法准确地测定，因而沉淀效果、特性无法通过公式求得而是通过静沉实验确定。

由于自由沉淀时颗粒是等速下沉，下沉速度与沉淀高度无关，因而自由沉淀可在一般沉淀柱内进行，但其直径应足够大，一般应使 $D \geqslant 100\text{mm}$，以免颗粒沉淀受柱壁干扰。

具有大小不同颗粒的悬浮物静沉总去除率 $E$ 与截留速度 $u_0$、颗粒质量分数的关系如下

$$E=(1-P_0)+\int_0^{P_0}\frac{u_s}{u_0}\mathrm{d}P \qquad (4\text{-}2\text{-}1)$$

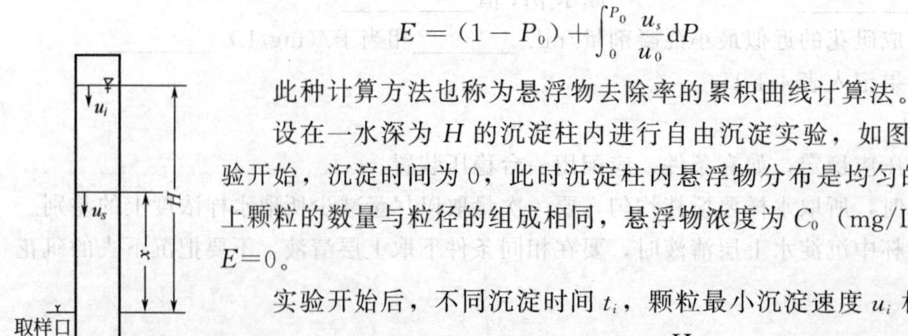


图 4-2-1　自由沉淀示意

此种计算方法也称为悬浮物去除率的累积曲线计算法。

设在一水深为 $H$ 的沉淀柱内进行自由沉淀实验，如图 4-2-1 所示。实验开始，沉淀时间为 0，此时沉淀柱内悬浮物分布是均匀的，即每个断面上颗粒的数量与粒径的组成相同，悬浮物浓度为 $C_0$（mg/L），此时去除率 $E=0$。

实验开始后，不同沉淀时间 $t_i$，颗粒最小沉淀速度 $u_i$ 相应为

$$u_i=\frac{H}{t_i} \qquad (4\text{-}2\text{-}2)$$

此即为 $t_i$ 时间内从水面下沉到池底（此处为取样点）的最小颗粒 $d_i$ 所具有的沉速。此时取样点处水样悬浮物浓度为 $C_i$，而

$$\frac{C_0-C_i}{C_0}=1-\frac{C_i}{C_0}=1-P_i=E_0 \tag{4-2-3}$$

此时去除率 $E_0$，表示具有沉速 $u \geqslant u_i$（粒径 $d \geqslant d_i$）的颗粒去除率，而

$$P_i=\frac{C_i}{C_0} \tag{4-2-4}$$

则反映了 $t_i$ 时，未被去除之颗粒即 $d<d_i$ 的颗粒所占的百分比。

实际上沉淀时间 $t_i$ 内，由水中沉至池底的颗粒是由两部分颗粒组成。即沉速 $u \geqslant u_i$ 的那一部分颗粒能全部沉至池底；除此之外，颗粒沉速 $u_s<u_i$ 的那一部分颗粒，也有一部分能沉至池底。这是因为，这部分颗粒虽然粒径很小，沉速 $u_s<u_i$，但是这部分颗粒并不都在水面，而是均匀地分布在整个沉淀柱的高度内。因此只要在水面下，它们下沉至池底所用的时间能少于或等于具有沉速 $u_i$ 的颗粒由水面降至池底所用的时间 $t_i$，那么这部分颗粒也能从水中被除去。

沉速 $u_s<u_i$ 的那部分颗粒虽然有一部分能从水中去除，但其中也是粒径大的沉到池底的多，粒径小的沉到池底的少，各种粒径颗粒去除率并不相同。因此若能分别求出各种粒径的颗粒占全部颗粒的百分比，并求出该粒径颗粒在时间 $t_i$ 内能沉至池底的颗粒占本粒径颗粒的百分比，则二者乘积即为此种粒径颗粒在全部颗粒中的去除率。如此分别求出 $u_s<u_i$ 的那些颗粒的去除率，并相加后，即可得出这部分颗粒的去除率。

为了推求其计算式，我们首先绘制 $P \sim u$ 关系曲线，其横坐标为颗粒沉速 $u$，纵坐标为未被去除颗粒的百分比 $P$，如图 4-2-2 所示。由图中可见。

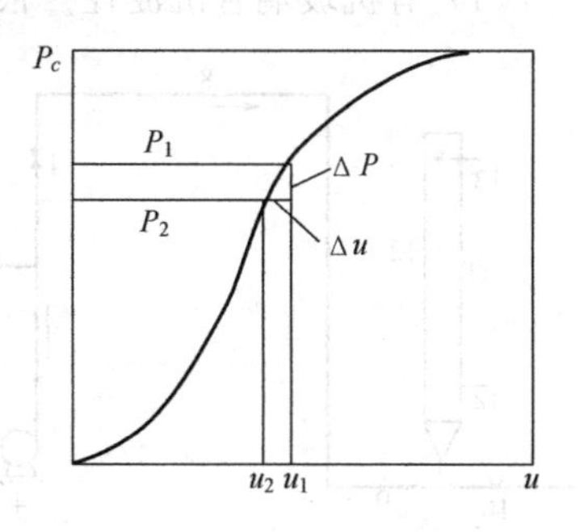

图 4-2-2 $P \sim u$ 关系曲线

$$\Delta P=P_1-P_2=\frac{C_1}{C_0}-\frac{C_2}{C_0}=\frac{C_1-C_2}{C_0} \tag{4-2-5}$$

故 $\Delta P$ 是当选择的颗粒沉速由 $u_1$ 降至 $u_2$ 时，整个水中所能多去除的那部分颗粒的去除率，也就是所选择的要去除的颗粒粒径由 $d_1$ 减到 $d_2$ 时水中所能多去除的，即粒径在 $d_1 \sim d_2$ 间的那部分颗粒所占的百分比。因此当 $\Delta P$ 间隔无限小时，则 $\mathrm{d}P$ 代表了直径为小于 $d_i$ 的某一粒径 $d$ 的颗粒占全部颗粒的百分比。这些颗粒能沉至池底的条件，应是在水中某一点沉至池底所用的时间，必须等于或小于具有沉速为 $u_i$ 的颗粒由水面沉至池底所用的时间，即应满足

$$\frac{x}{u_x} \leqslant \frac{H}{u_i}$$

$$x \leqslant \frac{Hu_x}{u_i}$$

由于颗粒均匀分布，又为等速沉淀，故沉速 $u_x<u_i$ 的颗粒只有在 $x$ 水深以内才能沉到池底。因此能沉至池底的这部分颗粒，占这种粒径的百分比为$\frac{x}{H}$，如图 4-2-1 所示，而

$$\frac{x}{H}=\frac{u_x}{u_i}$$

此即为同一粒径颗粒的去除率。取 $u_0=u_i$，且为设计选用的颗粒沉速；$u_s=u_x$，则有

$$\frac{u_x}{u_i}=\frac{u_s}{u_0}$$

由上述分析可见，$\mathrm{d}P_S$ 反映了具有沉速 $u_s$ 的颗粒占全部颗粒的百分比，而

$$\frac{u_s}{u_0}$$

则反映了在设计沉速为 $\mu_0$ 的前提下，具有沉速 $u_s$（$<u_0$）的颗粒去除量占本颗粒总量的百分比。故

$$\frac{u_s}{u_0}\mathrm{d}P \tag{4-2-6}$$

正是反映了在设计沉速为 $u_0$ 时，具有沉速为 $u_s$ 的颗粒所能去除的部分占全部颗粒的比率。利用积分求解这部分 $u_s<u_0$ 的颗粒的去除率，则为

$$\int_0^{P_0}\frac{u_s}{u_0}\mathrm{d}P \tag{4-2-7}$$

故颗粒的去除率为

$$E=(1-P_0)+\int_0^{P_0}\frac{u_s}{u_0}\mathrm{d}P \tag{4-2-8}$$

工程中常用下式计算

$$E=(1-P_0)+\frac{\sum \Delta P u_s}{u_0} \tag{4-2-9}$$

3. 实验设备与试剂

（1）有机玻璃管沉淀柱一根，内径 $D\geqslant100\mathrm{mm}$，高 1.5m。工作水深即由溢流口至取样口距离，共两种，$H_1=0.9\mathrm{m}$，$H_2=1.2\mathrm{m}$。每根沉降柱上设溢流管、取样管、进水及放空管。

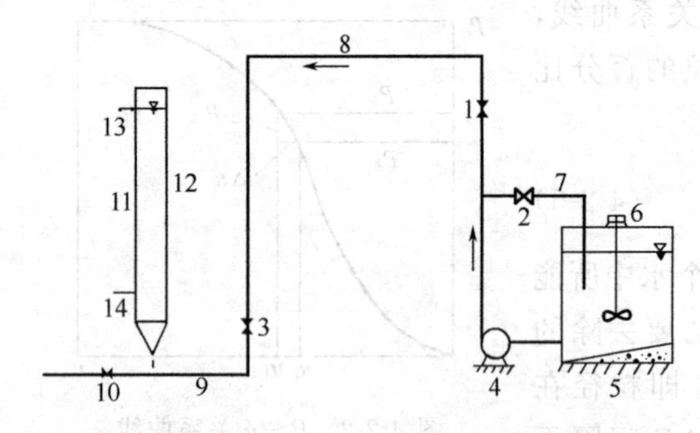


图 4-2-3 自由沉淀静沉实验装置

1，3—配水管上闸门；2—水泵循环管上闸门；4—水泵；5—水池；6—搅拌机；7—循环管；8—配水管；9—进水管；10—放空管闸门；11—沉淀柱；12—标尺；13—溢流管；14—取样器

（2）配水及投配系统包括钢板水池、搅拌装置、水泵、配水管、循环水管和计量水深用标尺，如图 4-2-3 所示。

（3）计时用秒表或手表。

（4）玻璃烧杯、移液管、玻璃棒、瓷盘等。

（5）悬浮物定量分析所需设备：万分之一天平、带盖称量瓶、干燥皿、烘箱、抽滤装置、定量滤纸等。

（6）水样可用煤气洗涤污水、轧钢污水、天然河水或人工配制水样。

4. 实验步骤

（1）将实验用水倒入水池内，开启循环管路闸门 2，用泵循环或机械搅拌装置搅拌，待池内水质均匀后，从池内取样，测定悬浮物浓度，此即为 $C_0$ 值。

（2）开启闸门 1、3，关闭闸门 2，水经配水管进入沉淀管内，当水上升到溢流口，并流出后，关闭闸门 3，停泵。记录时间，沉淀实验开始。

（3）隔 5min，10min，20min，30min，60min，120min 由取样口取样，记录沉淀柱内液面高度。

（4）观察悬浮颗粒沉淀特点、现象。

（5）测定水样悬浮物含量。

（6）实验记录用表，如表 4-2-1 所示。

**表 4-2-1 颗粒自由沉淀实验记录**

日期：　　　　水样：

| 静沉时间/min | 滤编编号 | | 称量瓶号 | | 称量瓶＋滤纸质量/g | | 取样体积/mL | | 瓶纸＋SS 质量/g | | 水样 SS 质量/g | | $C_0$/(mg/L) | | $C_i$/(mg/L) | | 沉淀高度 $H$/cm |
|---|---|---|---|---|---|---|---|---|---|---|---|---|---|---|---|---|---|
| 0 | | | | | | | | | | | | | | | | | |
| 5 | | | | | | | | | | | | | | | | | |
| 10 | | | | | | | | | | | | | | | | | |
| 20 | | | | | | | | | | | | | | | | | |
| 30 | | | | | | | | | | | | | | | | | |
| 60 | | | | | | | | | | | | | | | | | |
| 120 | | | | | | | | | | | | | | | | | |

5. 实验结果整理

（1）实验基本参数整理。

实验日期：　　　　水样性质及来源：

沉淀柱直径 $d$＝　　　　柱高 $H$＝

水温/℃　　　　原水悬浮物浓度 $C_0$/(mg/L)

绘制沉淀柱草图及管路连接图

（2）实验数据整理。将实验原始数据按表 4-2-2 整理，以备计算分析之用。

**表 4-2-2 实验原始数据整理表**

| 沉淀高度/cm | | | | | | | | |
|---|---|---|---|---|---|---|---|---|
| 沉淀时间/min | | | | | | | | |
| 实测水样 SS/(mg/L) | | | | | | | | |
| | | | | | | | | |
| 计算用 SS/(mg/L) | | | | | | | | |
| 未被移除颗粒百分比 $P_i$ | | | | | | | | |
| 颗粒沉速 $u$/(mm/s) | | | | | | | | |

表中不同沉淀时间 $t_i$ 时，沉淀管内未被移除的悬浮物的百分比及颗粒沉速分别按下式计算

未被移除悬浮物的百分比

$$P_i=\frac{C_i}{C_0}\times 100\%$$

式中　$C_0$——原水中 SS 浓度值，mg/L；

$C_i$——某沉淀时间后，水样中 SS 浓度值，mg/L。

相应颗粒沉速　$$u_i=\frac{H_i}{t_i}\ (\mathrm{mm/s})$$

（3）以颗粒沉速 $u$ 为横坐标，以 $P$ 为纵坐标，在普通格纸上绘制 $u\sim P$ 关系曲线。

（4）利用图解法列表（表 4-2-3）计算不同沉速时，悬浮物的去除率。

表 4-2-3　悬浮物去除率 $E$ 的计算

| 序号 | $u_0$ | $P_0$ | $1-P_0$ | $\Delta P$ | $u_s$ | $u_s\cdot\Delta P$ | $\sum u_s\cdot\Delta P$ | $\frac{\sum u_s\cdot\Delta P}{u_0}$ | $E=(1-P_0)+\frac{\sum u_s\cdot\Delta P}{u_0}$ |
|---|---|---|---|---|---|---|---|---|---|
| | | | | | | | | | |
| | | | | | | | | | |
| | | | | | | | | | |
| | | | | | | | | | |

$$E=(1-P_0)+\frac{\sum\Delta P u_s}{u_0}$$

（5）根据上述计算结果，以 $E$ 为纵坐标，分别以 $u$ 及 $t$ 为横坐标，绘制 $u\sim E$，$t\sim E$ 关系曲线。

6. 注意事项

（1）向沉淀柱内进水时，速度要适中。既要较快完成进水，以防进水中一些较重颗粒沉淀；又要防止速度过快造成柱内水体紊动，影响静沉实验效果。

（2）取样前，一定要记录管中水面至取样口距离 $H_0$（cm）。

（3）取样时，先排除管中积水而后取样，每次约取 300～400mL。

（4）测定悬浮物时，因颗粒较重，从烧杯取样要边搅边吸，以保证两平行水样的均匀性。贴于移液管壁上细小的颗粒一定要用蒸馏水洗净。

7. 思考题

（1）自由沉淀中颗粒沉速与絮凝沉淀中颗粒沉速有何区别。

（2）绘制自由沉淀静沉曲线的方法及意义。

（3）沉淀柱高分别为 $H=1.2$m，$H=0.9$m，两组实验成果是否一样，为什么？

（4）利用上述实验资料，按

$$E=\frac{C_0-C_i}{C_0}\times100\%$$

计算不同沉淀时间 $t$ 的沉淀效率 $E$，绘制 $E\sim t$，$E\sim u$ 静沉曲线，并和上述整理结果加以对照与分析，指出上述两种整理方法结果的适用条件。

## 实验三　絮凝沉淀实验

1. 实验目的

（1）加深对絮凝沉淀的特点、基本概念及沉淀规律的理解。

（2）掌握絮凝实验方法，并能利用实验数据绘制絮凝沉淀静沉曲线。

2. 实验原理

悬浮物浓度不太高，一般在 600～700mg/L 以下的絮状颗粒的沉淀属于絮凝沉淀，如给水工程中混凝沉淀、污水处理中初沉池内的悬浮物沉淀均属此类。沉淀过程中由于颗粒相互碰撞，凝聚变大，沉速不断加大，因此颗粒沉速实际上是一变速。这里所说的絮凝沉淀颗粒沉速，是指颗粒沉淀平均速度。在平流沉淀池中，颗粒沉淀轨迹是一曲线，而不同于自由沉淀的直线运动。在沉淀池内颗粒去除率不仅与颗粒沉速有关，而且与沉淀有效水深有关。因此沉淀柱不仅要考虑器壁对悬浮物沉淀的影响，还要考虑柱高对沉淀效率的影响。

静沉中絮凝沉淀颗粒去除率的计算基本思想与自由沉淀一致，但方法有所不同。自由沉淀采用累积曲线计算法，而絮凝沉淀采用的是纵深分析法，颗粒去除率按下式计算。

$$E=E_r+\frac{Z'}{Z_0}(E_{t+1}-E_t)+\frac{Z''}{Z_0}(E_{t+2}-E_{t+1})+\cdots+\frac{Z''}{Z_0}(E_{t+n}-E_{t+n-1}) \qquad (4\text{-}3\text{-}1)$$

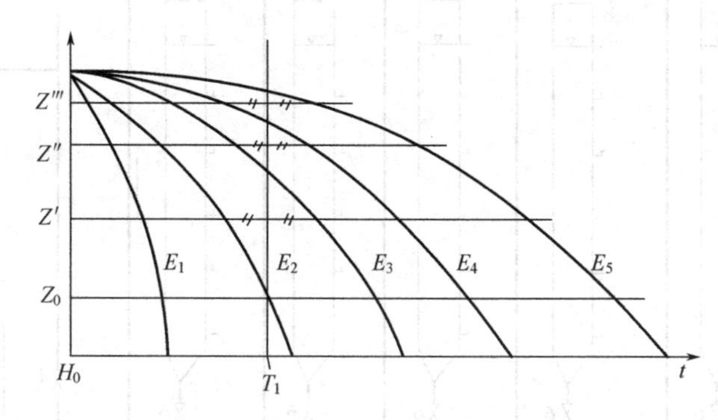


图 4-3-1　絮凝沉降等去除率曲线

计算如图 4-3-1 所示。去除率同分散颗粒一样，也分成两部分。

a. 全部被去除的颗粒部分。这部分颗粒是指在给定的停留时间（如图 4-3-1 中 $t_1$），与给定的沉淀池有效水深（如图 4-3-1 中 $H=Z_0$）时，两直线相交点的等去除率线的 $E$ 值，如图中的$E=E_2$。即在沉淀时间 $t=t_1$，沉降有效水深 $H=Z_0$ 时具有沉速 $u\geqslant u_0=\frac{Z_0}{t_1}$的那些颗粒能全部被去除，其去除率为 $E_2$。

b. 部分被去除的颗粒部分。同自由沉淀一样，悬浮物在沉淀时虽说有些颗粒小，沉速较小，不可能从池顶沉到池底，但是在池体中某一深度下的颗粒，在满足条件即沉到池底所用时间$\frac{Z_x}{u_x}\leqslant\frac{Z_0}{u_0}$时，这部分颗粒也就被去除掉了。当然，这部分颗粒是指沉速 $u<\frac{Z_0}{t_1}$的那些颗粒，这些颗粒的沉淀效率也不相同，也是颗粒大的沉淀快，去除率大些。其计算方法、原理与分散颗粒一样，这里是用$\frac{Z'}{Z_0}$（$E_{t+1}-E_t$）+$\frac{Z''}{Z_0}$（$E_{t+2}-E_{t+1}$）+…代替了分散颗粒中的$\int_0^{P_0}\frac{u_s}{u_0}\cdot \mathrm{d}P$。

式中，$E_{t+n}-E_{t+n-1}=\Delta E$ 所反映的就是把颗粒沉速由 $u_0$ 降到 $u_s$ 时，所能多去除的那些颗粒占全部颗粒的百分比。这些颗粒，在沉淀时间 $t_0$ 时，并不能全部沉到池底，而只有符合条件 $t_s\leqslant t_0$ 的那部分颗粒能沉到池底，即$\frac{h_s}{u_s}\leqslant\frac{H_0}{u_0}$，故有$\frac{u_s}{u_0}=\frac{h_s}{H_0}$。同自由分散沉淀一样，由于 $u_s$ 为未知数，故采用近似计算法，用$\frac{h_s}{H_0}$来代替$\frac{u_s}{u_0}$，工程上多采用等分 $E_{t+n}-E_{t+n-1}$ 间的中点水深 $Z_i$ 代替 $h_i$，则$\frac{Z_i}{H_0}$近似地代表了这部分颗粒中所能沉到池底的颗粒所占的百分数。

由上推论可知，$\frac{Z_i}{H_0}$（$E_{t+n}-E_{t+n-1}$）就是沉速为 $u_s\leqslant u<u_0$ 的这些颗粒的去除量所占全部颗粒的百分比，以此类推，式$\sum\frac{Z_i}{H_0}$（$E_{t+n}-E_{t+n-1}$），就是 $u_s\leqslant u_0$ 的全部颗粒的去除率。

3. 实验设备与试剂

（1）沉淀柱：有机玻璃沉淀柱，内径 $D \geqslant 100$mm，高 $H=3.6$m，沿不同高度设有取样口，如图 4-3-2 所示。管最上为溢流孔，管下为进水孔，共五套。

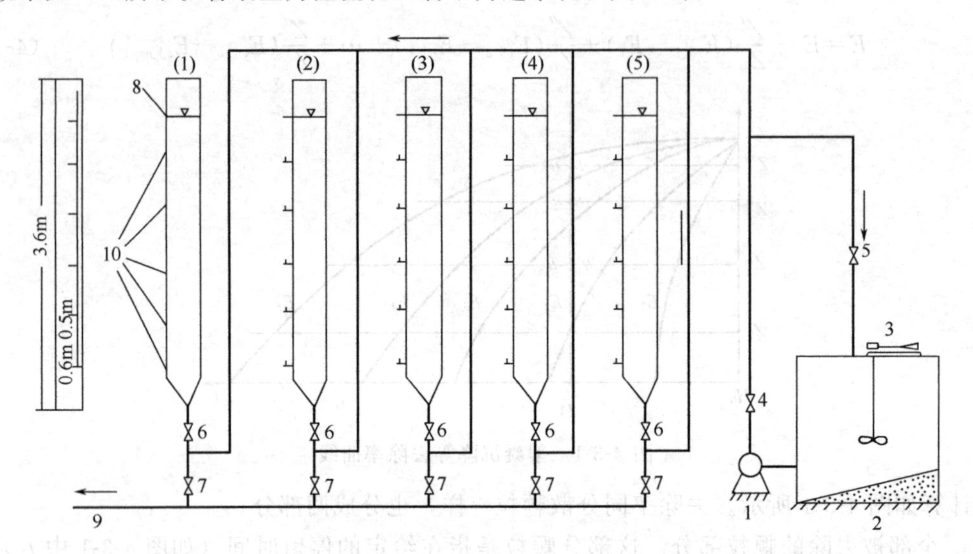


图 4-3-2 絮凝沉淀实验装置示意

1—水泵；2—水池；3—搅拌装置；4—配水管闸门；5—水泵循环管闸门；6—各沉淀柱进水闸门；7—各沉淀柱放空闸门；8—溢流孔；9—放水管；10—取样口

（2）配水及投配系统：钢板水池，搅拌装置、水泵、配水管。

（3）定时钟、烧杯、移液管、瓷盘等。

（4）悬浮物定量分析所需设备及用具：万分之一分析天平，带盖称量瓶、干燥皿、烘箱、抽滤装置，定量滤纸等。

（5）水样：城市污水、制革污水、造纸污水或人工配制水样等。

4. 实验步骤

（1）将欲测水样倒入水池进行搅拌，待搅匀后取样测定原水悬浮物浓度 SS 值。

（2）开启水泵，打开水泵的上水闸门和各沉淀柱上水管闸门。

（3）放掉存水后，关闭放空管闸门，打开沉淀柱上水管闸门。

（4）依次向 1～5 沉淀柱内进水，当水位达到溢流孔时，关闭进水闸门，同时记录沉淀时间。5 根沉淀柱的沉淀时间分别是 20min、40min、60min、80min、120min。

（5）当达到各柱的沉淀时间时，在每根柱上，自上而下地依次取样，测定水样悬浮物的浓度。

（6）记录见表 4-3-1。

5. 实验结果整理

（1）实验基本参数整理

实验日期　　　　　　　　　　水样性质及来源

沉淀柱直径 $d=$　　　　　　　柱高 $H=$

水温/℃　　　　　　　　　　原水悬浮物浓度 $SS_0$/(mg/L)

绘制沉淀柱及管路连接图

（2）实验数据整理

将表实验数据进行整理，并计算各取样点的去除率 $E$，列成表 4-3-2。

**表 4-3-1　絮凝沉淀实验记录表**

实验日期　　　水　　样

| 柱　号 | 沉淀时间/min | 取样点编号 | SS /(mg/L) | | SS平均值 /(mg/L) | 取样点有效水深 /m | 备　注 |
|---|---|---|---|---|---|---|---|
| 1 | 20 | 1-1 | | | | | |
| | | 1-2 | | | | | |
| | | 1-3 | | | | | |
| | | 1-4 | | | | | |
| | | 1-5 | | | | | |
| 2 | 40 | 2-1 | | | | | |
| | | 2-2 | | | | | |
| | | 2-3 | | | | | |
| | | 2-4 | | | | | |
| | | 2-5 | | | | | |
| 3 | 60 | 3-1 | | | | | |
| | | 3-2 | | | | | |
| | | 3-3 | | | | | |
| | | 3-4 | | | | | |
| | | 3-5 | | | | | |
| 4 | 80 | 4-1 | | | | | |
| | | 4-2 | | | | | |
| | | 4-3 | | | | | |
| | | 4-4 | | | | | |
| | | 4-5 | | | | | |
| 5 | 120 | 5-1 | | | | | |
| | | 5-2 | | | | | |
| | | 5-3 | | | | | |
| | | 5-4 | | | | | |
| | | 5-5 | | | | | |

注：原水浓度 SS/(mg/L)。

**表 4-3-2　各取样点悬浮物去除率 $E$ 值计算**

| 沉淀柱 / 沉淀时间/min / 沉淀时间/m | 1 | 2 | 3 | 4 | 5 |
|---|---|---|---|---|---|
| | 20 | 40 | 60 | 80 | 120 |
| 0.6 | | | | | |
| 1.2 | | | | | |
| 1.8 | | | | | |
| 2.4 | | | | | |
| 3.0 | | | | | |

（3）以沉淀时间 $t$ 为横坐标，以深度为纵坐标，将各取样点的去除率填在各取样点的坐标上，如图 4-3-3 所示。

（4）在上述基础上，用内插法，绘出等去除率曲线。$E$ 最好是以 5%或 10%为一间距，如 25%、35%、45%或 20%、25%、30%。

（5）选择某一有效水深 $H$，过 $H$ 做 $x$ 轴平行线，与各去除率线相交，再根据公式 4-3-1 计算不同沉淀时间的总去除率。

（6）以沉淀时间 $t$ 为横坐标，$E$ 为纵坐标，绘制不同有效水深 $H$ 的 $E \sim t$ 关系曲线，及 $E \sim u$ 曲线。

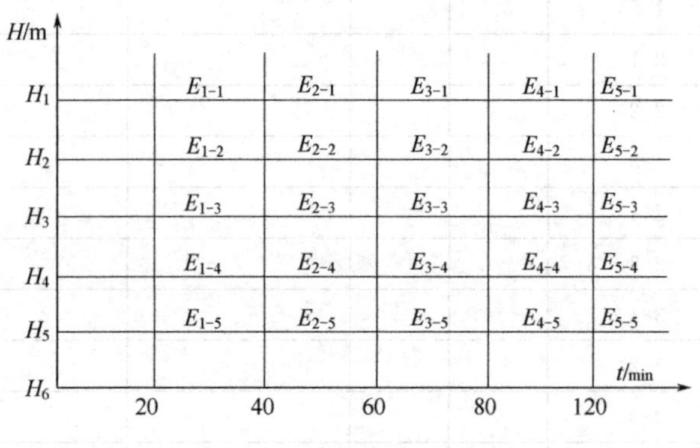


图 4-3-3　各取样点去除率

6. 注意事项

（1）向沉淀柱进水时，速度要适中，既要防止悬浮物由于进水速度过慢而絮凝沉淀；又要防止由于进水速度过快，沉淀开始后柱内还存在紊流，影响沉淀效果。

（2）由于同时要由每个柱的 5 个取样口取样，故人员分工、烧杯编号等准备工作要做好，以便能在较短的时间内，从上至下准确地取出水样。

（3）测定悬浮物浓度时，一定要注意两平行水样的均匀性。

（4）注意观察、描述颗粒沉淀过程中自然絮凝作用及沉速的变化。

7. 思考题

（1）观察絮凝沉淀现象，并叙述与自由沉淀现象有何不同，实验方法有何区别。

（2）两种不同性质之污水经絮凝实验后，所得同一去除率的曲线之曲率不同，试分析其原因，并加以讨论。

（3）实际工程中，哪些沉淀属于絮凝沉淀？

## 实验四　成层沉淀实验

1. 实验目的

（1）加深对成层沉淀的特点、基本概念以及沉淀规律的理解。

（2）加深理解静沉实验在沉淀单元操作中的重要性。

（3）通过实验确定某种污水曝气池混合液的静沉曲线，并为设计澄清浓缩池提供必要的设计参数。

2. 实验原理

悬浮物浓度大于某值的高浓度污水（大于 500mg/L，否则不会形成成层沉淀），如活性污泥法曝气池混合液、浓集的化学污泥，不论其颗粒性质如何，颗粒的下沉均表现为浑浊液面的整体下沉。这与自由沉淀、絮凝沉淀完全不同。后两者研究的都是一个颗粒沉淀时的运动变化特点（考虑的是悬浮物个体），而对成层沉淀的研究都是悬浮物整体，即整个浑液面的沉淀变化过程。成层沉淀时颗粒间的相互位置保持不变，颗粒下沉速度即为浑液面等速下沉速度。该速度与原水浓度、悬浮物性质等有关而与沉淀深度无关。但沉淀有效水深影响变浓区沉速和压缩区压实程度。

为了研究浓缩，提供从浓缩角度设计澄清池所必需的参数，应考虑沉降柱的有效水深。此外，高浓度水沉淀过程中，器壁效应更为突出，为了能真实地反映客观实际状态，沉淀柱直径一般要大于 200mm，而且柱内还应装有慢速搅拌装置，以消除器壁效应和模拟沉淀池内刮泥机的作用。

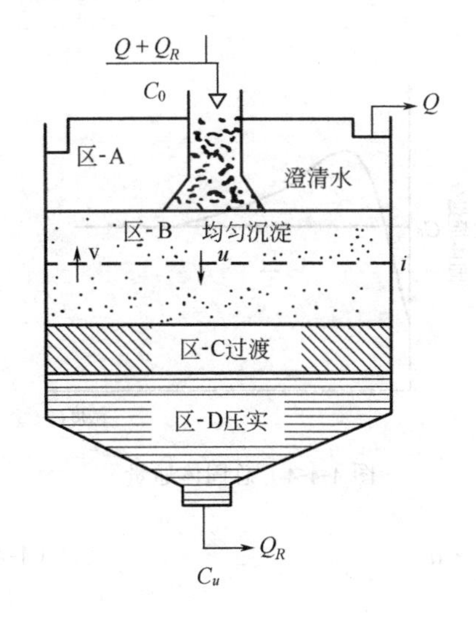


图 4-4-1 稳定运行沉淀池内状况

$C_0$—原污泥浓度；$C_u$—浓缩后污泥浓度

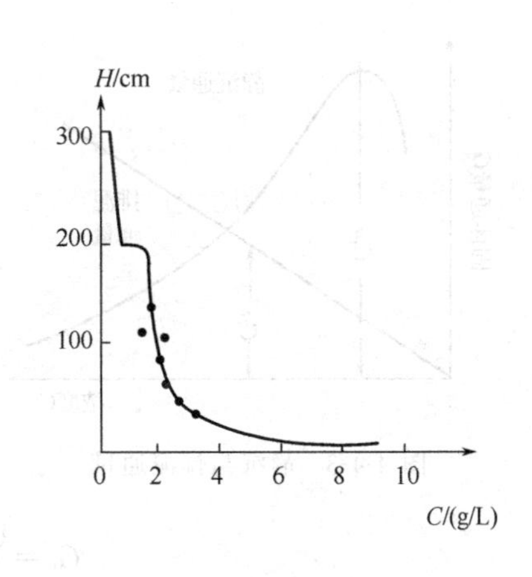


图 4-4-2 池内污泥浓度沿池高分布

澄清浓缩池在连续稳定运行中，池内可分为四区，如图 4-4-1 所示。池内污泥浓度沿池高分布如图 4-4-2 所示。进入沉淀池的混合液，在重力作用下进行泥水分离，污泥下沉，清水上升，最终经过等浓区后进入清水区和出流。因此为了满足澄清的要求，出流水不带走悬浮物，则水流上升速度 $v$ 一定要小于或等于等浓区污泥沉降速度 $u$，即 $v=Q/A\leqslant u$，工程中

$$A=\frac{Q}{u}\cdot a \tag{4-4-1}$$

式中 $Q$——处理水量，$m^3/h$；

$u$——等浓区污泥沉速，m/h；

$A$——沉淀池按澄清要求所需平面面积，$m^2$；

$a$——修正系数，一般取 $a=1.05\sim1.2$。

进入沉淀池后分离出来的污泥，从上至下逐渐浓缩，最后由池底排除。这一过程是在两个作用下完成的。其一是重力作用下形成静沉固体通量 $G_S$，其值取决于每一断面处污泥浓度 $C_i$ 及污泥沉速 $u_i$，见式（4-4-2）。

$$G_S=u_iC_i \tag{4-4-2}$$

其二是连续排泥造成污泥下降，形成排泥固体通量 $G_B$，其值取决于每一断面处污泥浓度和由于排泥而造成的泥面下沉速度，见式（4-4-3）。

$$G_B = vC_i \quad (4\text{-}4\text{-}3)$$

$$v = Q_R / A \quad (4\text{-}4\text{-}4)$$

式中 $Q_R$——回流污泥量。

因而，污泥在沉淀池内单位时间，通过单位面积下沉的污泥量，取决于污泥性能 $u$ 和运行条件 $v \cdot C$，即固体通量 $G = G_S + G_B = uC_i + vC_i$。该关系由此可看出。由图 4-4-3、图 4-4-4 可见，对于某一特定运行或设计条件下，沉淀池某一断面处存在一个最小的固体通量 $G_L$，称为极限固体通量，当进入沉淀池的进泥通量 $G_0$ 大于极限固体通量时，污泥在下沉到该断面时，多余污泥量将于此断面处积累。长此下去，回流污泥不仅得不到应有的浓度，池内泥面反而上升，最后随水流出。因此按浓缩要求，沉淀池的设计应满足 $G_0 \leqslant G_L$，从而保证二沉池中的污泥通过各断面达到池底。

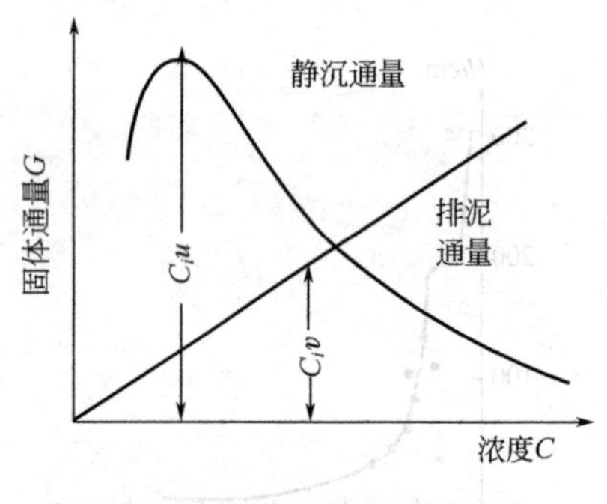


图 4-4-3　静沉与排泥通量

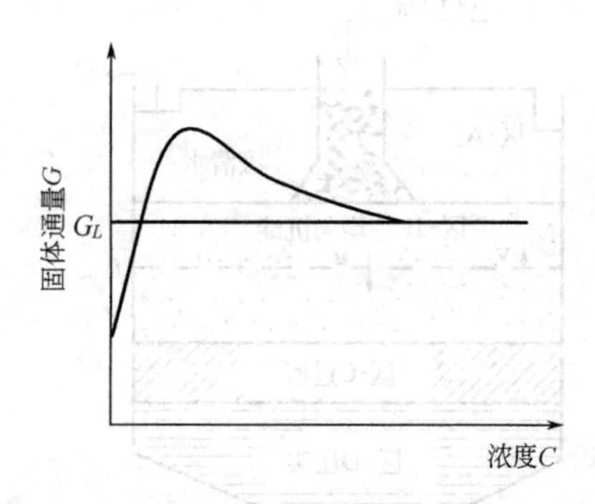


图 4-4-4　总固体通量

$$G_0 = \frac{Q\ (1+R)\ C_0}{A} \cdot a \quad (4\text{-}4\text{-}5)$$

式中　$G_0$——进泥通量，kg/(m²·h)；

$Q$——处理水量，m³/h；

$R$——回流比；

$C_0$——曝气池混合液污泥浓度，kg/m³；

$A$——沉淀池按浓缩要求所需平面面积，m²。

工程中

$$A \geqslant \frac{Q(1+R)C_0}{G_L} \cdot a \quad (4\text{-}4\text{-}6)$$

式中　$Q$，$a$——同式（4-4-1）；

$R$——回流比；

$C_0$——曝气池混合液污泥浓度，kg/m³；

$G_L$——极限固体通量，kg/(m²·h)；

$A$——沉淀池按浓缩要求所需平面面积，m²。

式（4-4-1）、式（4-4-6）中设计参数 $u$，$G_L$ 值，均应通过成层沉淀实验求得。成层沉淀实验，是在静止状态下，研究浑液面高度随沉淀时间的变化规律。以浑液面为纵轴，以沉淀时间为横轴，所绘得的 $H\text{-}t$ 曲线，称为成层沉淀过程线，它是求二次沉淀池断面面积设计参数的基础资料。

成层沉淀过程分为四段，如图 4-4-5。

$A\text{-}B$ 段，称之为加速段或叫污泥絮凝段。此段所用时间很短，曲线略向下弯曲，这是浑液面形成的过程，反映了颗粒絮凝性能。

$B$-$C$ 段，浑液面等速沉淀段或叫等浓沉淀区。此区由于悬浮颗粒的相互牵连和强烈干扰，均衡了它们各自的沉淀速度，使颗粒群体以共同干扰后的速度下沉。沉速为一常量，它不因沉淀历时的不同而变化。表现在沉淀过程线上，$B$-$C$ 段是一斜率不变的直线段，称为等速沉淀段。

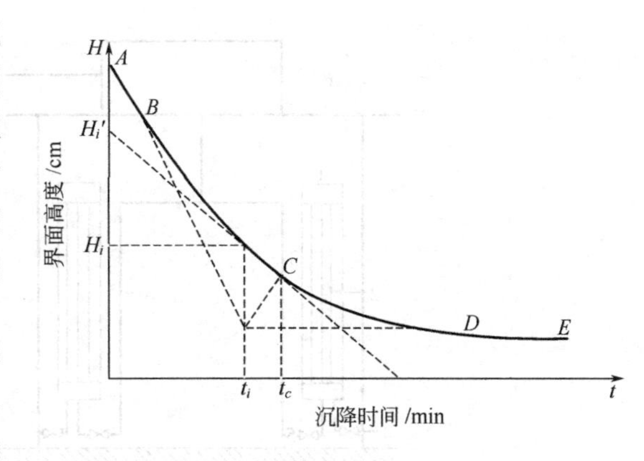


图 4-4-5　成层沉淀过程线

$C$-$D$ 段，过渡段又叫变浓区。此段为污泥等浓区向压缩区的过渡段，其中既有悬浮物的干扰沉淀，也有悬浮物的挤压脱水作用。沉淀过程线上，$C$-$D$ 段所表现的弯曲，是沉淀和压缩双重作用的结果，此时等浓沉淀区消失，故 $C$ 点又叫成层沉淀临界点。

$D$-$E$ 段，压缩段。此区内颗粒间相互直接接触，机械支托，形成松散的网状结构，在压力作用下颗粒重心排列组合，它所夹带的水分也逐渐从网中脱出，这就是压缩过程。此过程也是等速沉淀过程。只是沉速相当小，沉淀极缓慢。

利用成层沉淀求二沉池设计参数、$u$ 及 $G_L$ 的一般方法如下。

肯奇单筒测定法是取曝气池的混合液进行一次较长时间的成层沉淀，得到一条浑液面沉淀过程线，如图 4-4-5 所示，并利用肯奇式

$$C_i = \frac{C_0 H_0}{H_i} \tag{4-4-7}$$

式中　$C_0$——实验时，试样浓度，g/L；

$H_0$——实验时，沉初始高度，m；

$C_i$——某沉淀断面 $i$ 处的污泥浓度，g/L；

$H_i$——某沉淀断面之处的高度，m。

$$u_i = \frac{\Delta H_i}{t_i} \qquad \Delta H_i = H_i{}' - H_i \tag{4-4-8}$$

式中　$u_i$——某沉淀断面 $i$ 处泥面沉速，m/h。

求出各断面处的污泥浓度 $C_i$ 及泥面沉速 $u_i$ 如图 4-4-5，从而得出关系线。根据 $C$ 与 $u$ 关系线，利用式 2-4-2 可以求出 $G_S$、$C_i$ 一组数据绘制出静沉固体通量 $G_S$ 与 $C$ 曲线，根据回流比利用式 2-4-3 求出 $G_B$ 与 $C$ 线，采用叠加法后，可求得 $G_L$ 值。

3. 实验设备与试剂

(1) 沉淀柱。直径为 100mm，高度为 1500mm 的有机玻璃沉淀柱，搅拌装置转速 $n$＝1r/min，低部有进水、放空孔。

(2) 配水及投配系统（图 4-4-6）。

(3) 100mL 量筒、玻璃漏斗、滤纸、秒表、米尺。

(4) 生物处理厂曝气混合液。

4. 实验步骤

(1) 将取自处理厂活性污泥曝气池内正常运行的混合液，放入水池，搅拌均匀，同时取样测定其浓度 MLSS 值。

(2) 打开放空管。

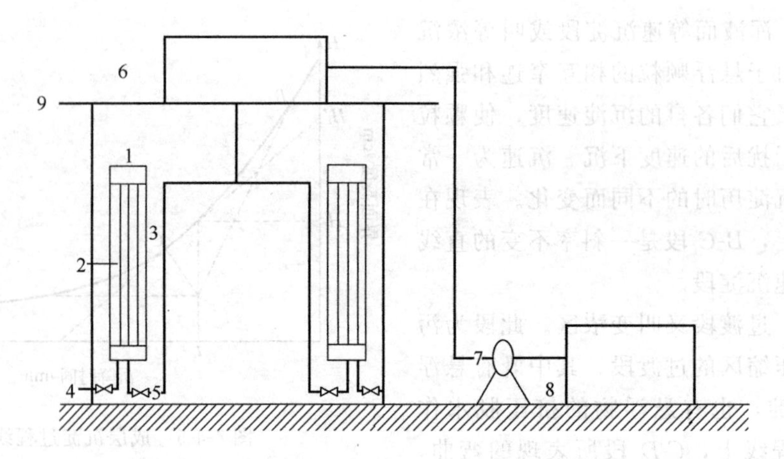


图 4-4-6 成层沉淀实验装置（上海嘉定封浜模型厂）

1—电机与减速器；2—搅拌器；3—沉淀柱；4—放空管；5—进水闸门；

6—高位储水池；7—水泵；8—低位储水池；9—支架

（3）关闭放空管，打开进水闸门 5 与沉淀柱 3 进水，当水位上升到溢流管处时，关闭进水闸门，同时分别记录沉降时间为 1min、3min、5min、8min、10min、15min、20min、25min、30min、35min、40min、45min、50min、60min、70min、80min、90min、100min、110min、120min、130min、150min、160min、180min、200min 所对应的界面沉降高度，将实验结果记录表 4-4-1。

**表 4-4-1 成层沉淀实验记录表** 水样浓度 MLSS= SV/%=

| 沉淀时间 /min | 界面高度 $H$/mm | 界面沉速 /(mm/min) | 沉淀时间 /min | 界面高度 $H$/mm | 界面沉速 /(mm/min) |
|---|---|---|---|---|---|
| 0 | | | 50 | | |
| 1 | | | 60 | | |
| 3 | | | 70 | | |
| 5 | | | 80 | | |
| 8 | | | 90 | | |
| 10 | | | 100 | | |
| 15 | | | 110 | | |
| 20 | | | 120 | | |
| 25 | | | 130 | | |
| 30 | | | 150 | | |
| 35 | | | 160 | | |
| 40 | | | 180 | | |
| 45 | | | 200 | | |

5. 实验结果整理

（1）以界面高度为纵坐标，沉淀时间为横坐标，作界面高度与沉淀时间关系图。

（2）以混合液浓度 $C$ 为横坐标，以浑液面等速沉淀速度 $u$ 为纵坐标，绘制 $C$ 与 $u$ 曲线。

（3）根据 $C$ 与 $u$ 曲线，计算沉淀固体通量 $G_S$。并以固体通量 $G_S$ 为纵坐标，污泥浓度为横坐标，绘图得沉淀固体通量曲线，并根据需要可求得排泥固体通量线。如图 4-4-3，进而可求出极限固体通量，如图 4-4-4。

6. 注意事项

（1）混合液取回后，稍加曝气，即应开始实验，至实验完毕时间不超过 24h，以保证污泥沉淀性能不变。

（2）向沉淀柱进水时，速度要适中。既要较快进完水，以防进水过程柱内以形成浑液面；又要防止速度过快造成柱内水体紊动，影响实验结果。

（3）第一次成层沉淀实验，污泥浓度要与设计曝气池混合液浓度一致，且沉淀时间要尽可能长一些，最好在 1.5h 以上。

7. 思考题

（1）观察实验现象，注意成层沉淀不同于自由沉淀、絮凝沉淀的地方何在，原因是什么？

（2）沉淀水深对界面沉降速度是否有影响？

（3）成层沉淀实验的重要性，如何应用到二沉池的设计中？

## 实验五　过滤实验

过滤也是给水处理的基础实验之一，被广泛地用于科研、教学、生产之中。通过过滤实验不仅可以研究新型过滤工艺，还可研究滤料的级配、材质、过滤运行最佳条件等。本实验包括三个内容。

### 一、滤料筛分及孔隙率测定实验

实验目的

（1）测定天然河砂的颗粒级配。

（2）绘制筛分级配曲线，求 $d_{10}$、$d_{80}$、$K_{80}$。

（3）按设计要求对上述河砂进行再筛选。

（4）求定滤料孔隙率。

#### （一）滤料筛分实验

1. 实验原理

滤料级配是指将不同大小粒径的滤料按一定比例加以组合，以取得良好的过滤效果。滤料是带棱角的颗粒，其粒径是指把滤料颗粒包围在内的球体直径（这是一个假想直径）。

在生产中简单的筛分方法是用一套不同孔径的筛子筛分滤料试样，选取合适的粒径级配。我国现行规范是以筛孔孔径 0.5mm 及 1.2mm 两种规格的筛子过筛，取其中段。这虽然简便易行，但不能反映滤料粒径的均匀程度，因此还应考虑级配情况。

能反映级配状况的指标是通过筛分级配曲线求得的有效粒径 $d_{10}$ 以及 $d_{80}$ 和不均匀系数 $K_{80}$。$d_{10}$ 是表示通过滤料质量 10%的筛孔孔径，它反映滤料中细颗粒尺寸，即产生水头损失的“有效”部分尺寸；$d_{80}$ 系指通过滤料质量 80%的筛孔孔径，它反映粗颗粒尺寸；$K_{80}$ 为 $d_{80}$ 与 $d_{10}$ 之比，即 $K_{80}=d_{80}/d_{10}$。$K_{80}$ 越大表示粗细颗粒尺寸相差越大，滤料粒径越不均匀，这样的滤料对过滤及反冲均不利。尤其是反冲时，为了满足滤料粗颗粒的膨胀要求就会使细颗粒因过大的反冲强度而被冲走；反之，若为满足细颗粒不被冲走的要求而减小反冲强度，粗颗粒可能因冲不起来而得不到充分清洗。故滤料需经过筛分级配。

2. 实验设备与试剂

（1）圆孔筛一套，直径 0.177～1.68mm，筛孔尺寸如表 4-5-1 所示。

（2）托盘天平，称量 300g，感量 0.1g。

（3）烘箱。

（4）带拍摇筛机，如无，则人工手摇。

（5）浅盘和刷（软、硬）。

（6）1000mL 量筒。

3. 实验步骤

（1）取样。取天然河砂 300g，取样时要先将取样部位的表层铲去，然后取样。

将取样器中的砂样洗净后放在浅盘中，将浅盘置于 105℃ 恒温箱中烘干，冷至室温备用。

（2）称取冷却后的砂样 100g，选用一组筛子过筛。筛子按筛孔大小顺序排列，砂样放在最上面的一只筛（1.68mm 筛）中。

（3）将该组套筛装入摇筛机，摇筛约 5min，然后将套筛取出，再按筛孔大小顺序在洁净的浅盘上逐个进行手筛，直至每分钟的筛出量不超过试样总量的 0.1%时为止。通过的砂颗粒并入下一筛号一起过筛，这样依次进行直至各筛号全部筛完。若无摇筛机，可直接用手筛。

（4）称量在各个筛上的筛余试样的质量（精确至 0.1g）。所有各筛余质量与底盘中剩余试样质量之和与筛分前的试样总质量相比，其差值不应超过 1%。

上述所求得的各项数值填入表 4-5-1。

**表 4-5-1　筛分记录表**

| 筛　号 | 筛孔孔径/mm | 留在筛上的砂量 | | 通过该号筛的砂量 | |
|---|---|---|---|---|---|
| | | 质量/g | /% | 质量/g | /% |
| 10 | 1.68 | | | | |
| 12 | 1.41 | | | | |
| 14 | 1.19 | | | | |
| 16 | 1.00 | | | | |
| 24 | 0.71 | | | | |
| 32 | 0.50 | | | | |
| 60 | 0.25 | | | | |
| 80 | 0.177 | | | | |

4. 实验结果整理

（1）分别计算留在各号筛上的筛余百分率，即各号筛上的筛余量除以试样总质量的百分率（精确至 0.1%）。

（2）计算通过各号筛的砂量百分率。

（3）根据表 4-5-1 数值，以通过筛孔的砂量百分率为纵坐标，以筛孔孔径（mm）为横坐标，绘制滤料筛分级配曲线，如图 4-5-1。

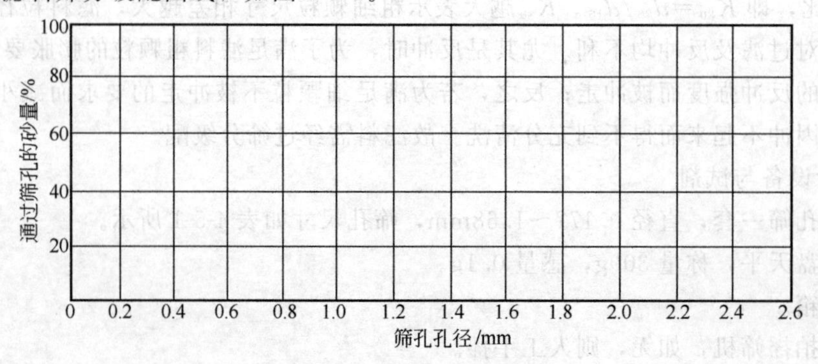


图 4-5-1　级配曲线坐标图

由图中所绘筛分曲线上可求得 $d_{10}$、$d_{80}$、$K_{80}$。如求得的不均匀系数 $K_{80}$ 大于设计要求，则需根据设计要求筛选滤料。

（4）滤料的再筛选。滤料的再筛选是根据在筛分级配曲线上作图求得的数值进行的，方法如下。

例如设计要求 $d_{10}$=0.60mm，$K_{80}$=1.80 时，则 $d_{80}$=1.80×0.60=1.08mm，按此要求筛选。

① 先自横坐标 0.60mm 和 1.08mm 两点各作一垂线与筛分曲线相交，自两交点作与横坐标相平行的两条线与右边纵坐标轴线相交于上下两点。

② 再以上面之点作为新的 $d_{80}$，以下面之点作为新的 $d_{10}$，重新建立新坐标。

③ 找出新坐标原点和 100%点，由此两点向左方作平行于横坐标的直线，并与筛分曲线相交，在此两条平行线内所夹面积是所选滤料，其余全部筛除。

（二）孔隙率测定

1. 实验原理

滤料孔隙率大小与滤料颗粒的形状、均匀程度及级配等有关。均匀的或形状不规则的颗粒孔隙率大，反之则小。对于石英砂滤料，要求孔隙率为 42%左右，如孔隙率太大将影响出水水质，孔隙率太小则影响滤速及过滤周期。

孔隙率为滤料体积内孔隙体积所占的百分数。孔隙体积等于自然状态体积与绝对密实体积之差。孔隙率的测定要先借助于比重瓶测出密度，然后经过计算求出孔隙率。

2. 实验设备与试剂

（1）托盘天平，称量 100g，感量 0.1g。

（2）李氏比重瓶，容量 250mL。

（3）烘箱。

（4）烧杯，容量 500mL。

（5）浅盘、干燥器、料勺、温度计等。

3. 实验步骤

（1）试样制备。将试样在潮湿状态下用四分法缩至 120g 左右，在 105℃±5℃的烘箱中烘干至恒重，并在干燥器中冷却至室温，分成两份备用。

所谓四分法是将试样堆成厚 2cm 之圆饼，用木尺在圆饼上划一十字分为 4 份，去掉不相邻的两份，剩下的两份试样混合重拌、再分。重复上述步骤，直至缩分后的质量略大于实验所要求的质量为止。

（2）向比重瓶中注入冷开水至一定刻度，擦干瓶颈内部附着水，记录水的体积（$V_1$）。

（3）称取烘干试样 50g（$m_0$）徐徐装入盛水的比重瓶中，直至试样全部装入为止，瓶中水不宜太多，以免装入试样后溢出。

（4）用瓶内水将黏附在瓶颈及瓶内壁上的试样全部洗入水中，摇转比重瓶以排除气泡。静置 24h 后记录瓶中水面升高后的体积（$V_2$）。至少测两个试样，取其平均值，记入表 4-5-2。

**表 4-5-2　用比重瓶测滤料密度记录表**

| 瓶上刻度体积 | 试样 | | | |
|---|---|---|---|---|
| | Ⅰ | Ⅱ | Ⅲ | 平均值 |
| $V_1/cm^3$ | | | | |
| $V_2/cm^3$ | | | | |

4. 实验结果整理

(1) 求定滤料密度 $\rho$，按下式计算。

$$\rho=\frac{m_0}{V_2-V_1} \quad (\text{g/cm}^3) \tag{4-5-1}$$

式中 $m_0$——试样的烘干质量，g；

$V_1$——水的原有体积，$\text{cm}^3$；

$V_2$——投入试样后水和试样的体积，$\text{cm}^3$。

(2) 求定孔隙率。将测定密度之后的滤料放入过滤柱中，用清水过滤一段时间，然后测量滤料层体积，并按下式求出滤料孔隙率 ($\varepsilon$)。

$$\varepsilon=1-\frac{m}{\rho V} \tag{4-5-2}$$

式中 $m$——烘干后滤料的质量，g；

$V$——滤料体积，$\text{cm}^3$；

$\rho$——滤料密度，$\text{g/cm}^3$。

5. 注意事项

(1) 四分法时试样不能太湿。

(2) 比重瓶中冷开水应适量。

6. 思考题

(1) 为什么 $d_{10}$ 称“有效粒径”？$K_{80}$ 过大或过小各有何利弊？

(2) 我国用 $d_{\min}$、$d_{\max}$ 衡量滤料，与用 $d_{10}$、$d_{80}$ 相比，有什么优缺点？

(3) 孔隙率大小对过滤有什么影响？

## 二、过滤实验

1. 实验目的

(1) 熟悉普通快滤池过滤、冲洗的工作过程。

(2) 加深对滤速、冲洗强度、滤层膨胀率、初滤水浊度的变化、冲洗强度与滤层膨胀率关系以及滤速与清洁滤层水头损失的关系的理解。

2. 实验原理

快滤池滤料层能截留粒径远比滤料孔隙小的水中杂质，主要通过接触絮凝作用，其次为筛滤作用和沉淀作用。要想过滤出水水质好，除了滤料组成须符合要求外，沉淀前或滤前投加混凝剂也是必不可少的。

当过滤水头损失达到最大允许水头损失时，滤池需进行冲洗。少数情况下，虽然水头损失未达到最大允许值，但如果滤池出水浊度超过规定，也需进行冲洗。冲洗强度需满足底部滤层恰好膨胀的要求。根据运行经验，冲洗排水浊度降至10～20度以下可停止冲洗。

快滤池冲洗停止时，池中水杂质较多且未投药，故初滤水浊度较高。滤池运行一段时间(约5～10min或更长)后，出水浊度始符合要求。时间长短与原水浊度、出水浊度要求、药剂投量、滤速、水温以及冲洗情况有关。如初滤水历时短，初滤水浊度比要求的出水浊度高不了多少，或者说初滤水对滤池过滤周期出水平均浊度影响不大时，初滤水可以不排除。

清洁滤层水头损失计算公式采用卡曼-康采尼 (Carman-Kozony) 公式

$$h_0=180\,\frac{\nu}{g}\,\frac{(1-\varepsilon_0)^2}{\varepsilon_0^3}\left(\frac{1}{\varphi\cdot d_0}\right)^2 L_0 v$$

式中 $h_0$——水流通过清洁滤层水头损失，cm；

$\nu$——水的运动黏度，$cm^2/s$；

$g$——重力加速度，$981cm/s^2$；

$\varepsilon_0$——滤料孔隙率；

$d_0$——与滤料体积相同的球体直径，cm；

$L_0$——滤层厚度，cm；

$v$——滤速，cm/s；

$\varphi$——滤料颗粒球度系数；天然砂滤料一般采用0.75～0.80。

当滤速不高，清洁滤层中水流属层流时，水头损失与滤速成正比，即二者成直线关系；当滤速较高时，计算结果偏低，即水头损失增长率超过滤速增长率。

为了保证滤池出水水质，常规过滤的滤池进水浊度不宜超过10～15度。本实验采用投加混凝剂的直接过滤，进水浊度可以高达几十度以至百度以上。因原水加药较少，混合后不经反应直接进入滤池，形成的矾花粒径小、密度大，不易穿透，故允许进水浊度较高。

3. 实验设备与试剂

（1）过滤装置1套，如图4-5-2所示。

（2）GDS-3型光电式浑浊度仪1台。

（3）200mL烧杯2个，取水样测浊度用。

（4）20mL量筒1个，秒表1块，测投药量用。

（5）2000mm钢卷尺1个，温度计1个。

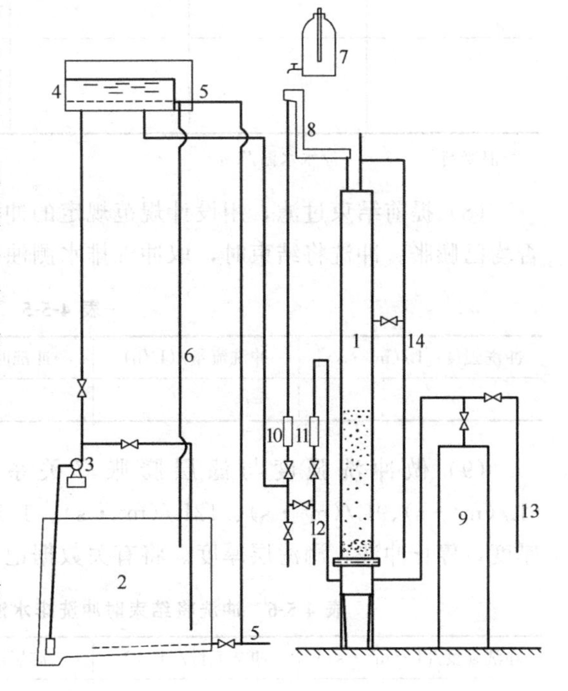


图4-5-2 过滤装置

1—滤柱；2—原水水箱；3—水泵；4—高位水箱；5—空气管；6—溢流管；7—定量投药瓶；8—跌水混合槽；9—清砂箱；10—滤柱进水转子流量计；11—冲洗水转子流量计；12—自来水管；13—初滤水排水管；14—冲洗水排水管

4. 实验步骤

（1）将滤料进行一次冲洗，冲洗强度逐渐加大到12～15L/($m^2$·s)，时间几分钟，以便去除滤层内的气泡。

（2）冲洗毕，开初滤水排水阀门，降低柱内水位。将滤柱有关数据记入表4-5-3。

**表4-5-3 滤柱有关数据**

| 滤柱内径/mm | 滤料名称 | 滤粒粒径/cm | 滤料厚度/cm |
| --- | --- | --- | --- |
| | | | |

（3）调定量投药瓶投药量，使滤速8m/h时投药量符合要求，开始投药。

（4）通入浑水，开始过滤，滤速8m/h。开始过滤后的1min、3min、5min、10min、20min及30min测出水浊度。测进水浊度和水温。

(5) 调定量投药瓶投药量，使滤速 16m/h 时投药量仍符合要求。

(6) 加大滤速至 16m/h，加大滤速后的 10min、20min、30min 测出水浊度。测进水浊度。

(7) 将步骤 (3)、(4)、(5)、(6) 有关数据记入表 4-5-4。

**表 4-5-4 过滤记录**

| 滤　速/(m/h) | 流　量/(L/h) | 投药量/(mg/L) | 过滤历时/min | 进水浊度 | 出水浊度 |
|---|---|---|---|---|---|
| | | | | | |
| | | | | | |
| | | | | | |
| | | | | | |
| | | | | | |
| | | | | | |

混凝剂：　　　　原水水温/℃：

(8) 提前结束过滤，用设计规范规定的冲洗强度、冲洗时间进行冲洗，观察整个滤层是否均已膨胀。冲洗将结束时，取冲洗排水测浊度。测冲洗水温。将有关数据记入表 4-5-5。

**表 4-5-5 冲洗记录**

| 冲洗强度/[L/(m²·s)] | 冲洗流量/(L/h) | 冲洗时间/min | 冲洗水温/℃ | 滤层膨胀情况 |
|---|---|---|---|---|
| | | | | |
| | | | | |

(9) 做冲洗强度与滤层膨胀率关系实验。测不同冲洗强度［3L/(m²·s)、6L/(m²·s)、9L/(m²·s)、12L/(m²·s)、14L/(m²·s)、16L/(m²·s)］时的滤层膨胀后厚度，停止冲洗，测滤层厚度。将有关数据记入表 4-5-6。

**表 4-5-6 冲洗将结束时冲洗排水浊度、冲洗强度与滤层膨胀率关系**

| 冲洗强度/[L/(m²·s)] | 冲洗流量/(L/h) | 滤层厚度/cm | 滤层膨胀后厚度/cm | 滤层膨胀率/% |
|---|---|---|---|---|
| | | | | |
| | | | | |
| | | | | |
| | | | | |

(10) 做滤速与清洁滤层水头损失的关系实验。通入清水，测不同滤速（4m/h、6m/h、8m/h、10m/h、12m/h、14m/h、16m/h）时滤层顶部的测压管水位和滤层底部附近的测压管水位，测水温。将有关数据记入表 4-5-7。停止冲洗，结束实验。

**表 4-5-7 滤速与清洁滤层水头损失的关系**　　　　水温　　℃

| 滤速/(m/h) | 流量/(L/h) | 清洁滤层顶部的测压管水位/cm | 清洁滤层底部的测压管水位/cm | 清洁滤层的水头损失/cm |
|---|---|---|---|---|
| | | | | |
| | | | | |
| | | | | |

5. 实验结果整理

(1) 根据表 4-5-4 实验数据，以过滤历时为横坐标，出水浊度为纵坐标，绘滤速 8m/h

时的初滤水浊度变化曲线。设出水浊度不得超过 3 度，问滤柱运行多少分钟出水浊度才符合要求？绘滤速 16m/h 时的出水浊度变化曲线。

(2) 根据表 4-5-6 实验数据，以冲洗强度为横坐标，滤层膨胀率为纵坐标，绘冲洗强度与滤层膨胀率关系曲线。

(3) 根据表 4-5-7 实验数据，以滤速为横坐标，清洁滤层水头损失为纵坐标，绘滤速与清洁滤层水头损失关系曲线。

6. 注意事项

(1) 滤柱用自来水冲洗时，要注意检查冲洗流量，因给水管网压力的变化及其他的滤柱进行冲洗都会影响冲洗流量，应及时调节冲洗自来水阀门开启度，尽量保持冲洗流量不变。

(2) 加药直接过滤时，不可先开自来水阀门后投药，以免影响过滤水质。

7. 思考题

(1) 滤层内有空气泡时对过滤、冲洗有何影响？

(2) 当原水浊度一定时，采取哪些措施能降低初滤水出水浊度？

(3) 冲洗强度为何不宜过大？

## 三、滤池冲洗实验

实验目的

(1) 验证水反洗理论，加深对教材内容的理解。

(2) 了解并掌握气、水反冲洗方法，以及由实验确定最佳气、水反冲洗强度与反冲洗时间的方法。

(3) 通过水反洗及气、水联合反冲洗加深对气、水反冲洗效果的认识。

(4) 观察反冲洗全过程，加深感性认识。

### (一) 水反洗强度验证实验

1. 实验原理

当滤池的水头损失达到预定极限（一般均为 2.5～3.0m）或水质恶化时，就需要进行反冲洗。滤层的膨胀率对反洗效果影响很大，对于给定的滤层，在一定水温下的滤层膨胀率决定于冲洗强度。滤层的冲洗强度一般可按下式求出

$$q=28.7\frac{d_e^{1.31}}{\mu^{0.54}}\cdot\frac{(e+\varepsilon_0)^{2.31}}{(1+e)^{1.77}(1-\varepsilon_0)^{0.54}} \tag{4-5-3}$$

式中 $q$——冲洗强度，$L/(m^2\cdot s)$；

$d_e$——滤层的校准孔径，cm；

$\mu$——动力黏度，Pa·s；

$e$——滤层膨胀率，%；

$\varepsilon_0$——滤层原来的孔隙率。

本实验的具体目的是验证在相同条件下（即实验与上式一样的水温、同一滤料和膨胀率下）计算 $q$ 值与实验 $q$ 值是否一致。

2. 实验设备与试剂

用气、水反冲洗的成套设备（见图 4-5-3），空压机除外。

3. 实验步骤

(1) 反冲洗实验开始前 4～6h，在 4 个滤柱中开始过滤作业，以便为反洗实验做好准备，使反洗效果更好地体现出来。

过滤中所用硫酸铝与聚丙烯酰胺的投药量，是根据对原水水样的过滤性实验得出的。当浊度为30度的原水直接过滤时，硫酸铝最佳投药量为14mg/L；浊度为100度的原水投药量为18mg/L。300度的原水则为30mg/L。聚丙烯酰胺助滤剂的投量为0.1～0.5mg/L（最大不超过1mg/L），均可取得较好效果。如实验原水由水库底泥加自来水配制而成，一般可用上述数值。但如实验所用原水性质与此不同，投药量可自行调整。

（2）当滤柱水头损失达2.5～3.0m时，开始反冲洗。打开反洗进水阀门，调整水量到膨胀率$e$与按式（4-5-3）计算$q$中所选用的$e$相等时，稳定1～2min，然后读反洗水量数并记入表4-5-8。

**表 4-5-8　水反冲洗记录表**

| 滤柱号 | 反洗时间/min | 反洗水量/L | 滤层膨胀率$e$/% | | 反洗强度/[L/(m²·s)] | | |
|---|---|---|---|---|---|---|---|
| | | | 计算$e$ | 实验$e$ | 计算$q$ | 实验$q$ | 二者差值/% |
| 1 | | | | | | | |
| 2 | | | | | | | |
| 3 | | | | | | | |
| 4 | | | | | | | |

4. 实验结果整理

（1）根据表及原始数据，计算反洗强度和膨胀率。

（2）计算实验时反洗强度与计算值的差值与百分数。

（3）分析$q_{实}$与$q_{计}$相差的原因。

5. 注意事项

（1）注意保证滤层实验条件基本相同。

（2）根据原水性质不同，尽量采用合理的投药量。

（二）气、水反冲洗实验

1. 实验原理

气、水反冲洗是从浸水的滤层下送入空气，当其上升通过滤层时形成若干气泡，使周围的水产生紊动，促使滤料反复碰撞，将黏附在滤料上的污物搓下，再用水冲出黏附污物。紊动程度的大小随气量及气泡直径大小而异，紊动强烈则滤层搅拌激烈。

气、水反冲洗的优点是可以洗净滤料内层，较好地消除结泥球现象且省水。当用于直接过滤时，优点更为明显，这是由于在直接过滤的原水中，一般都投加高分子助滤剂，它在滤层中所形成的泥球，单纯用水反洗较难去除。

气、水反冲洗的一般做法是先气后水；也可气、水同时反洗，但此种方法滤料容易流失。本实验采用先气后水式。

2. 实验设备与试剂

（1）设备

① 有机玻璃柱。规格为$d=150$mm，$L=2.5$～3m，4根。

柱内盛煤、砂滤料，规格为煤滤料粒径$d=1$～2mm，厚30cm；砂滤料粒径$d=0.5$～1.0mm，厚40～50cm。

② 长柄滤头，无锡产标准规格，4只。

③ 水箱，规格 100cm×75cm×35cm，1 只。

④ 混合槽，规格 $D$=200mm，$H$=160mm，1 只。

⑤ 混凝剂溶液箱，规格 40cm×40cm×45cm，1 只。

⑥ 投配槽，容积以 1min 流量为准，1 只。

⑦ 助滤剂投配瓶，容积 500mL，1 个。

⑧ 空气压缩机 1 台。

⑨ 1000mL 量筒 1 只。

⑩ 50mL 移液管 1 只。

⑪ 200mL 烧杯 15 只。

⑫ 配套设备、减压阀、小型循环水泵、搅拌器等。

(2) 仪器

① 光电式浊度仪 1 台。

② 气体、水转子流量计各 1 台。

③ 秒表 1 只。

④ 压力表、水、气各 1 只，等等。

实验装置如图 4-5-3 所示。

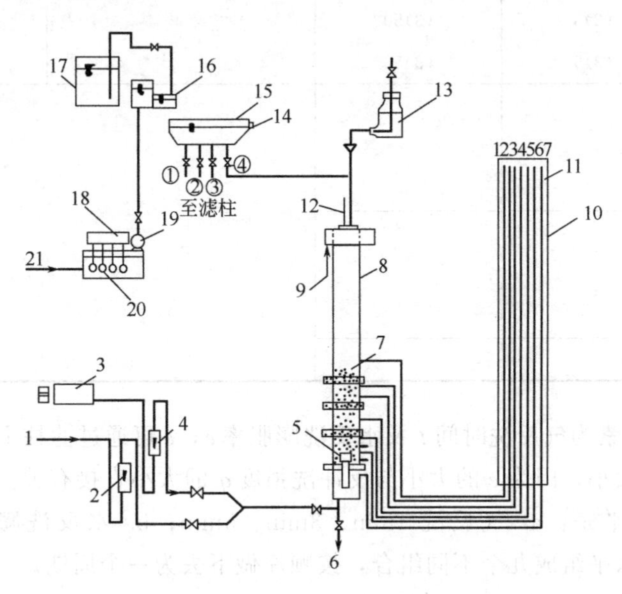


图 4-5-3 气、水反冲洗实验装置

1—自来水；2—转子流量计；3—空压机；4—气转子流量计；5—滤头；6—过滤出水；7—滤料；8—滤柱；9—反洗排水；10—测压板；11—测压管；12—排气管；13—高分子助滤剂；14—溢流管；15—投配槽；16—混合槽；17—混凝剂；18—搅拌机；19—泵；20—原水箱；21—原水来水

(3) 水样及药剂

① 水样 用自来水及水库底泥人工配制成浑浊度 300 度左右的原水。水量原则上应维持 4 个滤柱 4h 左右的一次过滤所需量。如无水库底泥也可以其他泥取代。(若条件允许，可一次配够，全部用水量应为 3 次过滤水量之和。)

② 药剂

a. 硫酸铝，浓度 1%。

b. 聚丙烯酰胺，浓度0.1%。

3. 实验步骤

(1) 用正交法安排气、水反冲洗实验　影响气、水反冲洗实验结果的因素很多，如气反冲洗时间、气反冲洗强度、水反冲洗时间、水反冲洗强度等。本实验采用正交表 $L_9(3^4)$ 安排实验，如表4-5-9所示。

**表4-5-9　滤池先气后水反冲洗正交分析表**

| 序号＼因素 | 气反冲洗时间 $t$/min | 水反冲洗膨胀率 $e$/% | 实验结果评价指标 | |
|---|---|---|---|---|
| | | | 洗水强度/[L/(m²·s)] | 剩余浊度(反洗5min后) |
| 1 | (1)1 | (1)20 | | |
| 2 | (2)3 | (1)20 | | |
| 3 | (3)5 | (1)20 | | |
| 4 | (1)1 | (2)35 | | |
| 5 | (2)3 | (2)35 | | |
| 6 | (3)5 | (2)35 | | |
| 7 | (1)1 | (3)50 | | |
| 8 | (2)3 | (3)50 | | |
| 9 | (3)5 | (3)50 | | |
| $K_1$ | | | | |
| $K_2$ | | | | |
| $K_3$ | | | | |
| $\overline{K}_1$ | | | | |
| $\overline{K}_2$ | | | | |
| $\overline{K}_3$ | | | | |
| $R$ | | | | |

表4-5-9中的因素为气反洗时间 $t$ 及水反洗膨胀率 $e$，$e$ 可通过滤柱上的刻度测定，也反映出反冲洗水量的大小，因为 $e$ 的大小与反冲洗强度 $q$ 的大小直接有关。

所取的三个水平是：a. 气反洗1min、3min、5min；b. 水反洗膨胀率20%、35%、50%。这些因素及水平组成九个不同组合，按顺序做下去为一个周期。

例如，a. 滤柱Ⅰ中气洗1min，水反洗膨胀率 $e=20\%$；滤柱Ⅱ中气洗3min，$e$ 仍为20%；滤柱Ⅲ中气洗5min，$e$ 仍不变。滤柱Ⅳ作为对比柱，只用水反洗，也是 $e=20\%$。反洗结束后重新进行过滤。b. 按正交表中的4、5、6三个序号的安排进行第二轮反洗。反洗结束后再次重新进行过滤。c. 最后再按正交表中安排进行了7、8、9序号的气、水反冲洗。到此为一个周期。

(2) 气、水反冲洗操作步骤

① 当滤柱水头损失达2.5～3.0m时，关闭原水来水阀，停止进水，待水位下降至滤料表面以上10cm位置时，打开空压机阀门，往滤池底部送气。注意气量要控制在1m³/(m²·min)以内，以滤层表面均具有紊流状态、看似沸腾开锅、滤层全部冲动为准。此时记录转子流量计上的读数并计时。气洗至规定时间，关进气阀门。气洗时注意观察滤料互相摩擦的

情况，并注意保持水面高于滤层10cm，以免空气短路。

② 气洗结束立即打开水反洗进水阀，开始水反洗。注意要迅速调整好进水量，以滤层的膨胀率保持在要求的数值上为准。当趋于稳定后，开始以秒表记录反冲时间，水反洗进行5min。

③ 反冲水由滤柱上部排水管排出，用量筒取样并计量流量。此时要注意用秒表计量装满1000mL量筒所需时间，以便换算流量。在水反洗的5min内，至少取5个水样。并将每次取样后测得的浊度填入表4-5-10中。最后一个水样的浊度还应记入正交表。

**表4-5-10 反洗记录**

| 反洗时间/min<br>剩余浊度<br>标号 | 1 | 2 | 3 | 4 | 5 | 备注 |
|---|---|---|---|---|---|---|
| Ⅰ | | | | | | |
| Ⅱ | | | | | | |
| Ⅲ | | | | | | |
| 对比柱Ⅳ | | | | | | |
| 反洗水量/[L/(m²·s)] | | | | | | |

④ 对比柱Ⅳ与3个实验柱同步运行，但只用水反洗。对比的指标是：洗水用量的多少、反洗时间的长短及剩余浊度的大小。

4. 实验结果整理

(1) 将气、水反冲洗时所记录的表4-5-10中的数值，在半对数坐标纸上以浊度为纵坐标，以时间$t$为横坐标，画出浊度与时间关系曲线，并加以评价比较。

(2) 进行正交分析，判断因素主次、显著性、并找出滤料的最佳膨胀率、反洗用水量及气反洗时间。

(3) 将气、水反洗结果与水反洗对比。

5. 注意事项

(1) 反洗时控制气、水量，尽量减少滤料流失。

(2) 气洗时防止空气短路。

6. 思考题

(1) 根据你在反冲洗过程中的观察，叙述气、水反冲洗法与水反冲洗法各有什么优缺点?

(2) 气、水反冲洗法可以有几种不同的形式?

(3) 根据气、水反冲洗结果，试从理论上探讨并解释其优于单独用水反冲洗的原因。

## 实验六 曝气设备充氧能力的测定实验

1. 实验目的

(1) 掌握测定曝气设备的$K_{La}$和充氧能力$\alpha$、$\beta$的实验方法及计算$Q_s$。

(2) 评价充氧设备充氧能力的好坏。

(3) 掌握曝气设备充氧性能的测定方法。

2. 实验原理

活性污泥处理过程中曝气设备的作用是使氧气、活性污泥、营养物三者充分混合，使污泥处于悬浮状态，促使氧气从气相转移到液相，从液相转移到活性污泥上，保证微生物有足够的氧进行物质代谢。由于氧的供给是保证生化处理过程正常进行的主要因素，因此工程设计人员通常通过实验来评价曝气设备的供氧能力。

在现场用自来水实验时，先用 $Na_2SO_3$（或 $N_2$）进行脱氧，然后在溶解氧等于或接近零的状况下再曝气，使溶解氧升高趋于饱和水平。假定整个液体是完全混合的，符合一级反应，此时水中溶解氧的变化可以用下式表示

$$\frac{dc}{dt}=K_{La}(C_s-C) \tag{4-6-1}$$

式中 $\frac{dc}{dt}$——氧转移速率，mg/(L·h)；

$K_{La}$——氧的总传递系数，L/h；

$C_s$——实验室的温度和压力下，自来水的溶解氧饱和浓度，mg/L；

$C$——相应某一时刻 $t$ 的溶解氧浓度，mg/L。

将上式积分，得 $$\ln(C_s-C)=-K_{La}t+\text{常数} \tag{4-6-2}$$

测得 $C_s$ 和相应于每一时刻 $t$ 的 $C$ 后绘制 $\ln(C_s-C)$ 与 $t$ 的关系曲线，或 $\frac{dc}{dt}$ 与 $c$ 的关系曲线便可得到 $K_{La}$，$c=C_s-C$。

由于溶解氧饱和浓度、温度、污水性质和紊乱程度等因素均影响氧的传递速率，因此应进行温度、压力校正，并测定校正废水性质影响的修正系数 $\alpha$、$\beta$。所采用的公式如下

$$K_{La}(T)=K_{La}(20℃)1.024^{T-20} \tag{4-6-3}$$

$$C_s(\text{校正})=C_s(\text{实验})\times\frac{\text{标准大气压(kPa)}}{\text{实验时的大气压(kPa)}} \tag{4-6-4}$$

$$\alpha=\frac{\text{废水的}K_{La}}{\text{自来水的}K_{La}} \tag{4-6-5}$$

$$\beta=\frac{\text{废水的}C_s}{\text{自来水的}C_s} \tag{4-6-6}$$

充氧能力为

$$Q_s=\frac{dc}{dt}\cdot V=K_{La}(20℃)\cdot C_s(\text{校正})\cdot V\ (\text{kg/h}) \tag{4-6-7}$$

3. 实验设备与试剂

（1）溶解氧测定仪。

（2）空压机。

（3）曝气筒。

（4）搅拌器。

（5）秒表。

（6）分析天平。

（7）烧杯。

（8）亚硫酸钠（$Na_2SO_3\cdot7H_2O$）。

（9）氯化钴（$CoCl_2\cdot6H_2O$）。

（10）实验装置（见图 4-6-1）。

4. 实验步骤

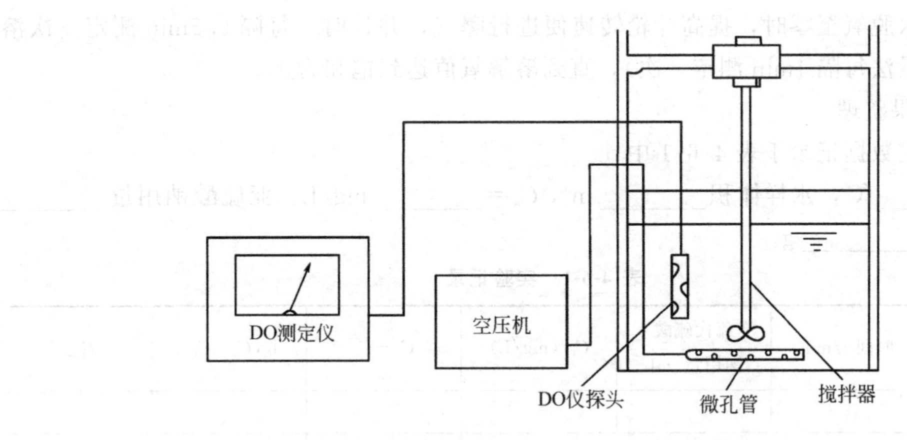


图 4-6-1　曝气设备充氧能力实验装置简图

(1) 向曝气筒内注入自来水，测定水样体积 $V$ (L) 和水温 $t$ (℃)。

(2) 由水温查出实验条件水样溶解氧饱和值 $C_s$，并根据 $C_s$ 和 $V$ 求投药量，然后投药脱氧。

① 脱氧剂亚硫酸钠 ($Na_2SO_3$) 的用量计算。在自来水中加入 $Na_2SO_3 \cdot 7H_2O$ 还原剂来还原水中的溶解氧。

$$2Na_2SO_3 + O_2 \xrightarrow{CoCl_2} 2Na_2SO_4$$

相对分子质量之比为

$$\frac{O_2}{2Na_2SO_3 \cdot 7H_2O} = \frac{32}{2 \times 252} \approx \frac{1}{16}$$

故 $Na_2SO_3 \cdot 7H_2O$ 理论用量为水中溶解氧量的 16 倍。而水中有部分杂质会消耗亚硫酸钠，故实际用量为理论用量的 1.5 倍。

所以实验投加的 $Na_2SO_3 \cdot 7H_2O$ 用量为

$$W = 1.5 \times 16 C_s \cdot V = 24 C_s \cdot V$$

式中　$W$——亚硫酸钠投加量，g；

$C_s$——实验时水温条件下水中饱和溶解氧值，mg/L；

$V$——水样体积，$m^3$。

② 根据水样体积 $V$ 确定催化剂（钴盐）的投加量。

经验证明，清水中有效钴离子浓度约 0.4mg/L 为好，一般使用氯化钴 ($CoCl_2 \cdot 6H_2O$)。因为

$$\frac{CoCl_2 \cdot 6H_2O}{Co^{2+}} = \frac{238}{59} \approx 4.0$$

所以单位水样投加钴盐量为

$$CoCl_2 \cdot 6H_2O \qquad 0.4 \times 4.0 = 1.6 g/m^3$$

本实验所需投加钴盐为

$$CoCl_2 \cdot 6H_2O \qquad 1.6V \text{ (g)}$$

式中　$V$——水样体积，$m^3$。

③ 将 $Na_2SO_3$ 用热水化开，均匀倒入曝气筒内，溶解的钴盐倒入水中，并开动搅拌叶轮轻微搅动使其混合，进行脱氧。

(3) 当清水脱氧至零时，提高叶轮转速便进行曝气，并计时。每隔 0.5min 测定一次溶解氧值（用碘量法每隔 1min 测定一次），直到溶解氧值达到饱和为止。

5. 实验结果整理

(1) 将测定数据记录于表 4-6-1 中

水温________℃，水样体积________ $m^3$，$C_s=$________ mg/L，亚硫酸钠用量________ g，氯化钴用量________ g。

**表 4-6-1　实验记录**

| 水样瓶编导 | 时间 $t$/min | 硫代硫酸钠用量/mL | $C_t$/(mg/L) | $C_s-C_t$ | $\lg(C_s-C_t)$ | $K_{La}$ |
|---|---|---|---|---|---|---|
| 1 | | | | | | |
| 2 | | | | | | |
| ⋮ | | | | | | |
| 9 | | | | | | |
| 10 | | | | | | |

(2) 根据测定记录计算 $K_{La}$ 值

① 根据公式计算

$$K_{La}=\frac{2.303}{t-t_0}\cdot \lg\frac{C_s-C_0}{C_s-C_t}$$

② 用图解法计算 $K_{La}$ 值　用半对数坐标纸作亏氧值 $C_s-C_t$ 和时间 $t$ 的关系曲线，其斜率即为 $K_{La}$ 值。

③ 计算叶轮充氧能力 $Q_s$

$$Q_s=\frac{60}{1000}\cdot K_{La}C_sV\ \text{(kg/h)}$$

式中　1000——由 mg/L 化为 $kg/m^3$ 的系数；

60——由 min 化为 h 的系数；

$K_{La}$——氧的总转移系数，L/min；

$C_s$——饱和溶解氧，mg/L；

$V$——水样的体积，$m^3$。

6. 注意事项

(1) 每个实验所用设备、仪器较多，实验前必须熟悉仪器的使用方法及注意事项。

(2) 认真调试仪器设备，特别是溶解氧测定仪，要定时更换探头内溶解液，使用前标定零点及满度。

(3) 严格控制各项基本实验条件，如水温、搅拌强度等，尤其是对比实验更应严格控制。

(4) 所加试剂应溶解后，再均匀加入曝气筒内。

7. 思考题

(1) 氧总转移系数 $K_{La}$ 的意义是什么？怎样计算？

(2) 曝气设备充氧性能指标为何均是清水？

(3) 鼓风曝气设备与机械曝气设备充氧性能指标有何不同？

(4) $\alpha$、$\beta$值的测定有何意义？影响$\alpha$、$\beta$的因素有哪些？

(5) 注意实验中出现的异常情况，分析其原因。

## 实验七　气 浮 实 验

1. 实验目的

(1) 进一步了解和掌握气浮净水方法的原理及其工艺流程。

(2) 掌握气浮法设计参数“气固比”及“释气量”的测定方法及整个实验的操作技术。

2. 实验原理

气浮净水方法是目前环境工程和给排水工程中日益广泛应用的一种水处理方法。该法主要用于处理水中相对密度小于或接近于1的悬浮杂质，如乳化油、羊毛脂、纤维以及其他各种有机或无机的悬浮絮体等。因此气浮法在自来水厂、城市污水处理厂以及炼油厂、食品加工厂、造纸厂、毛纺厂、印染厂、化工厂等的水处理中都有所应用。

气浮法具有处理效果好、周期短、占地面积小以及处理后的浮渣中固体物质含量较高等优点；但也存在设备多、操作复杂、动力消耗大的缺点。

气浮法就是使空气以微小气泡的形式出现于水中并慢慢自下而上地上升，在上升过程中，气泡与水中污染物质接触，并把污染物质黏附于气泡上（或气泡附于污染物上），从而形成密度小于水的气水结合物浮升到水面，使污染物质从水中分离出去。

产生密度小于水的气、水结合物的主要条件如下。

① 水中污染物质具有足够的憎水性；

② 加入水中的空气所形成气泡的平均直径不宜大于70$\mu$m；

③ 气泡与水中污染物质应有足够的接触时间。

气浮法按水中气泡产生的方法可分为布气气浮、溶气气浮和电气浮几种。由于布气气浮一般气泡直径较大、气浮效果较差，而电气浮气泡直径虽不大但耗电较多，因此在目前应用气浮法的工程中，以加压溶气气浮法最多。

加压溶气气浮法就是使空气在一定压力的作用下溶解于水，并达到饱和状态，然后使加压水表面压力突然减到常压，此时溶解于水中的空气便以微小气泡的形式从水中逸出来。这样就产生了供气浮用的合格的微小气泡。

加压溶气气浮法根据进入溶气罐的水的来源，又分为无回流系统与有回流系统加压溶气气浮法，目前生产中广泛采用后者。其流程如图4-7-1所示。

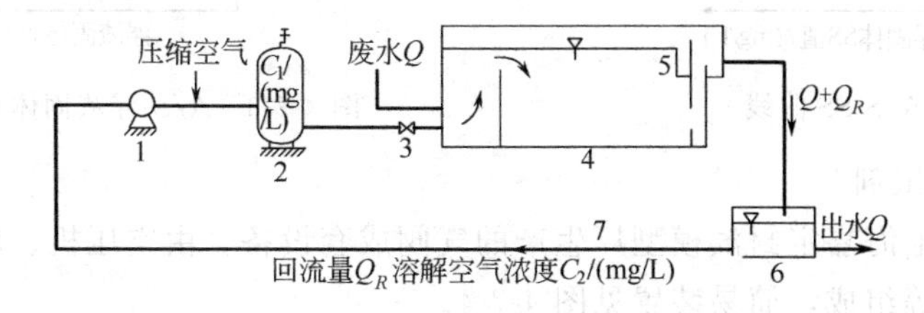


图 4-7-1　有回流系统加压溶气气浮法

1—加压泵；2—溶气罐；3—减压阀；4—气浮池；5—浮渣槽；6—贮水池；7—回流水

影响加压溶气气浮的因素很多，如空气在水中溶解量，气泡直径的大小，气浮时间、水质、药剂种类与加药量，表面活性物质种类、数量等。因此，采用气浮法进行水质处理时，常需通过实验测定一些有关的设计运行参数。

本实验主要介绍由加压溶气气浮法求设计参数“气固比”以及测定加压水中空气溶解效率的“释气量”的实验方法。

**一、气固比实验**

气固比 $A/S$ 是设计气浮系统时经常使用的一个基本参数，是空气量与固体物数量的比值，无量纲。定义为

$$A/S=\frac{\text{减压释放的气体量（kg/d）}}{\text{进水的固体物量（kg/d）}}$$

对于上述的有回流系统的加压溶气气浮法，其气固比可表示如下。

（1）气体以质量浓度 $C$（mg/L）表示时

$$A/S=R\left(\frac{C_1-C_2}{S_0}\right) \tag{4-7-1}$$

（2）气体以体积浓度 $S_a$（cm³/L）表示时

$$A/S=R\frac{1.2S_a(fp-1)}{S_0} \tag{4-7-2}$$

式中 $C_1$，$C_2$——分别为系统中 2、7 处气体于水中浓度，mg/L；

$S_0$——进水悬浮物浓度，mg/L；

$S_a$——水中空气溶解量，cm³/L，$C=S_a\rho_a$；

$\rho_a$——空气浓度，当 20℃，1 个大气压（101.3kPa）时，$\rho_a=1.2\text{mg/cm}^3$；

$p$——溶气罐内压力，MPa；

$f$——比值因素，在溶气罐内压力为 0.2～0.4MPa，温度为 20℃ 时，$f\approx0.5$。

气固比不同，水中空气量不同，不仅影响出水水质（SS 值），而且也影响成本费用。本实验是改变不同的气固比 $A/S$，测出水 SS 值，并绘制出 $A/S$-出水 SS 关系曲线。由此可根据出水 SS 值确定气浮系统的 $A/S$ 值，如图 4-7-2、图 4-7-3 所示。

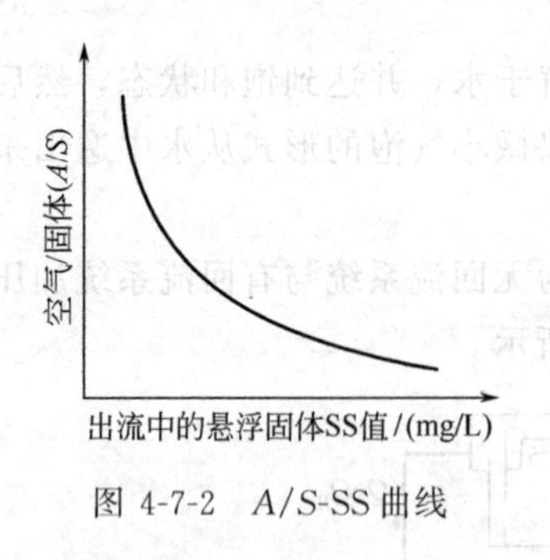


图 4-7-2 $A/S$-SS 曲线

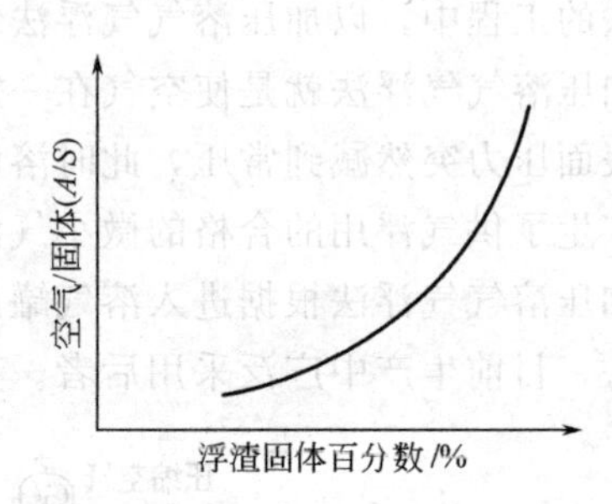


图 4-7-3 $A/S$-浮渣固体百分数（%）曲线

1. 实验设备与试剂

实验装置采用上海嘉定封滨模型厂生产的气阀成套设备，由空压机、压力溶气罐、气浮装置和转子流量计等组成，简易装置见图 4-7-4。

2. 实验步骤

（1）将某污水加 1%左右的硫酸铝（或其他同类药品）溶液混凝沉淀，然后取压力溶气罐 2/3 体积的上清液加入压力溶气罐。

（2）开进气阀门使压缩空气进入加压溶气罐，待罐内压力达到预定压力时（一般为 0.3～0.4MPa）关进气阀门并静置 10min，使罐内水中溶解空气达到饱和。

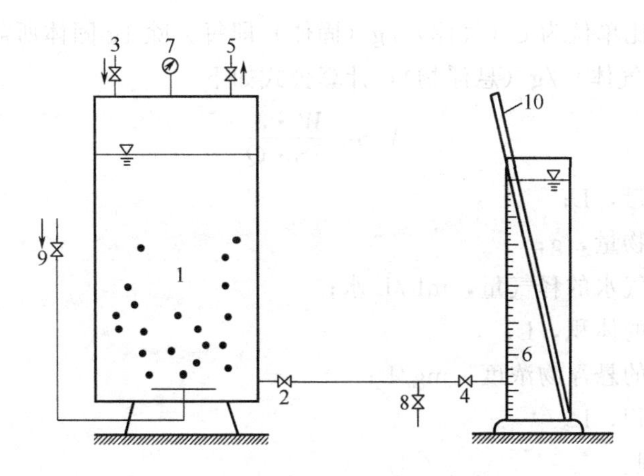


图 4-7-4　气固比实验装置

1—压力溶气罐；2—减压阀或释放器；3—加压水进水口；4—入流阀；
5—排气口；6—反应量筒（1000～1500mL）；7—压力表（1.5 级 0.6MPa）；
8—排放阀；9—压缩空气进气阀；10—搅拌棒

（3）测定加压溶气水的释气量以确定加压溶气水是否合格（一般释气量与理论饱和值之比为 0.9 以上即可）。

（4）将 500mL 已加药并混合好的某污水倒入反应量筒（加药量按混凝实验定），并测原污水中的悬浮物浓度。

（5）当反应量筒内已见微小絮体时，开减压阀（或释放器）按预定流量往反应量筒内加溶气水（其流量可根据所需回流比而定），同时用搅拌棒搅动 0.5min，使气泡分布均匀。

（6）观察并记录反应筒中随时间而上升的浮渣界面高度并求其分离速度。

（7）静止分离约 10～30min 后分别记录清液与浮渣的体积。

（8）打开排放阀门分别排出清液和浮渣，并测定清液和浮渣中的悬浮物浓度。

（9）按几个不同回流比重复上述实验即可得出不同的气固比与出水水质 SS 值。

记录见表 4-7-1、表 4-7-2。

**表 4-7-1　与出水水质记录表**

| 内容<br>实验号 | 原污水 | | | | | | 压力溶气水 | | | | | 出水 | | | 浮渣 | |
|---|---|---|---|---|---|---|---|---|---|---|---|---|---|---|---|---|
| | 水温/℃ | pH值 | 体积 $V_e$/mL | 加药名称 | 加药量/% | 悬浮物/(mg/L) | 体积/mL | 压力/MPa | 释气量/mL | 气固比 $A/S$ | 回流比 $R$ | 悬浮物/(mg/L) | 去除率/% | 体积($V_1$)/mL | 体积($V_2$)/mL | 悬浮物/(mg/L) |
| | | | | | | | | | | | | | | | | |
| | | | | | | | | | | | | | | | | |

**表 4-7-2　浮渣高度与分离时间记录表**

| $t$/min | | | | | | | |
|---|---|---|---|---|---|---|---|
| $h$/cm | | | | | | | |
| $(H-h)$/cm | | | | | | | |
| $V_2$/L | | | | | | | |
| $V_2/V_1\times100\%$ | | | | | | | |

表 4-7-1 中气固比单位为 g（气体）/g（固体）即每去除 1g 固体所需的气量。一般为了简化计算也可用 L（气体）/g（悬浮物），计算公式如下

$$A/S=\frac{W\cdot a}{\mathrm{SS}\cdot Q} \tag{4-7-3}$$

式中 $A$——总释气量，L；

$S$——总悬浮物量，g；

$a$——单位溶气水的释气量，mL/L 水；

$W$——溶气水的体积，L；

SS——原水中的悬浮物浓度，mg/L；

$Q$——原水体积，L。

3. 实验结果整理

（1）绘制气固比与出水水质关系曲线，并进行回归分析。

（2）绘制气固比与浮渣中固体浓度关系曲线。

**二、释气量实验**

影响加压溶气气浮的因素很多，其中溶解空气量的多少，释放的气泡直径大小，是重要的影响因素。空气的加压溶解过程虽然服从亨利定律，但是由于溶气罐形式的不同，溶解时间、污水性质的不同，其过程也有所不同。此外，由于减压装置的不同，溶解气体释放的数量，气泡直径的大小也不同。因此进行释气实验对溶气系统、释气系统的设计、运行均具有重要意义。

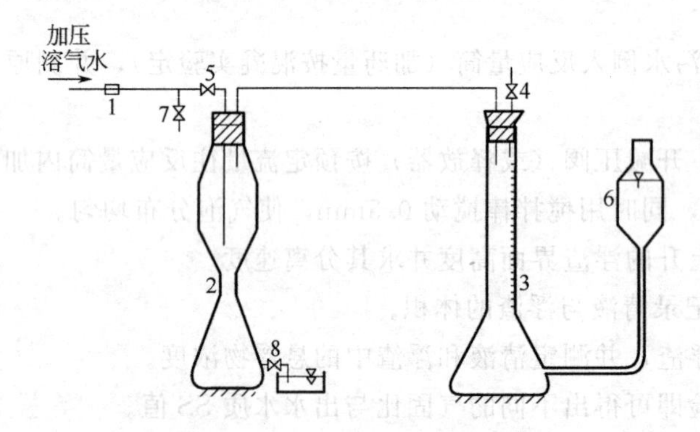


图 4-7-5　释气量实验装置示意图

1—减压阀或释放器；2—释气瓶；3—气体计量瓶；4—排气阀；5—入流阀；6—水位调节瓶；7—分流阀；8—排放阀

1. 实验设备与试剂

实验装置如图 4-7-5 所示。

2. 实验步骤

（1）打开气体计量瓶的排气阀，将释气瓶注入清水至计量刻度，上下移动水位调节瓶，将气体计量瓶内液位调至零刻度，然后关闭排气阀。

（2）当加压溶气罐运行正常后，打开减压阀和分流阀，使加压溶气水从分流口流出，在确认流出的加压溶气水正常后，开入流阀，关分流阀，使加压溶气水进入释气瓶内。

（3）当释气瓶内增加的水达到 100～200mL 后，关减压阀和入流阀并轻轻摇晃释气瓶，使加压溶气水中能释放出的气体全部从水中分离出来。

（4）打开释气瓶的排放阀，使瓶中液位降回到计量刻度，同时准确计量排出液的体积。

（5）上下移动水位调节瓶，使调节瓶中的液位与气体计量瓶中的液位处于同一水平线上，此时记录的气体增加量即所排入释放瓶中加压溶气水的释气量。

实验记录如表 4-7-3 所示。

$$溶气效率\ \eta=\frac{释气量}{理论释气量}\times 100\%$$

3. 实验结果整理

（1）完成释气量实验，并计算溶气效率。

表 4-7-3 释气量实验记录

| 实验号 \ 内容 | 加压溶气水 | | | | 释气 | |
|---|---|---|---|---|---|---|
| | 压力/MPa | 体积/L | 水温/℃ | 理论释气量/(mL/L) | 释气量/mL | 溶气效率/% |
| | | | | | | |
| | | | | | | |

注：表中理论释气量 $V=K_T p$；释气量 $V_1=K_T\cdot p\cdot W$（mL）。

式中 $p$——空气所受的绝对压力，MPa；

$W$——加压溶气水的体积，L；

$K_T$——温度溶解常数。见表 4-7-4。

表 4-7-4 不同温度时的 $K_T$ 值

| 温度/℃ | 0 | 10 | 20 | 30 | 40 | 50 |
|---|---|---|---|---|---|---|
| $K_T$ 值 | 0.038 | 0.029 | 0.024 | 0.021 | 0.018 | 0.016 |

（2）有条件的话，利用正交实验法组织安排释气量实验，并进行方差分析，指出影响溶气效率的主要因素。

4. 思考题

（1）气浮法与沉淀法有什么相同之处？有什么不同之处？

（2）气固比成果分析中的两条曲线各有什么意义？

（3）当选定了气固比和工作压力以及溶气效率时，试推出求回比 $R$ 的公式。

## 实验八 活性污泥性质的测定实验

1. 实验目的

（1）加深对活性污泥性能，特别是污泥活性的理解。

（2）掌握几项污泥性质的测定方法。

（3）掌握水分快速测定仪的使用。

2. 实验原理

活性污泥是人工培养的生物絮凝体，它是由好氧微生物及其吸附的有机物组成的。活性污泥具有吸附和分解废水中有机物质（也有些可利用无机物质）的能力，显示出生物化学活性。在生物处理废水的设备运转管理中，除用显微镜观察外，下面几项污泥性质是经常要测定的。这些指标反映了污泥的活性，它们与剩余污泥排放量及处理效果等都有密切关系。

3. 实验设备与试剂

（1）水分快速测定仪 1 台。

（2）真空过滤装置 1 套。

（3）秒表 1 块。

（4）分析天平 1 台。

（5）马弗炉 1 台。

（6）坩埚数个。

（7）定量滤纸数张。

（8）100mL 量筒 4 个。

（9）500mL 烧杯 2 个。

（10）玻璃棒 2 根。

（11）烘箱1台。

4. 实验步骤

（1）污泥沉降比SV（%）　它是指曝气池中取混合均匀的泥水混合液100mL置于100mL量筒中，静置30min后，观察沉降的污泥占整个混合液的比例，记下结果（表4-8-1）。

（2）污泥浓度MLSS　就是单位体积的曝气池混合液中所含污泥的干重，实际上是指混合液悬浮固体的数量，单位为g/L。

① 测定方法

a. 将滤纸放在105℃烘箱或水分快速测定仪中干燥至恒重，称量并记录（$W_1$）（见表4-8-1）。

b. 将该滤纸剪好平铺在布氏漏斗上（剪掉的部分滤纸不要丢掉）。

c. 将测定过沉降比的100mL量筒内的污泥全部倒入漏斗，过滤（用水冲净量筒，并将水也倒入漏斗）。

d. 将载有污泥的滤纸移入烘箱（105℃）或快速水分测定仪中烘干恒重，称量并记录（$W_2$）。

② 计算

污泥浓度(g/L)=[(滤纸质量+污泥干重)－滤纸质量]×10

（3）污泥指数SVI　污泥指数全称污泥容积指数，是指曝气池混合液经30min静沉后，1g干污泥所占的容积（单位为mL/g）。计算式如下

$$\text{SVI}=\frac{\text{SV（\%）}\times 10(\text{mL/L})}{\text{MLSS(g/L)}}$$

SVI值能较好地反映出活性污泥的松散程度（活性）和凝聚、沉淀性能。一般在100左右为宜。

（4）污泥灰分和挥发性污泥浓度MLVSS　挥发性污泥就是挥发性悬浮固体，它包括微生物和有机物，干污泥经灼烧后（600℃）剩下的灰分称为污泥灰分。

① 测定方法　先将已知恒重的磁坩埚称量并记录（$W_3$）（表4-8-1），再将测定过污泥干重的滤纸和干污泥一并放入磁坩埚中，先在普通电炉上加热碳化，然后放入马弗炉内（600℃）烧40min，取出放入干燥器内冷却，称量（$W_4$）。

② 计算

$$\text{污泥灰分}=\frac{\text{灰分质量}}{\text{干污泥质量}}\times 100\%$$

$$\text{MLVSS}=\frac{\text{干污泥质量}-\text{灰分质量}}{100}\times 1000\ (\text{g/L})$$

在一般情况下，MLVSS/MLSS的比值较固定，对于生活污水处理池的活性污泥混合液，其比值常在0.75左右。

5. 实验结果整理

$$\text{MLSS}=\frac{W_2-W_1}{V}\ (\text{mg/L})$$

式中　$W_1$——滤纸的净重，mg；

$W_2$——滤纸及截留悬浮物固体的质量之和，mg；

$V$——水样体积，L。

$$\text{MLVSS}=\frac{(W_2-W_1)-(W_4-W_3)}{V}\ (\text{mg/L})$$

式中　$W_3$——坩埚质量，mg；

$W_4$——坩埚与无机物总质量，mg。

其余同上式

$$SVI=\frac{SV（\%）\times 10}{MLSS（g/L）}（mL/g）$$

**表 4-8-1　活性污泥性能测定表**

| 项　目 | $W_1$ /mg | $W_2$ /mg | $W_2-W_1$ /mg | $W_3$ /mg | $W_2$ /mg | $W_4-W_3$ /mg | SV /% | MLSS /(mg/L) | MLVSS /(mg/L) | SVI/ (mL/g) |
|---|---|---|---|---|---|---|---|---|---|---|
| 一 | | | | | | | | | | |
| 二 | | | | | | | | | | |
| 平　均 | | | | | | | | | | |

6. 注意事项

（1）测定坩埚质量时，应将坩埚放在马弗炉中灼烧至恒重为止。

（2）由于实验项目多，实验前准备工作要充分，不要弄乱。

（3）仪器设备应按说明调整好，使误差减小。

7. 思考题

（1）活性污泥吸附性能指何而言，它对污水底物的去除有何影响，试举例说明。

（2）影响活性污泥吸附性能的因素有哪些？

（3）活性污泥吸附性能测定的意义。

## 实验九　反渗透实验

1. 实验目的

（1）掌握 NTHL-Y-1 型反渗透器装置的操作方法。

（2）了解反渗透处理流程，掌握反渗透原理及处理过程。

2. 实验原理

如图 4-9-1 所示，当用一种半透膜，使废水和纯水或两种不同浓度的溶液分隔开时，纯水便通过半透膜扩散到废水一侧结果使废水或浓溶液一侧的液面逐渐升高，直至达到一定高度时为止，这就是渗透过程。渗透达到平衡时，废水或浓溶液一侧液面与纯水液面形成一个静水压压头 $\pi$。在浓溶液一边加上比自然渗透压 $\pi$ 更高的压力 $p$，扭转渗透方向，把浓溶液中的溶剂（水）压到半透膜的另一边稀溶液中，这种与自然界正常渗透过程相反的现象称之为反渗透。

反渗透在废水处理中能用来除去废水中溶解固体及大部分溶解性的有机物和胶体物质。

本实验采用 NTHL-Y-1 型反渗透器，系美国进口卷式 RO 复合膜元件构成。反渗透组件是本机的主要部分，连同高压泵、控制箱、离心泵、高位水箱、电器等固定在机架上。

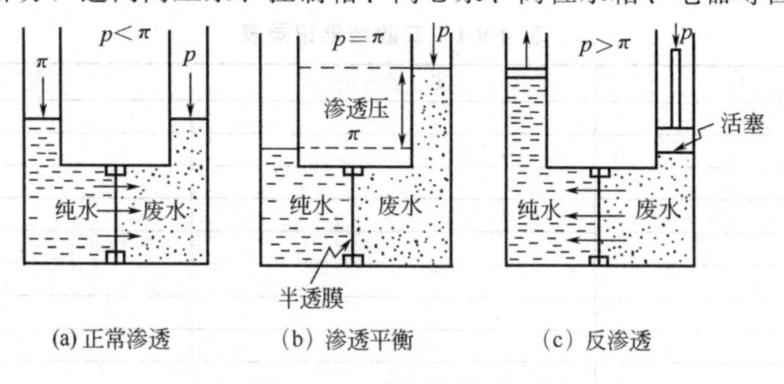


图 4-9-1　反渗透原理图

3. 实验设备与试剂

(1) NTHL-Y-1 型水处理设备。

(2) 反渗透 RO 膜元件。

4. 实验步骤

实验处理流程如下。

用 NTHL-Y-1 反渗透器处理电镀废水。采用多级逆流漂洗，从第三漂洗槽补入一定量的蒸馏水，使漂洗水从第三漂洗槽依次溢入第二、第一漂洗槽。第一漂洗槽多余的即是需要处理水，存于贮槽，用高压泵打入反渗透组件进行浓缩分离，淡水回入第一漂洗槽作为漂洗水，而浓缩液回用于电镀槽（见图 4-9-2）。

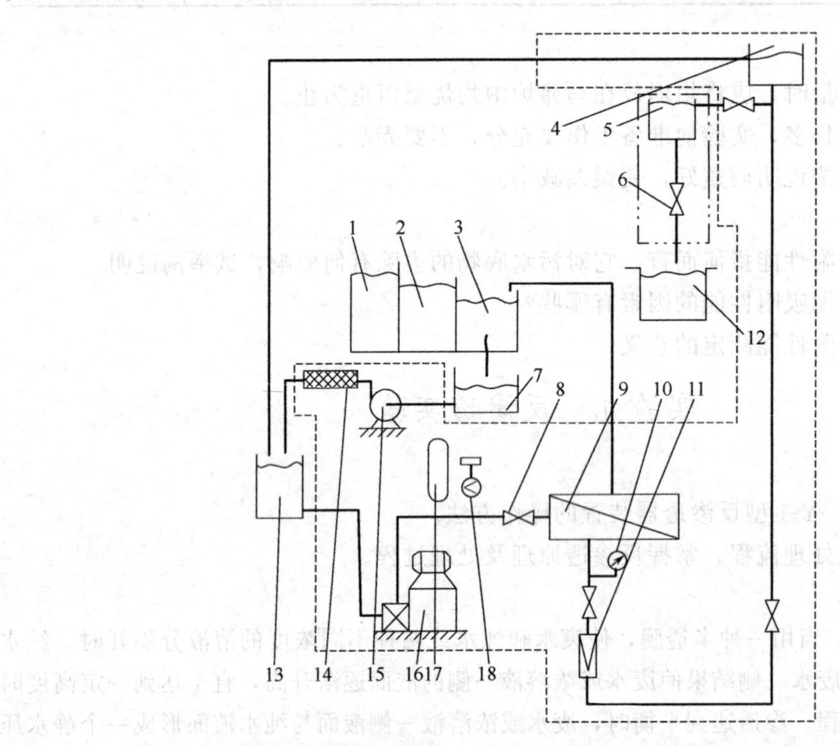


图 4-9-2 反渗透器 NTHL-Y-1 处理镀铬废水工艺流程图

1—第三漂洗槽；2—第二漂洗槽；3—第一漂洗槽；4—高位水箱；5—浓液贮存槽；6—塑料阀门；7—第一贮存槽；8—不锈钢高压阀门；9—反渗透组件；10—耐酸压力表；11—流量计；12—镀槽；13—第二贮存槽；14—过滤器；15—塑料离心泵；16—高压泵；17—稳压管；18—电接点压力表

5. 实验结果整理

表 4-9-1 实验结果记录表

| 项　　目 | 实　验　前 | 实　验　后 |
|---|---|---|
| 色度/度 | | |
| 浊度/度 | | |
| 嗅和味 | | |
| 肉眼可见物 | | |
| pH | | |
| 电导率/(μs/cm) | | |
| 总溶解固体/(mg/L) | | |
| 铬离子/(mg/L) | | |
| 氯离子/(mg/L) | | |

6. 注意事项

（1）开启设备前，应仔细阅读设备使用说明，严格按操作步骤进行。

（2）应缓慢加压和降压，以免反渗透膜元件受损。

7. 思考题

（1）解释工业废水和自来水反渗透处理工艺区别。

（2）分析实验处理前后的废水水质变化。

## 实验十　活性炭吸附实验

1. 实验目的

（1）通过实验进一步了解活性炭的吸附工艺及性能。

（2）掌握用间歇法、连续流法确定活性炭处理污水的设计参数的方法。

2. 实验原理

活性炭吸附就是利用活性炭的固体表面对水中一种或多种物质的吸附作用，以达到净化水质的目的。活性炭的吸附作用产生于两个方面，一是由于活性炭内部分子在各个方向都受着同等大小的力而在表面的分子则受到不平衡的力，这就使其他分子吸附于其表面上，此为物理吸附；另一个是由于活性炭与被吸附物质之间的化学作用，此为化学吸附。活性炭的吸附是上述两种吸附综合作用的结果。当活性炭在溶液中的吸附速度和解吸速度相等时，即单位时间内活性炭吸附的数量等于解吸的数量时，被吸附物质在溶液中的浓度和在活性炭表面的浓度均不再变化，而达到了平衡，此时的动态平衡称为活性炭吸附平衡。而此时被吸附物质在溶液中的浓度称为平衡浓度。活性炭的吸附能力以吸附量 $q$ 表示。

$$q=\frac{V(C_0-C)}{M}=\frac{X}{M} \tag{4-10-1}$$

式中　$q$——活性炭吸附量，即单位质量的吸附剂所吸附的物质质量，g/g；

$V$——污水体积，L；

$C_0$，$C$——分别为吸附前原水及吸附平衡时污水中的物质浓度，g/L；

$X$——被吸附物质量，g；

$M$——活性炭投加量，g。

在温度一定的条件下，活性炭的吸附量随被吸附物质平衡浓度的提高而提高，两者之间的变化曲线称为吸附等温线，通常用费兰德利希经验式加以表达。

$$q=K\cdot C^{\frac{1}{n}} \tag{4-10-2}$$

式中　$q$——活性炭吸附量，g/g；

$C$——被吸附物质平衡浓度，g/L；

$K$，$n$——与溶液的温度、pH 值以及吸附剂和被吸附物质的性质有关的常数。

$K$、$n$ 值求法如下。通过间歇式活性炭吸附实验测得 $q$、$C$ 一一相应之值，将费兰德利希经验式取对数后变换为下式

$$\lg q=\lg K+\frac{1}{n}\lg C$$

当 $q$、$C$ 相应值点绘在双对数坐标纸上，所得直线的斜率为 $1/n$，截距为 $K$。

由于间歇式静态吸附法处理能力低、设备多，故在工程中多采用连续流活性炭吸附法，即活性炭动态吸附法。

采用连续流方式的活性炭层吸附性能可用勃哈勃（Bohart）和亚当斯（Adams）所提出的关系式来表达。

$$\ln\left[\frac{C_0}{C}-1\right]=\ln\left[\exp\left(\frac{KN_0D}{V}-1\right)\right]-KC_0t \tag{4-10-3}$$

$$t=\frac{N_0}{C_0V}D-\frac{1}{C_0K}\ln\left(\frac{C_0}{C_B}\right)-1 \tag{4-10-4}$$

式中　$t$——工作时间，h；

$V$——流速，m/h；

$D$——活性炭层厚度，m；

$K$——速度常数，L/(mg·h)；

$N_0$——吸附容量、即达到饱和时被吸附物质的吸附量，mg/L；

$C_0$——进水中被吸附物质浓度，mg/L；

$C_B$——允许出水溶质浓度，mg/L。

当工作时间 $t=0$ 时，能使出水溶质浓度小于 $C_B$ 的炭层理论深度称为活性炭层的临界深度，其值由上式 $t=0$ 推出。

$$D_0=\frac{V}{KN_0}\ln\left(\frac{C_0}{C_B}-1\right) \tag{4-10-5}$$

炭柱的吸附容量（$N_0$）和速度常数（$K$），可通过连续流活性炭吸附实验并利用式（4-10-4）$t\sim D$ 线性关系回归或作图法求出。

3. 实验设备与试剂

（1）间歇式、连续式活性炭吸附实验装置，如图 4-10-1，图 4-10-2 所示。

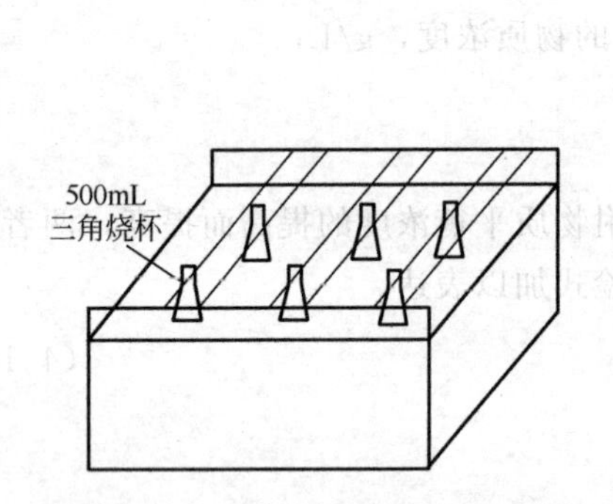


图 4-10-1　间歇式活性炭吸附实验装置

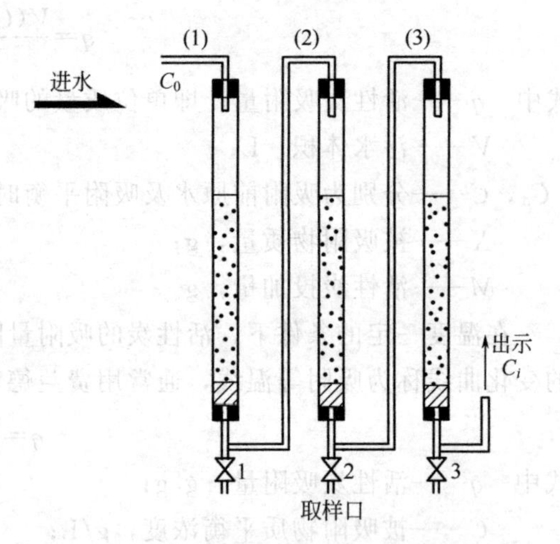


图 4-10-2　连续式活性炭吸附实验装置

（2）振荡器一台。

（3）500mL 三角瓶 6 个。

（4）烘箱。

（5）COD、SS 测定分析装置，玻璃器皿、滤纸。

（6）活性炭。

（7）有机玻璃炭柱 $d=20\sim30$mm，$H=1.0$m。

（8）配水及投配系统。

4. 实验步骤

（1）间歇式活性炭吸附实验

① 将某污水用滤布过滤，去除水中悬浮物或自配污水，测定该污水的COD、SS等值。

② 将活性炭放在蒸馏水中浸24h，然后放在105℃烘箱内烘至恒重，再将烘干后的活性炭压碎，使其成为能通过200目以下筛孔的粉状炭。因为粒状活性炭要达到吸附平衡耗时太长，往往需数日或数周，为了使实验能在短时间内结束，所以多用粉状炭。

③ 在6个500mL的三角烧瓶中分别投加0mg，100mg，200mg，300mg，500mg粉状活性炭。

④ 在每个三角瓶中投加同体积的过滤后的污水，使每个烧瓶中的COD浓度与活性炭浓度的比值在0.05～5.0之间。

⑤ 测定水温，将三角瓶放在振荡器上振荡，当达到吸附平衡（时间延至滤出液的有机物浓度COD值不再改变）时即可停止振荡。（时间一般为30min以上）。

⑥ 过滤各三角瓶中的污水，测定其剩余COD值，求出吸附量$q$。实验记录如表4-10-1所示。

**表4-10-1 活性炭间歇吸附实验记录**

| 序号 | 原污水 | | | | 出水 | | | 污水体积/mL | 活性炭加量/mg | COD去除率/% | 备注 |
|---|---|---|---|---|---|---|---|---|---|---|---|
| | COD/(mg/L) | pH | 水温/℃ | SS/(mg/L) | COD/(mg/L) | pH | SS/(mg/L) | | | | |
| | | | | | | | | | | | |
| | | | | | | | | | | | |
| | | | | | | | | | | | |
| | | | | | | | | | | | |
| | | | | | | | | | | | |

（2）连续流活性炭吸附实验

① 将某污水过滤或配制一种污水，测定该污水的COD、pH、SS、水温等各项指标并记入表4-10-2。

② 在内径为20～30mm，高为1000mm的有机玻璃管或玻璃管中装入500～750mm高的经水洗烘干后的活性炭。

③ 以每分钟40～200mL的流量（具体可参考水质条件而定），按升流或降流的方式运行（运行时炭层中不应有空气气泡）。本实验装置为降流式。实验至少要用三种以上的不同流速$V$进行。

④ 在每一流速运行稳定后，每隔10～30min由各炭柱取样，测定出COD值，至出水中COD浓度达到进水中COD浓度的0.9～0.95为止。并将结果记入表4-10-2。

5. 实验结果整理

（1）间歇式活性炭吸附实验

① 按表纪录的原始数据进行计算。

② 按式（4-10-1）计算吸附量$q$。

**表 4-10-2　连续式炭柱吸附实验记录**

原水 COD 浓度/(mg/L)＝　　　　　　　　　　允许出水浓度 $C_B$/(mg/L)＝

水温 $T$/℃＝　　　　　　　　　　　　　　　pH＝　　SS＝　(mg/L)

进流率 $q$/[m³/(m²·h)]＝　　　　　　　　　滤速 $V$/(m/h)＝

炭柱厚/m　$D_1$＝　　　　　$D_2$＝　　　　　$D_3$＝

| 工作时间 | 出水水质/(mg/L) | | |
|---|---|---|---|
| $t$/h | 柱 1 | 柱 2 | 柱 3 |
| | | | |
| | | | |
| | | | |

③ 利用 $q$、$C$ 相应数据和式（4-10-2），经回归分析求出 $K$、$n$ 值或利用作图法，将 $C$ 和相应的 $q$ 值在双对数坐标纸上绘制出吸附等温线，所得直线的斜率为 $1/n$，截距为 $K$，如图 4-10-3 所示。

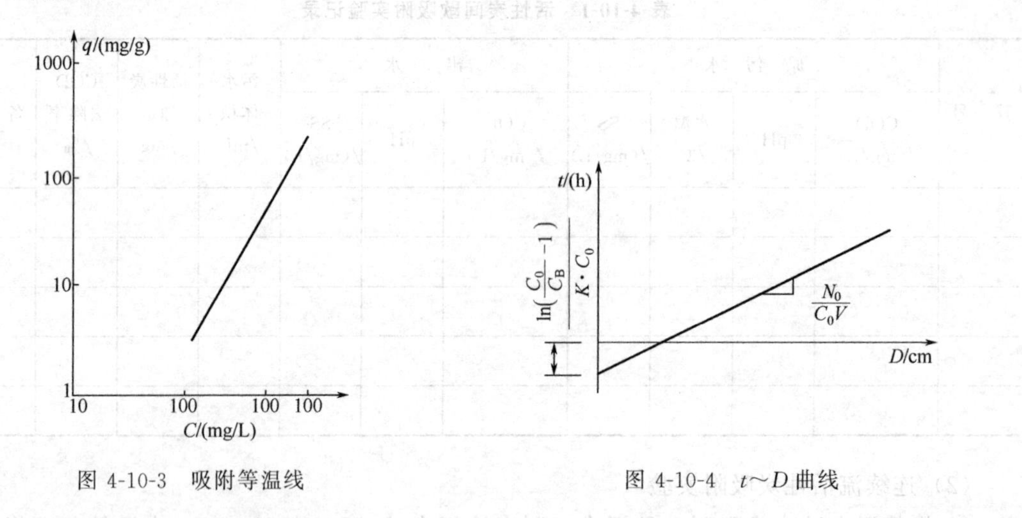


图 4-10-3　吸附等温线　　　　　　　　图 4-10-4　$t$～$D$ 曲线

(2) 连续式活性炭吸附实验

求各流速下 $K$、$N_0$ 值。

a. 将实验数据记入表 4-10-2，并根据 $t$～$C$ 关系确定当出水溶质浓度等于 $C_B$ 时各柱的工作时间 $t_1$、$t_2$、$t_3$。

b. 根据式（4-10-4）以时间 $t_i$ 为纵坐标，以炭层厚 $D_i$ 为横坐标，点绘 $t$、$D$ 值，直线截距为

$$\frac{\ln\left(\frac{C_0}{C_B}-1\right)}{K\cdot C_0}$$

斜率为 $N_0/(C_0\cdot V)$。如图 4-10-4。

c. 将已知 $C_0$、$C_B$、$V$ 等值代入，求出流速常数 $K$ 和吸附容量 $N_0$ 值。

d. 根据式（4-10-5）求出每一流速下炭层临界深度 $D_0$ 值。

e. 按表 4-10-3 给出各滤速吸附设计参数 $K$、$D_0$、$N_0$ 值，或绘制成如图 4-10-5 所示的

图，以供活性炭吸附设备设计时参考。

表 4-10-3　活性炭吸附实验结果

| 流速 $V$/(m/h) | $N_0$/(mg/L) | $K$/[L/(mg·h)] | $D_0$/m |
| --- | --- | --- | --- |
| | | | |
| | | | |
| | | | |
| | | | |

6. 注意事项

（1）活性炭要用经处理后 200 目以下的粉状炭。

（2）振荡时间不能太短，一般控制在 30min 以上。

7. 思考题

（1）吸附等温线有什么现实意义？

（2）作吸附等温线时为何要用粉状炭？

（3）连续流的升流式和降流式运动方式各有什么缺点？

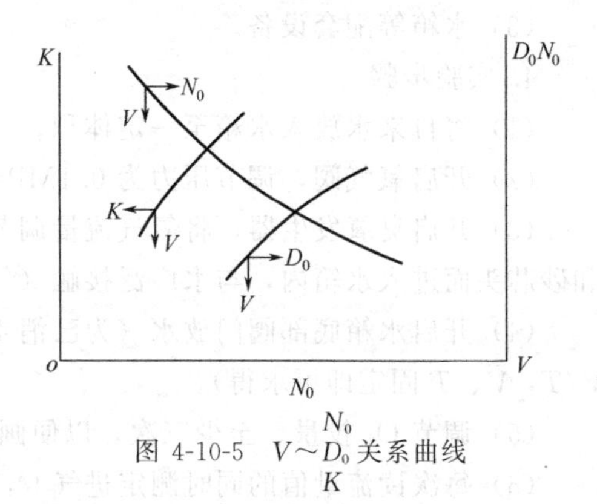


图 4-10-5　$V$～$D_0$ 关系曲线

## 实验十一　臭氧消毒实验

1. 实验目的

（1）了解臭氧制备装置，熟悉臭氧消毒的工艺流程。

（2）掌握臭氧消毒的实验方法。

（3）验证臭氧杀菌效果。

2. 实验原理

臭氧呈淡蓝色，由 3 个氧原子（$O_3$）组成，具有强烈的杀菌能力和消毒效果，作为给水消毒剂的应用在世界上已有数十年的历史。

臭氧杀菌效力高是由于：①臭氧氧化能力强；②穿透细胞壁的能力强；③此外还有一种说法，就是由于臭氧破坏细菌有机链状结构，导致细菌死亡。

臭氧处理饮用水作用快、安全可靠。随着臭氧处理过程的进行，空气中的氧也充入水中，因此水中溶解氧的浓度也随之增加。臭氧只能在现场制取，不能贮存，这是臭氧的性质决定的，但可在现场随用随产。臭氧消毒所用的臭氧剂量与水污染的程度有关，通常在 0.5～4mg/L 之间。臭氧消毒不需很长的接触时间，不受水中氨氮和 pH 值的影响，消毒后的水不会产生二次污染。

臭氧的缺点是电耗大、成本高。臭氧易分解，尤其超过 200℃以后，因此不利使用。

对臭氧性质产生影响的因素有：露点（－50℃）、电压、气量、气压、湿度、电频率等。

臭氧的工业制造方法采用无声放电原理。空气在进入臭氧发生器之前要经过压缩、冷却、脱水等过程，然后进入臭氧发生器进行干燥净化处理，并在发生器内经高压放电，产生浓度为 10～12mg/L 的臭氧化空气，其压力为 0.4～0.7MPa。将此空气引至消毒设备应用就可以了。臭氧化空气由消毒用的反应塔（或称接触塔）底部进入，经微孔扩散板（布气板）喷出，与塔内待消毒的水广泛接触反应，达到消毒目的。反应塔是关键设备，直接影响出水水质。

臭氧消毒后的尾气还可引至混凝沉淀池加以利用。这样，不仅可降低臭氧耗量，还可降低运转费用。因为原水中的胶体物质或藻类可被臭氧氧化，并通过混凝沉淀除去，提高过滤水质。

3. 实验设备与试剂

(1) 康乐牌臭氧发生器（海门市长兴臭氧净化设备厂）。

(2) 高压氧气瓶，氧气减压阀。

(3) 水箱等配套设备。

4. 实验步骤

(1) 将自来水放入水箱至一定体积。

(2) 开启氧气阀，调节压力为0.1MPa。

(3) 开启臭氧发生器，将氧气流量调节到使转子流量计示数为2.0，使 $O_3$ 通过塑料管和砂芯头而进入水箱内，与水广泛接触（气泡越细越好）。

(4) 开启水箱底部阀门放水（为已消毒的水），并通过调节阀门，到 $Q$ 至所需值（$Q=\overline{V}/T$，$\overline{V}$、$T$ 固定即可求得）。

(5) 调节 $O_3$ 投量、至少三次，以便画曲线。并读各转子流量计的读数。

(6) 每次读流量值的同时测定进气 $O_3$ 及尾气 $O_3$ 浓度。

(7) 取进水及出水水样备检，备检水样置于培养皿内培养基上，在37℃恒温箱内培养24h，测细菌总数。

以上各项读数及测得数值均记入表4-11-1。

**表 4-11-1　臭氧消毒实验记录表**

| 水样编号 | 停留时间 /min | 进水流量 /(L/h) | 进水细菌总数 /(个/mL) | 进气流量 /(L/h) | 进气压力 /MPa | 标准状态进气流量 /(L/h) | 臭氧浓度 /(mg/L) | | 臭氧投量 /(mg/h) | 出水细菌总数 /(个/mL) | 出水臭氧浓度 /(mg/L) | 反应塔内水深 /m | 臭氧利用系数 /%(吸收率) | 细菌去除率 /% | 备注 |
|---|---|---|---|---|---|---|---|---|---|---|---|---|---|---|---|
| | | | | | | | 进气 $C_1$ | 尾气 $C_2$ | | | | | | | |
| 1 | | | | | | | | | | | | | | | |
| 2 | | | | | | | | | | | | | | | |
| 3 | | | | | | | | | | | | | | | |
| 4 | | | | | | | | | | | | | | | |

5. 实验结果整理

(1) 按下式计算标准状态下的进气流量。

$$Q_N = Q_m \cdot \sqrt{1+p_m} \tag{4-11-1}$$

式中　$Q_N$——标准状态下的进气流量，L/h；

$Q_m$——压力状态下的进气流量，L/h（进气流量即流量计所示流量，L/h）；

$p_m$——压力表读数，MPa。

(2) 按下式计算臭氧投量。臭氧投量或者臭氧发生器的产量以 $G$ 表示，如下式

$$G = C \cdot Q_N \ (\text{mg/h}) \tag{4-11-2}$$

式中　$C$——臭氧浓度，mg/L。

(3) 求臭氧利用系数及细菌去除率。

(4) 作臭氧消耗量与细菌总数去除率曲线。

6. 注意事项

(1) 实验时要摸索出最佳 $T$、$H$、$G$、$C$ 值。其中 $T$ 为停留时间 (min)，$H$ 为塔内水深 (m)；$G$ 为臭氧投量 (mg/h)；$C$ 为臭氧浓度 (mg/L)。方法有：①固定 $T$、$H$ 变 $G$；②固定 $G$、$H$ 变 $T$；③固定 $G$、$T$ 变 $H$。一般不变 $C$ 值，而是固定 $G$、$H$ 变 $T$ 者较多，本实验按①进行。也可用正交实验法进行。

(2) 臭氧利用系数也称吸收率，其值以进气浓度 $C_1$ 与尾气浓度 $C_2$ 间的关系表示。

$$吸收率=\frac{C_1-C_2}{C_1} \tag{4-11-3}$$

所谓细菌去除率，是以进水中细菌数量与出水中细菌数量之间的关系表示，形式同上。

(3) 臭氧浓度的测定方法见附：臭氧浓度的测定。

(4) 实验前熟悉设备情况，了解各阀门及仪表用途，臭氧有毒性、高压电有危险，要切实注意安全。

(5) 实验完毕先切断发生器电源，然后停水，最后停气源和空气压缩机，并关闭各有关阀门。

7. 思考题

(1) 如果用正交法求饮水消毒的最佳剂量，应选用哪些因素与水平？

(2) 臭氧消毒后管网内有无剩余 $O_3$？二次污染有没有可能出现？

(3) 用氧气瓶中 $O_2$ 或用空气中 $O_2$ 作为臭氧发生器的气源，各有何利弊？

**附：臭氧浓度的测定**

1. 实验目的

(1) 了解臭氧浓度的测定原理。

(2) 掌握臭氧的测定方法。

2. 实验原理

臭氧与碘化钾发生氧化还原反应而析出与水样中所含 $O_3$ 等量的碘。臭氧含量越多析出的碘也越多，溶液颜色也就越深，化学反应式如下

$$O_3+2KI+H_2O = I_2+2KOH+O_2\uparrow$$

以淀粉作指示剂，用硫代硫酸钠标准溶液滴定，化学反应式如下

$$I_2+2Na_2S_2O_3 = 2NaI+Na_2S_4O_6$$

待完全反应，生成物为无色碘化钠，可根据硫代硫酸钠耗量计算出臭氧浓度。

3. 实验设备及试剂

(1) 500mL 气体吸收瓶 2 只。

(2) 25mL 量筒 1 个。

(3) 气体转子流量计，25～250L/h 2 只。

(4) 碘化钾溶液，含量 20% 1000mL。

(5) 3mol/L 硫酸溶液 1000mL。

(6) 0.05mol/L 硫代硫酸钠标准溶液 1000mL。

(7) 淀粉溶液，含量 1% 100mL。

4. 实验步骤

（1）用量筒将碘化钾溶液（含量20%）20mL加入气体吸收瓶中。

（2）然后往气体吸收瓶中加250mL蒸馏水，摇匀。

（3）打开进气阀门，往瓶内通入臭氧化空气2L（注意控制进气口转子流量计读数为500mL/min），平行取两个水样，并加入5mL的3mol/L硫酸溶液摇匀后静止5min。

（4）用0.05mol/L硫代硫酸钠溶液滴定。待溶液呈淡黄色时，滴入含量为1%的淀粉溶液数滴，溶液呈蓝褐色。

（5）继续用0.05mol/L硫代硫酸钠溶液滴定至无色，记录其用量。

5. 实验结果整理

计算臭氧浓度$\rho$（mg/L）

$$\rho=\frac{48c_2V_2}{V_1} \tag{4-11-4}$$

式中　$c_2$——硫代硫酸钠溶液的物质的量浓度；

$V_2$——硫代硫酸钠溶液的滴定用量（体积），mL；

$V_1$——臭氧取样体积2L。

## 实验十二　折点加氯消毒实验

1. 实验目的

（1）掌握折点加氯消毒的实验技术。

（2）通过实验，探讨某含氨氮水样与不同氯量接触一定时间（2h）的情况下，水中游离性余氯、化合性余氯及总余氯量与投氯量的关系。

2. 实验原理

水中加氯有三种作用。

（1）当原水中只含细菌不含氨氮时，向水中投氯能够生成次氯酸（HClO）及次氯酸根（$ClO^-$），反应式如下

$$Cl_2+H_2O \rightleftharpoons HClO+H^++Cl^- \tag{4-12-1}$$

$$HClO \rightleftharpoons H^++ClO^- \tag{4-12-2}$$

次氯酸及次氯酸根均有消毒作用，但前者消毒效果较好。因细菌表面带负电，而HOCl是中性分子，可以扩散到细菌内部破坏细菌的酶系统，妨碍细菌的新陈代谢，导致细菌的死亡。

水中HClO及$ClO^-$称游离性氯。

（2）当水中含有氨氮时，加氯后能生成次氯酸和氯胺，它们都有消毒作用，反应式如下

$$Cl_2+H_2O \rightleftharpoons HClO+HCl \tag{4-12-3}$$

$$NH_3+HClO \rightleftharpoons NH_2Cl+H_2O \tag{4-12-4}$$

$$NH_2Cl+HClO \rightleftharpoons NHCl_2+H_2O \tag{4-12-5}$$

$$NHCl_2+HClO \rightleftharpoons NCl_3+H_2O \tag{4-12-6}$$

从上述反应得知：次氯酸（HClO）、一氯胺（$NH_2Cl$）、二氯胺（$NHCl_2$）和三氯胺（$NCl_3$，又名三氯化氮）水中都可能存在。它们在平衡状态下的含量比例决定于氨氮的相对浓度、pH值和温度。

当pH=7～8，反应生成物不断消耗时，1mol的氯与1mol的氨作用能生成1mol的一氯胺，此时氯与氨氮（以N计，下同）的质量比为（71∶14）≈（5∶1）。

当 pH＝7～8，2mol 的氯与 1mol 的氨作用能生成 1mol 的二氯胺，此时氯与氨氮的质量比约为 10：1。

当 pH＝7～8，氯与氨氮质量比大于 10：1 时，将生成三氯胺（三氯胺很不稳定）和出现游离氯。随着投氯量的不断增加，水中游离性氯将越来越多。

水中有氯胺时，依靠水解生成次氯酸起消毒作用，从化学反应式（4-12-4）至式（4-12-6）可见，只有当水中 HClO 因消毒或其他原因消耗后，反应才向左进行，继续生成 HClO。因此当水中余氯主要是氯胺时，消毒作用比较缓慢。氯胺消毒的接触时间不应短于 2h。

水中 $NH_2Cl$、$NHCl_2$ 和 $NCl_3$ 称化合性氯。化合性氯的消毒效果不如游离性氯。

（3）氯还能与含碳物质、铁、锰、硫化氢以及藻类等起氧化作用。水中含有氨氮和其他消耗氯的物质时，投氯量与余氯量的关系见图 4-12-1。

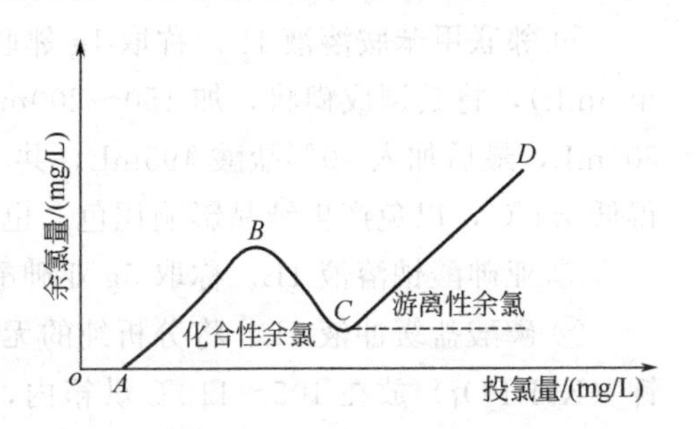


图 4-12-1 投氯量与余氯量关系图

图中 *OA* 段投氯量太少，故余氯量为 0，*AB* 段的余氯主要为一氯胺，*BC* 段随着投氯量的增加，一氯胺与次氯酸作用，部分成为二氯胺（见式 4-12-5）。部分反应如下式

$$2NH_2Cl + HClO \longrightarrow N_2\uparrow + 3HCl + H_2O \tag{4-12-7}$$

反应结果，*BC* 段一氯胺及余氯（即总余氯）均逐渐减少，二氯胺逐渐增加。*C* 点余氯值最少，称为折点。*C* 点后出现三氯胺和游离性氯。按大于出现折点的量来投氯称折点加氯。折点加氯的优点：①可以去除水中大多数产生臭和味的物质；②有游离性余氯，消毒效果较好。

图 4-12-1 曲线的形状和接触时间有关，接触时间越长，氧化程度就深一些，化合性余氯则少一些，折点的余氯有可能接近于零。此时折点加氯的余氯几乎全是游离性余氯。

3. 实验设备及试剂

（1）水箱或水桶 1 个，能盛水几十升。

（2）20mL 玻璃瓶 1 个。

（3）50mL 比色管 20 多根。

（4）100mL 比色管 40 多根。

（5）1000mL 烧杯 10 多个。

（6）1mL 及 5mL 移液管各几支。

（7）10mL 及 50mL 量筒各几个。

（8）1000mL 量筒几个。

（9）温度表 1 支。

4. 实验步骤

（1）药剂制备

① 配制 1%含量的氨氮溶液 100mL。称取 3.819g 干燥过的无水氯化铵（$NH_4Cl$）溶于不含氨的蒸馏水中稀释至 100mL，其氨氮含量为 1%即 10g/L。

② 氨氮标准溶液 1000mL。吸取上述 1%浓度氨氮溶液 1mL，用蒸馏水稀释至 1000mL，其氨氮含量为 10mg/L。

③ 酒石酸钾钠溶液 100mL。称取 50g 化学纯酒石酸钾钠（$KNaC_4H_4O\cdot4H_2O$），溶于

100mL 蒸馏水中，煮沸，使约减少 20mL 或到不含氨为止。冷却后，用蒸馏水稀释至 100mL。

④ 碘化汞钾溶液 1L。溶解 100g 分析纯碘化汞（$HgI_2$）和 70g 分析纯碘化钾（KI）于少量蒸馏水中，将此溶液加到 500mL 已冷却的含有 160g 氢氧化钠（NaOH）的溶液中，并不停搅拌，用蒸馏水稀释至 1L，贮存于棕色瓶中，用橡皮塞塞紧，遮光保存。

⑤ 1%含量的漂白粉溶液 500mL。称取漂白粉 5g 溶于 100mL 蒸馏水中调成糊状，然后稀释至 500mL 即得。其有效氯含量约为 2.5g/L。取漂白粉溶液 1mL，用蒸馏水稀释至 200mL，参照本实验所述测余氯方法可测出余氯量。

⑥ 邻联甲苯胺溶液 1L。称取 1g 邻联甲苯胺，溶于 5mL 20%盐酸中（浓盐酸 1mL 稀释至 5mL），将其调成糊状，加 150～200mL 蒸馏水使其完全溶解，置于量筒中补加蒸馏水至 505mL，最后加入 20%盐酸 495mL，共 1L。此溶液放在棕色瓶内置于冷暗处保存，温度不得低于 0℃，以免产生结晶影响比色，也不要使用橡皮塞，最多能使用半年。

⑦ 亚砷酸钠溶液 1L。称取 5g 亚砷酸钠溶于蒸馏水中，稀释至 1L。

⑧ 磷酸盐缓冲液 4L。将分析纯的无水磷酸氢二钠（$Na_2HPO_4$）和分析纯无水磷酸二氢钾（$KH_2PO_4$）放在 105～110℃烘箱内，2h 后取出放在干燥器内冷却，前者称取 22.86g，后者称取 46.14g。将此二者同溶于蒸馏水中，稀释至 1L。至少静置 4d，等其中沉淀物析出后过滤。取滤液 800mL 加蒸馏水稀释至 4L，即得磷酸盐缓冲液 4L。此溶液的 pH 值为 6.45。

⑨ 铬酸钾-重铬酸钾溶液 1L。称取 4.65g 分析纯干燥铬酸钾（$K_2Cr_2O_4$）和 1.55g 分析纯干燥重铬酸钾（$K_2Cr_2O_7$）溶于磷酸盐缓冲液中，并用磷酸盐缓冲液稀释至 1L 即得。

⑩ 余氯标准比色溶液。按表 4-12-1 所需的铬酸钾-重铬酸钾溶液，用移液管加到 100mL 比色管中，再用磷酸盐缓冲液稀释至刻度，记录其相当于氯的浓度（mg/L），即得余氯标准比色溶液。

**表 4-12-1　余氯标准比色溶液的配制**

| 氯/(mg/L) | 铬酸钾-重铬酸钾溶液/(m/L) | 缓冲液/(m/L) | 氯/(mg/L) | 铬酸钾-重铬酸钾溶液/(m/L) | 缓冲液/(m/L) |
|---|---|---|---|---|---|
| 0.01 | 0.1 | 99.9 | 0.70 | 7.0 | 93.0 |
| 0.02 | 0.2 | 99.8 | 0.80 | 8.0 | 92.0 |
| 0.05 | 0.5 | 99.5 | 0.90 | 9.0 | 91.0 |
| 0.07 | 0.7 | 99.3 | 1.00 | 10.0 | 90.0 |
| 0.10 | 1.0 | 99.0 | 1.50 | 15.0 | 85.0 |
| 0.15 | 1.5 | 98.5 | 2.00 | 19.7 | 80.3 |
| 0.20 | 2.0 | 98.0 | 3.00 | 29.0 | 71.0 |
| 0.25 | 2.5 | 97.5 | 4.00 | 39.0 | 61.0 |
| 0.30 | 3.0 | 97.0 | 5.00 | 48.0 | 52.0 |
| 0.35 | 3.5 | 96.5 | 6.00 | 58.0 | 42.0 |
| 0.40 | 4.0 | 96.0 | 7.00 | 68.0 | 32.0 |
| 0.45 | 4.5 | 95.5 | 8.00 | 77.5 | 22.5 |
| 0.50 | 5.0 | 95.0 | 9.00 | 87.0 | 13.0 |
| 0.60 | 6.0 | 94.0 | 10.00 | 97.0 | 3.0 |

（2）水样制备。取自来水 20L 加入 1%含量氨氮溶液 2mL，混匀，即得实验用原水，其氨氮含量约 1mg/L 或略高于 1mg/L。

（3）测原水水温及氨氮含量，记入表 4-12-2。测氨氮用直接比色法，测氨氮步骤如下。

① 于 50mL 比色管中加入 50mL 原水。

② 另取 50mL 比色管 18 支，分别注入氨氮标准溶液 0mL、0.2mL、0.4mL、0.7mL、1.0mL、1.4mL、1.7mL、2.0mL、2.5mL、3.0mL、3.5mL、4.0mL、4.5mL、5.0mL、5.5mL、6.0mL、6.5mL、7.0mL 及 8.0mL，均用蒸馏水稀释至 50mL。

③ 向水样及氨氮标准溶液管内分别加入 1mL 酒石酸钾钠溶液，混匀，再加 1mL 碘比汞钾溶液，混匀后放置 10min，进行比色。

$$\text{氨氮（以 N 计）}=\frac{\text{相当于氨氮标准溶液用量（mL）}\times 10}{\text{水样体积（mL）}}\ \text{(mg/L)}$$

（4）进行折点加氯实验

① 在 12 个 1000mL 烧杯中各盛原水 1000mL。

② 当加氯量为 1mg、2mg、4mg、6mg、8mg、10mg、12mg、14mg、16mg、18mg、20mg 时，计算 1% 含量的漂白粉溶液的投加量（mL）。

**表 4-12-2　折点加氯实验记录**

| 原水水温/℃<br>漂白粉溶液含氯量/(mg/L) | | 氨氮含量/(mg/L) | | | | | | | | | | | |
|---|---|---|---|---|---|---|---|---|---|---|---|---|---|
| 水样编号 | | 1 | 2 | 3 | 4 | 5 | 6 | 7 | 8 | 9 | 10 | 11 | 12 |
| 漂白粉溶液投加量/mL | | | | | | | | | | | | | |
| 加　氯　量/(mg/L) | | | | | | | | | | | | | |
| 比色测定结果/(mg/L) | A | | | | | | | | | | | | |
| | $B_1$ | | | | | | | | | | | | |
| | $B_2$ | | | | | | | | | | | | |
| | C | | | | | | | | | | | | |
| 余氯计算 | 总余氯/(mg/L)<br>$D=C-B_2$ | | | | | | | | | | | | |
| | 游离性余氯/(mg/L)<br>$E=A-B_1$ | | | | | | | | | | | | |
| | 化合性余氯/(mg/L)<br>$D-E$ | | | | | | | | | | | | |

③ 将 12 个盛有 1000mL 原水的烧杯注明编号（1、2、……12），依次投加 1% 含量的漂白粉溶液，其投氯量分别为 0mg/L、1mg/L、2mg/L、4mg/L、6mg/L、8mg/L、10mg/L、12mg/L、14mg/L、16mg/L、18mg/L 及 20mg/L，快速混匀 2h 后，立即测各烧杯水样的游离氯、化合氯及总余氯的量（表 4-12-2）。各烧杯水样测余氯方法相同，均采用邻联甲苯胺亚砷酸盐比色法，可分组进行。以 3 号烧杯水样为例，测定步骤为如下。

a. 取 100mL 比色管三支，标注 $3_{甲}$、$3_{乙}$、$3_{丙}$。

b. 吸取 3 号烧杯 100mL 水样投加于 $3_{甲}$ 管中，并立即投加 1mL 邻联甲苯胺溶液，立刻混合，迅速投加 2mL 亚砷酸钠溶液，混匀，越快越好；2min 后（从邻联甲苯胺溶液混匀后算起），立刻与余氯标准比色溶液比色，记录结果（$A$）。（$A$）表示该水样游离余氯与干扰性物质迅速混合后所产生的颜色。

c. 吸取3号烧杯100mL水样投加于$3_{乙}$管中，立刻投加2mL亚砷酸钠溶液，混匀，迅速加入1mL邻联甲苯胺溶液，混匀，2min后立刻与余氯标准比色溶液比色，记录结果($B_1$)。待相隔15min（从加入邻联甲苯胺溶液混匀后算起）后，再取$3_{乙}$管水样与余氯标准比色溶液比较，记录结果($B_2$)。($B_1$)代表干扰物质于迅速混合后所产生的颜色。($B_2$)代表干扰物质于混合15min后所产生的颜色。

d. 吸取3号烧杯水样100mL加于$3_{丙}$管中，立刻加入1mL邻联甲苯胺溶液，立刻混匀，静置15min，再与余氯标准比色溶液比色，记录结果($G$)。($G$)代表总余氯与干扰性物质于混合15min后所产生的颜色。

5. 实验结果整理

根据比色测定结果进行余氯计算，绘制游离余氯、化合余氯及总余氯与投氯量的关系曲线。

6. 注意事项

(1) 各水样加氯的接触时间应尽可能相同或接近，以利互相比较。

(2) 比色测定应在光线均匀的地方或灯光下，不宜在阳光直射下进行。

(3) 所用漂白粉的存放时间，最好不要超过几个月。漂白粉应密闭存放，避免受热受潮。

7. 思考题

(1) 水中含有氨氮时，投氯量-余氯量关系曲线为何出现折点?

(2) 有哪些因素影响投氯量?

(3) 本实验原水如采用折点加氯消毒，应有多大的投氯量?

## 实验十三　废水可生化性实验

1. 实验目的

(1) 熟悉瓦呼仪的基本构造及操作方法。

(2) 理解内源呼吸线及生化呼吸线的基本含义。

(3) 分析不同浓度的含酚废水的生物降解及生物毒性。

2. 实验原理

微生物处于内源呼吸阶段时，耗氧的速率恒定不变。微生物与有机物接触后，其呼吸耗氧的特性反映了有机物被氧化分解的规律。一般，耗氧量大、耗氧速率高，即说明该有机物易被微生物降解，反之亦然。

测定不同时间的内源呼吸耗氧量及与有机物接触后的生化呼吸耗氧量，可得内源呼吸线及生化呼吸线，通过比较即可判定废水的可生化性。

当生化呼吸线位于内源呼吸线上时废水中有机物一般是可被微生物氧化分解的；当生化呼吸线与内源呼吸线重合时，有机物可能是不能被微生物降解的，但它对微生物的生命活动尚无抑制作用；当生化呼吸线位于内源呼吸线下时则说明有机物对微生物的生命活动产生了明显的抑制作用。

瓦呼仪的工作原理是，在恒温及不断搅拌的条件下，使一定量的菌种与废水在定容的反应瓶中接触反应，微生物耗氧将使反应瓶中氧的分压降低（释放的二氧化碳用氢氧化钾溶液吸收）。测定分压的变化，即可推算出消耗的氧量。

3．实验设备与试剂

（1）瓦呼仪一台（图 4-13-1）。

（2）离心机一台。

（3）活性污泥培养及驯化装置一套。

（4）测酚装置一套。

（5）苯酚。

（6）硫酸铵。

（7）磷酸氢二钾。

（8）碳酸氢钠。

（9）氯化铁。

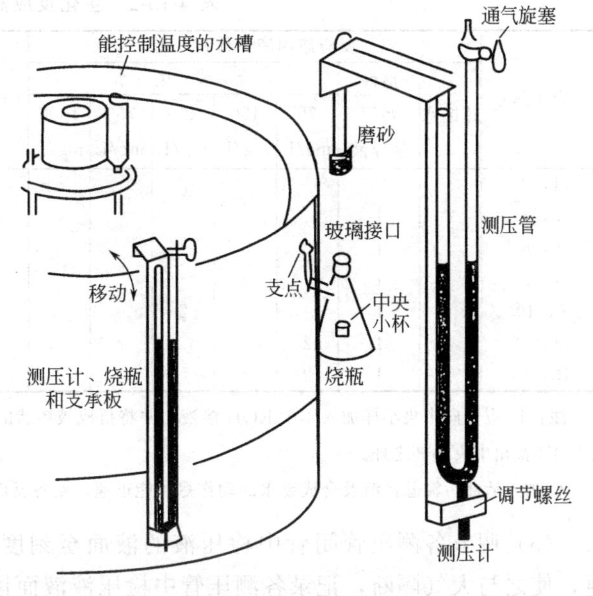

图 4-13-1　瓦氏呼吸仪

4．实验步骤

（1）活性污泥的培养、驯化及预处理

① 取已建污水厂活性污泥或带菌土壤为菌种，在间竭式培养瓶中以含酚合成废水为营养，曝气或搅拌，以培养活性污泥。

② 每天停止曝气 1h，沉淀后去除上清液，加入新鲜含酚合成废水，并逐步提高含酚浓度。达到驯化活性污泥的目的。

③ 当活性污泥数量足够，且对酚具有相当去除能力后，即认为活性污泥的培养和驯化已告完成。停止投加营养，空曝 24h，使活性污泥处于内源呼吸阶段。

④ 取上述活性污泥在 3000r/min 的离心机上离心 10min，倾去上清液，加入蒸馏水洗涤，在电磁搅拌器上搅拌均匀后再离心，反复三次，用 pH＝7 的磷酸盐缓冲液稀释，配制成所需浓度的活性污泥悬浊液。

因需时间较长。此步骤由教师进行。

（2）含酚合成废水的配制　配制五种不同含酚浓度的合成废水，内含如表 4-13-1 所示。

表 4-13-1　不同浓度的含酚合成废水

| 苯酚/(mg/L) | 75 | 150 | 450 | 750 | 1500 |
|---|---|---|---|---|---|
| 硫酸铵/(mg/L) | 22 | 44 | 130 | 217 | 435 |
| $K_2HPO_4$/(mg/L) | 5 | 10 | 30 | 51 | 102 |
| $NaHCO_3$/(mg/L) | 75 | 150 | 450 | 750 | 1500 |
| $FeCl_3$/(mg/L) | 10 | 10 | 10 | 10 | 10 |

（3）取清洁干燥的反应瓶及测压管 14 套，测压管中装好 Brodie 溶液备用，反应瓶按表 4-13-2 加入各种溶液。

（4）在测压管磨砂接头上涂上羊毛脂，塞入反应瓶瓶口，以牛皮筋拉紧使之密封，然后放入瓦呼仪的恒温水槽中（水温预先调好至 20℃）使测压管闭管与大气相通，振摇 5min，使反应瓶内温度与水浴一致。

**表 4-13-2　生化反应液的配制**

| 反应瓶编号 | 反应瓶内液体体积/mL | | | | | | | 中央小杯中10%KOH溶液体积/mL | 液体总体积/mL | 备　注 |
|---|---|---|---|---|---|---|---|---|---|---|
| | 蒸馏水 | 活性污泥悬浮液 | 合成废水 | | | | | | | |
| | | | 75 mg/L | 150 mg/L | 450 mg/L | 750 mg/L | 1500 mg/L | | | |
| 1，2 | 3 | | | | | | | 0.2 | 3.2 | 温度压力对照 |
| 3，4 | 2 | 1 | | | | | | 0.2 | 3.2 | 内源呼吸 |
| 5，6 | | 1 | 2 | | | | | 0.2 | 3.2 | |
| 7，8 | | 1 | | 2 | | | | 0.2 | 3.2 | |
| 9，10 | | 1 | | | 2 | | | 0.2 | 3.2 | |
| 11，12 | | 1 | 2 | | | 2 | | 0.2 | 3.2 | |
| 13，14 | | 1 | 2 | | | | 2 | 0.2 | 3.2 | |

注：1. 应先向中央小杯加入10%KOH溶液，并将折成皱褶状的滤纸放在杯口，以扩大对$CO_2$的吸收面积，但不得使KOH溢出中央小杯之外。

2. 加入活性污泥悬浮液及合成废水的动作尽可能迅速，使各反应瓶开始反应的时间不致相差太多。

（5）调节各测压管闭管中检压液的液面至刻度150mm处然后迅速关闭各管顶部的三通，使之与大气隔断，记录各测压管中检压液液面读数（此值应在150mm附近）再开启瓦呼仪振摇开关，此时刻为呼吸耗氧实验的开始时刻。

（6）在开始实验后的0h，0.25h，0.5h，1.0h，2.0h，3.0h，4.0h，5.0h，6.0h，关闭振摇开关，调整各测压管闭管液面至150mm处，并记录开管液面读数，按表4-13-3记录。

（7）停止实验后，取下反应瓶及测压管，擦净瓶口及磨塞上的羊毛脂，倒去反应瓶中液体，用清水冲洗后置于肥皂水中浸泡，再用清水冲洗后以洗液浸泡过夜，洗净后置于55℃烘箱内烘干后待用。

5. 实验结果整理

（1）根据实验中记录下的测压管读数（液面高度）计算耗氧量。主要计算公式如下。

①
$$\Delta h_i = \Delta h_i' - \Delta h$$

式中　$\Delta h_i$——各测压管计算的Brodie溶液液面高度变化值，mm；

$\Delta h$——温度压力对照管中Brodie溶液液面高度变化值，mm；

$\Delta h_i'$——各测压管实验的Brodie溶液液面高度变化值，mm。

②
$$X_i' = K_i \Delta h_i \text{ 或 } X_i = 1.429 K_i \Delta h_i$$

式中　$X_i'$，$X_i$——各反应瓶不同时间的耗氧量，μL、μg；

$K_i$——各反应瓶的体积常数（已由教师事先测得，测定及计算方法从略）；

1.429——氧的容重，g/L。

③
$$G_i = \frac{X_i}{S_i}$$

式中　$G_i$——各反应瓶不同时刻单位质量活性污泥的耗氧量，mg/g；

$X_i$——同前；

$S_i$——各反应瓶中的活性污泥质量，mg。

（2）上述计算宜列表进行。表格形式如表4-13-4。

（3）以时间为横坐标，$G_i$为纵坐标，绘制内源呼吸线及不同含酚浓度合成废水的生化呼吸线，进行比较分析含酚浓度对生化呼吸过程的影响及生化处理可允许的含酚浓度。

表 4-13-3　瓦呼仪试验基本条件及记录表

实验日期　　　年　　月　　日

| 项目 | 反应瓶号 | 营养投量/mL | 营养液投量/mL | 污泥量/mg | 测压管读数及 $\Delta h$ 值 | 时间/h 0 | 0.25 | 0.5 | 1 | 2 | 3 | 4 | 5 | 6 | 7 | 预处理条件 |
|---|---|---|---|---|---|---|---|---|---|---|---|---|---|---|---|---|
| 温压计 |  |  | 0 |  | 压力计读数 |  |  |  |  |  |  |  |  |  |  |  |
|  |  |  |  |  | 压力差 $\Delta h_1$ |  |  |  |  |  |  |  |  |  |  |  |
|  |  |  | 0 |  | 压力计读数 |  |  |  |  |  |  |  |  |  |  |  |
|  |  |  |  |  | 压力差 $\Delta h_2$ |  |  |  |  |  |  |  |  |  |  |  |
|  |  |  |  |  | 温压计平均数 $\Delta h=\frac{\Delta h_1+\Delta h_2}{2}$ |  |  |  |  |  |  |  |  |  |  |  |
| 内源呼吸 |  |  | 1 |  | 压力计读数 |  |  |  |  |  |  |  |  |  |  |  |
|  |  |  |  |  | 压力差 |  |  |  |  |  |  |  |  |  |  |  |
|  |  |  |  |  | 实际压力差 $\Delta h$ |  |  |  |  |  |  |  |  |  |  |  |
|  |  |  | 0 |  | 压力计读数 |  |  |  |  |  |  |  |  |  |  |  |
|  |  |  |  |  | 压力差 |  |  |  |  |  |  |  |  |  |  |  |
|  |  |  |  |  | 实际压力差 $\Delta h$ |  |  |  |  |  |  |  |  |  |  |  |
|  |  | 2 | 1 |  | 压力计读数 |  |  |  |  |  |  |  |  |  |  |  |
|  |  |  |  |  | 压力差 |  |  |  |  |  |  |  |  |  |  |  |
|  |  |  |  |  | 实际压力差 $\Delta h$ |  |  |  |  |  |  |  |  |  |  |  |
|  |  | 2 | 1 |  | 压力计读数 |  |  |  |  |  |  |  |  |  |  |  |
|  |  |  |  |  | 压力差 |  |  |  |  |  |  |  |  |  |  |  |
|  |  |  |  |  | 实际压力差 $\Delta h$ |  |  |  |  |  |  |  |  |  |  |  |
|  |  | 2 | 1 |  | 压力计读数 |  |  |  |  |  |  |  |  |  |  |  |
|  |  |  |  |  | 压力差 |  |  |  |  |  |  |  |  |  |  |  |
|  |  |  |  |  | 实际压力差 $\Delta h$ |  |  |  |  |  |  |  |  |  |  |  |

续表

| 项目 | 反应瓶号 | 营养投量/mL | 营养液投量/mL | 污泥量/mg | 记录 | | | | | | | | | | | 预处理条件 |
|---|---|---|---|---|---|---|---|---|---|---|---|---|---|---|---|---|
| | | | | | 测压管读数及 $\Delta h$ 值 | 时间/h | | | | | | | | | | |
| | | | | | | 0 | 0.25 | 0.5 | 1 | 2 | 3 | 4 | 5 | 6 | 7 | |
| | | | | | 压力计读数 | | | | | | | | | | | |
| | | 2 | 1 | | 压力差 | | | | | | | | | | | |
| | | | | | 实际压力差 $\Delta h$ | | | | | | | | | | | |
| | | | | | 压力计读数 | | | | | | | | | | | |
| | | 2 | 1 | | 压力差 | | | | | | | | | | | |
| | | | | | 实际压力差 $\Delta h$ | | | | | | | | | | | |
| | | | | | 压力计读数 | | | | | | | | | | | |
| | | 2 | 1 | | 压力差 | | | | | | | | | | | |
| | | | | | 实际压力差 $\Delta h$ | | | | | | | | | | | |
| | | | | | 压力计读数 | | | | | | | | | | | |
| | | 2 | 1 | | 压力差 | | | | | | | | | | | |
| | | | | | 实际压力差 $\Delta h$ | | | | | | | | | | | |
| | | | | | 压力计读数 | | | | | | | | | | | |
| | | 2 | 1 | | 压力差 | | | | | | | | | | | |
| | | | | | 实际压力差 $\Delta h$ | | | | | | | | | | | |
| | | | | | 压力计读数 | | | | | | | | | | | |
| | | 2 | 1 | | 压力差 | | | | | | | | | | | |
| | | | | | 实际压力差 $\Delta h$ | | | | | | | | | | | |
| | | | | | 压力计读数 | | | | | | | | | | | |
| | | 2 | 1 | | 压力差 | | | | | | | | | | | |
| | | | | | 实际压力差 $\Delta h$ | | | | | | | | | | | |

表 4-13-4 瓦呼仪试验计算表

实验日期 年 月 日

| 项目 | 反应瓶号 | $K\times$ 1.429 | 污泥量 /mg | 计算 | 时间 /h | | | | | | | | | | 计算项目 | | | | |
|---|---|---|---|---|---|---|---|---|---|---|---|---|---|---|---|---|---|---|---|
| | | | | | 0.25 | 0.5 | 1 | 2 | 3 | 4 | 5 | 6 | 7 | | $\sum\Delta h$ | | | | |
| 内源呼吸 | | | | $\Delta h$/mm | | | | | | | | | | | | | | | |
| | | | | $X_i$ | | | | | | | | | | | | | | | |
| | | | | $G_i$ | | | | | | | | | | | | | | | |
| | | | | $\sum G_i$ | | | | | | | | | | | | | | | |
| | | | | $\Delta h$/mm | | | | | | | | | | | | | | | |
| | | | | $X_i$ | | | | | | | | | | | | | | | |
| | | | | $G_i$ | | | | | | | | | | | | | | | |
| | | | | $\sum G_i$ | | | | | | | | | | | | | | | |
| | | | | $\Delta h$/mm | | | | | | | | | | | | | | | |
| | | | | $X_i$ | | | | | | | | | | | | | | | |
| | | | | $G_i$ | | | | | | | | | | | | | | | |
| | | | | $\sum G_i$ | | | | | | | | | | | | | | | |
| | | | | $\Delta h$/mm | | | | | | | | | | | | | | | |
| | | | | $X_i$ | | | | | | | | | | | | | | | |
| | | | | $G_i$ | | | | | | | | | | | | | | | |
| | | | | $\sum G_i$ | | | | | | | | | | | | | | | |
| | | | | $\Delta h$/mm | | | | | | | | | | | | | | | |
| | | | | $X_i$ | | | | | | | | | | | | | | | |
| | | | | $G_i$ | | | | | | | | | | | | | | | |
| | | | | $\sum G_i$ | | | | | | | | | | | | | | | |
| | | | | $\Delta h$/mm | | | | | | | | | | | | | | | |
| | | | | $X_i$ | | | | | | | | | | | | | | | |
| | | | | $G_i$ | | | | | | | | | | | | | | | |
| | | | | $\sum G_i$ | | | | | | | | | | | | | | | |

续表

| 项目 | 反应瓶号 | K×1.429 | 污泥量/mg | 计算 | 时间/h | | | | | | | | | | 计算项目 | | | | |
|---|---|---|---|---|---|---|---|---|---|---|---|---|---|---|---|---|---|---|---|
| | | | | | 0.25 | 0.5 | 1 | 2 | 3 | 4 | 5 | 6 | 7 | | $\sum\Delta h$ | | | | |
| | | | | $\Delta h$/mm | | | | | | | | | | | | | | | |
| | | | | $X_i$ | | | | | | | | | | | | | | | |
| | | | | $G_i$ | | | | | | | | | | | | | | | |
| | | | | $\sum G_i$ | | | | | | | | | | | | | | | |
| | | | | $\Delta h$/mm | | | | | | | | | | | | | | | |
| | | | | $X_i$ | | | | | | | | | | | | | | | |
| | | | | $G_i$ | | | | | | | | | | | | | | | |
| | | | | $\sum G_i$ | | | | | | | | | | | | | | | |
| | | | | $\Delta h$/mm | | | | | | | | | | | | | | | |
| | | | | $X_i$ | | | | | | | | | | | | | | | |
| | | | | $G_i$ | | | | | | | | | | | | | | | |
| | | | | $\sum G_i$ | | | | | | | | | | | | | | | |
| | | | | $\Delta h$/mm | | | | | | | | | | | | | | | |
| | | | | $X_i$ | | | | | | | | | | | | | | | |
| | | | | $G_i$ | | | | | | | | | | | | | | | |
| | | | | $\sum G_i$ | | | | | | | | | | | | | | | |
| | | | | $\Delta h$/mm | | | | | | | | | | | | | | | |
| | | | | $X_i$ | | | | | | | | | | | | | | | |
| | | | | $G_i$ | | | | | | | | | | | | | | | |
| | | | | $\sum G_i$ | | | | | | | | | | | | | | | |
| | | | | $\Delta h$/mm | | | | | | | | | | | | | | | |
| | | | | $X_i$ | | | | | | | | | | | | | | | |
| | | | | $G_i$ | | | | | | | | | | | | | | | |
| | | | | $\sum G_i$ | | | | | | | | | | | | | | | |
| | | | | $\Delta h$/mm | | | | | | | | | | | | | | | |
| | | | | $X_i$ | | | | | | | | | | | | | | | |
| | | | | $G_i$ | | | | | | | | | | | | | | | |
| | | | | $\sum G_i$ | | | | | | | | | | | | | | | |
| | | | | $\Delta h$/mm | | | | | | | | | | | | | | | |
| | | | | $X_i$ | | | | | | | | | | | | | | | |
| | | | | $G_i$ | | | | | | | | | | | | | | | |
| | | | | $\sum G_i$ | | | | | | | | | | | | | | | |

6. 注意事项

读数及记录操作应尽可能迅速，作为温度及压力对照的2、1两瓶应分别在第一个及最后一个读数，以修正操作时间的影响（即从测压管2开始读数，然后3，4，5……最后是测压管1）。读数、记录全部操作完成后即迅速开启振摇开关，使实验继续进行，待测压管读数降至50mm以下时，需开启闭管顶部三通放气。再将闭管液位调至150mm。并记录此时开管液位高度。

7. 思考题

（1）你认为利用瓦呼仪测定废水可生化性是否可靠？有何局限性？

（2）你在实验过程中曾发现哪些异常现象？试分析其原因及解决办法。

（3）了解其他鉴定可生化性的方法。

## 实验十四　活性污泥动力学参数的测定实验

1. 实验目的

（1）通过本实验进一步加深对污水生物处理的机理及生化反应动力学的理解。

（2）了解活性污泥动力学参数测定的意义。

（3）掌握间歇式生化反应求定活性污泥反应动力学参数的方法。

2. 实验原理

活性污泥反应动力学是以酶工程的米歇里斯-门坦（Michaelis-Menton）方程和生化工程中的莫诺特（Monod）方程为基础的，主要包括底物降解动力学和微生物增值动力学。它能通过数学式定量地或半定量地揭示活性污泥系统内有机物降解、污泥增长、耗氧等作用与各项设计参数以及环境因素之间的关系，对工程设计与优化管理有着一定的指导意义。但是，活性污泥反应是多种基质和多种混合微生物参与的一系列类型不同、产物不同的生化反应的综合，因此反应速率与过程均受到系统中多种环境因素的影响。在应用动力学方程时，应根据具体的条件，包括所处理的废水成分、温度等实验确定动力学参数。活性污泥法动力学参数有$K_s$、$V_{\max}$（$q_{\max}$）、$Y$、$K_d$。

在建立活性污泥法反应动力学模型时，有以下假设：

① 除特别说明外，都认为反应器内物料是完全混合的，对于推流式曝气池系统，则是在此基础上加以修正；

② 活性污泥系统的运行条件绝对稳定；

③ 二次沉淀池内无微生物活动，也无污泥累积并且水与固体分离良好；

④ 进水基质均为溶解性的，并且浓度不变，也不含微生物；

⑤ 系统中不含有毒物质和抑制物质。

（1）$K_s$、$V_{\max}$（$q_{\max}$）的确定

莫诺特模式

$$v=v_{\max}\cdot\frac{S}{K_s+S}$$

有机基质的降解速率等于其被微生物的利用速率，即

$$v=q=\left(\frac{\mathrm{d}s}{\mathrm{d}t}\right)_u\Big/X$$

将式

$$v=v_{\max}\cdot\frac{S_e}{K_s+S_e}$$

取倒数，得 $$\frac{1}{v}=\frac{K_s}{v_{\max}}\cdot\frac{1}{S_e}+\frac{1}{v_{\max}}$$

式中 $$v=q=-\frac{(\mathrm{d}s/\mathrm{d}t)_u}{x}$$

所以 $$\frac{1}{v}=\frac{1}{q}=\frac{X}{(\mathrm{d}s/\mathrm{d}t)_u}=\frac{tX}{S_i-S_e}=\frac{VX}{Q(S_i-S_e)}$$

取不同的 $Q$ 值，即可计算出$\frac{1}{v}=\frac{1}{q}$值，绘制$\frac{1}{v}$-$\frac{1}{Se}$关系图，图中直线的斜率为$\frac{K_s}{v_{\max}}$值，截距为$\frac{1}{v_{\max}}$值，从而可确定 $K_s$ 和 $v_{\max}$ 值。

（2）$Y$、$K_d$ 值的确定

由于 $\frac{\mathrm{d}x}{\mathrm{d}t}=Y\left(\frac{\mathrm{d}s}{\mathrm{d}t}\right)_u-K_dx$ 且 $\theta_c=\frac{(X)_t}{(\Delta x/\Delta t)_T}=\frac{x}{\mathrm{d}x/\mathrm{d}t}$

式中 $Y$——微生物产率系数；

$K_d$——自氧化系数。

经整理后可得 $\frac{1}{\theta_c}=Y\cdot q-K_d$ 以及 $q=\frac{(\mathrm{d}s/\mathrm{d}t)_u}{X}=\frac{S_i-S_e}{tX}=\frac{Q\ (S_i-S_e)}{VX}$

取不同的 $\theta_c$ 值，并由此可以得出不同的 $S_e$ 值，代入上式，可得出一系列 $q$ 值。

绘制的 $q-\frac{1}{\theta_c}$关系图，图中直线的斜率为 $Y$ 值，截距为 $K_d$ 值。

3. 实验设备与试剂

实验装置由 5 个反应器及配水，投水系统、空压机等组成（见图 4-14-1）。

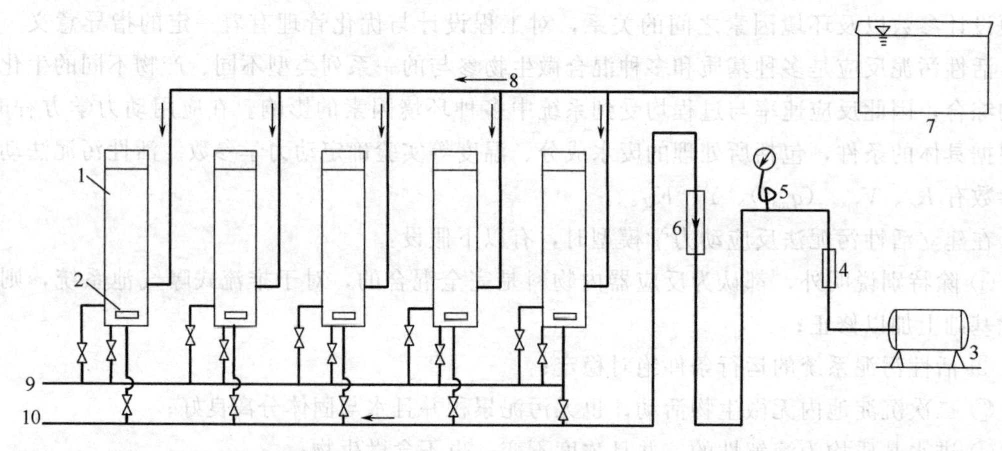


图 4-14-1 间歇式生化反应动力学常数测定装置

1—反应罐；2—布气头；3—空压机；4—过滤器；5—压力表；6—气体转子流量计；7—投配水箱；8—配水管；9—排水与放空；10—进气管

（1）生化反应器为五组有机玻璃柱，内径 $D=190$mm、高 $H=600$mm，池底装有十字形孔眼 0.5mm 的穿孔曝气器，池顶有 10cm 保护高，有效容积为 14.2L。

（2）配水与投配系统、钢板池或其他盛水容器均可。

（3）空压机及过滤器。

（4）COD 测定仪、玻璃器皿。

（5）马弗炉。

(6) 瓷坩埚。

(7) 葡萄糖。

(8) 三氯化铁。

(9) 硫酸铵。

(10) 磷酸二氢钾。

(11) 氯化钙。

(12) 硫酸镁。

4. 实验步骤

(1) 按表 4-14-1 配制污水，以避免因进水水质波动对实验产生的影响。

**表 4-14-1 人工配制污水的配方**

| 药　剂 | 投加浓度/(mg/L) | 药　剂 | 投加浓度/(mg/L) |
| --- | --- | --- | --- |
| 葡萄糖 | 200～650 | 三氯化铁 | 0.8～2.5 |
| 硫酸铵 | 72～215 | 氯化钙 | 0.2～0.5 |
| 磷酸二氢钾 | 12.5～37.5 | 硫酸镁 | 0.2～0.5 |

(2) 采用接种培养法，培养驯化活性污泥，即由运行正常的城市污水处理厂中取回活性污泥，浓缩后投入反应器内，保持池内活性污泥浓度为 2.5g/L 左右。

(3) 加入人工配制污水。

(4) 进行曝气充氧。

(5) 曝气 20h 左右，按污泥龄 7d、6d、5d、4d、3d，用虹吸法排去池内混合液。

(6) 将反应器内剩余混合液静沉 1.0h。

(7) 去除上清液，重复步骤 3～6 继续实验，并取样测定原水 COD 值 $S_i$ 及各反应器中的上清液 COD 值 $S_e$、污泥浓度 $X$，连续运行半个月左右，将有关数据分别记录表 4-14-2。

**表 4-14-2 间歇式生化反应动力学参数求定实验记录及成果整理**

| $Q$/(L/d) | $S_i$/(mg/L) | $S_e$/(mg/L) | $X$/(gVSS/L) | $Q_w$/(L/d) | $q$/(kg/kg·d) | $\theta_c$/d |
| --- | --- | --- | --- | --- | --- | --- |
| | | | | | | |
| | | | | | | |
| | | | | | | |
| | | | | | | |
| | | | | | | |

5. 实验结果整理

(1) 整理原始数据，分别计算出 $S_i$、$S_e$、$X$、$q$、$\theta_c$ 值，其中

$$\frac{1}{q}=\frac{VX}{Q(S_i-S_e)} \qquad \theta_c=\frac{VX}{\Delta X} \qquad \Delta X=Q_w X$$

(2) 以 $1/S_e$ 为横坐标，$1/v$ 为纵坐标，通过作图法或一元线性回归可求 $V_{max}$，$K_s$ 值。

(3) 以 $q$ 为横坐标，以 $1/\theta_c$ 为纵坐标，通过作图法或一元线性回归可求出 $y$、$K_d$ 值。

6. 注意事项

(1) 反应器内混合液应保持完全混合状态。

(2) 反应过程中排污量应通过所选的污泥龄来确定。

7. 思考题

（1）活性污泥动力学参数的测定对实际水处理工程中有何作用？

（2）上述动力学参数公式是否适合于推流式反应器？

## 实验十五　生物转盘实验

1. 实验目的

（1）了解生物转盘反应器的基本构造。

（2）了解生物转盘的挂膜技术。

（3）掌握生物转盘的对废水的处理技术。

2. 实验原理

生物转盘又称旋转式生物反应器，它是由盘片、接触反应槽、转轴和驱动装置等部分组成。盘片成组串联在转轴上，转轴支承在半圆形反应槽两端的支座上。转轴约有40%浸没在槽内的污水中。

生物转轴运转时，污水在反应槽中顺盘片间隙流动，盘片在转轴带动下缓慢转动，污水中的有机污染物为转盘上的生物膜所吸附。当这部分盘片转离水面时，盘片表面形成一层污水薄膜，空气中的氧不断地溶解到水膜中，生物膜中的微生物吸收溶解氧，氧化分解被吸附的有机污染物。盘片转动一周，即进行一次吸附-吸氧-氧化分解的过程。转盘不断转动，污染物不断地被氧化分解，生物膜也逐渐变厚，衰老的生物膜在水流剪切力作用下脱落，并随污水排至沉淀池。转盘转动也使槽中污水不断地被搅动充氧，脱落的生物膜在槽中呈悬浮状态，继续起净化作用，因此生物转盘兼有活性污泥池的功能（图4-15-1）。

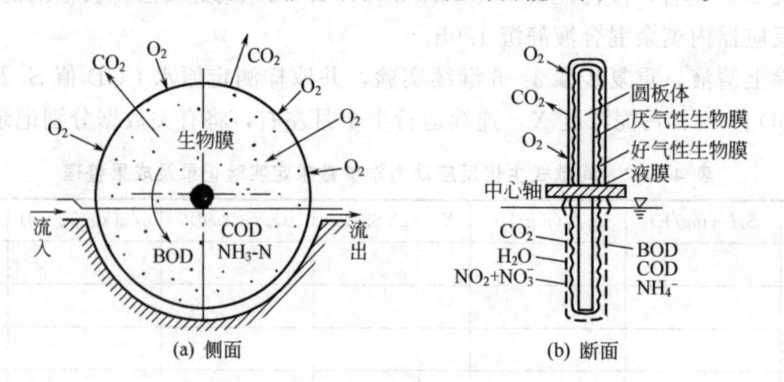


图4-15-1　生物转盘净化反应过程与物质传递示意图

3. 实验设备与试剂

（1）生物转盘反应器（上海嘉定封浜模型厂）。

（2）COD快速测定仪。

（3）取样管。

（4）秒表。

4. 实验步骤

（1）挂膜和驯化。先取约4L的下水沟中的污水（近中性含大量微生物）用水1∶1的比例稀释后加入槽内，让水体中的微生物自行附着在盘片上生长，待5～6d后盘片附上一层黏滑物时，可适当地加入一些低负荷废水对膜进行驯化和培养。待生物膜稳定形成，便可进行污水处理的实验工作。

（2）转盘转速对 COD 去除的影响。生物转盘反应器的转盘转速是个重要的操作参数，转数增加有利于提高生物膜固液界面的传质速率，也有利于提高液相的溶解氧浓度，但剪切力的增加加剧了生物膜的剥落。通过实验不同转速条件下 COD 的去除情况，确定最佳转盘转速。

（3）停留时间对 COD 去除的影响。在最佳转盘转速下，分别测定停留时间为 1h、5h、10h、15h、20h、40h 下出水 COD，确定最佳停留时间。进而确定对生活污水的 COD 去除率。

（4）分别在一、二、三级生物转盘上刮去少量生物膜样进行镜检，观察微生物分布上有何不同。

5. 实验结果整理

（1）绘制 COD 去除率与转盘转速的关系曲线，确定最佳转盘转速。

（2）绘制 COD 去除率与停留时间的关系曲线，确定最佳停留时间。

（3）确定达预期效果时 COD 面积负荷率 $N_A$，水力负荷率 $N_q$。

$$N_A=\frac{QS_0}{A}\ [\mathrm{gCOD/(m^2 \cdot d)}] \qquad N_q=\frac{Q}{A}\times 10^3\ [\mathrm{L/(m^2 \cdot d)}]$$

式中　$Q$——原污水流量，$m^3/d$；

$S_0$——原污水 COD 值，$g/m^3$；

$A$——转盘盘片全部外表面积，$m^2$。

（4）描述三级转盘上微生物的镜检结果。

6. 注意事项

（1）转盘转速要保持稳定，应设稳压装置。

（2）转盘转速，不易过快，否则容易导致生物膜的脱落。

7. 思考题

（1）生物转盘是如何完成对废水的净化？影响生物转盘的处理效率的因素有哪些？

（2）生物转盘在水处理当中与其他活性污泥方法相比有何优点？

# 实验十六　离子交换软化实验

## 一、强酸性阳离子交换树脂交换容量的测定

1. 实验目的

（1）加深对强酸性阳离子交换树脂交换容量的理解。

（2）掌握测定强酸性阳离子交换树脂交换容量的方法。

2. 实验原理

交换容量是交换树脂最重要的性能，它定量地表示树脂交换能力的大小。树脂交换容量在理论上可以从树脂单元结构式粗略地计算出来。以强酸性苯乙烯系阳离子交换树脂为例，其单元结构式为

```
        —CH—CH₂—
          |
          C
       //   \
H—C          CH
  |          ||
H—C          C—H
    \\     /
       C
       |
     SO₃H
```

单元结构式中共有 8 个碳原子、8 个氢原子、3 个氧原子、1 个硫原子，其相对分子质量为

$$8\times 12.011+8\times 1.008+3\times 15.994+1\times 32.06=184.2$$

只有强酸基团 $SO_3H$ 中的 H 遇水电离形式 $H^+$ 可以交换，即每 184.2g 干树脂中只有 1g 可交换离子。

强酸性阳离子交换树脂交换容量测定前需经过预处理，即经过酸碱轮流浸泡，以去除树脂表面的可溶性杂质。测定阳离子交换树脂容量常采用碱滴定法，用酚酞作指示剂，按下式计算交换容量。

$$E=\frac{MV}{W\times \text{固体含量（\%）}}\ [\text{mmol/g(干氢树脂)}] \quad (4\text{-}16\text{-}1)$$

式中 $M$——NaOH 标准溶液的浓度，mmol/mL；

$V$——NaOH 标准溶液的用量，mL；

$W$——样品湿树脂质量，g。

3. 实验设备与试剂

（1）万分之一克精度天平 1 架。

（2）烘箱 1 台。

（3）干燥器 1 个。

（4）250mL 三角烧瓶 2 个。

（5）10mL 移液管 2 支。

（6）强酸性阳离子交换树脂。

（7）1mol/L HCl 溶液 1000mL。

（8）1mol/L NaOH 溶液 1000mL。

（9）0.5mol/L NaCl 溶液 1000mL。

（10）1%酚酞乙醇溶液。

4. 实验步骤

（1）强酸性阳离子交换树脂的预处理　取样品约 10g 以 1mol/L 盐酸及 1mol/L NaOH 轮流浸泡，即按酸-碱-酸-碱-酸顺序浸泡 5 次，每次 2h，浸泡液体积约为树脂体积的 2～3 倍。在酸碱互换时应用 200mL 无离子水进行洗涤。5 次浸泡结束用无离子水洗涤至溶液呈中性。

（2）测强酸性阳离子交换树脂固体含量（%）　称取双份 1.0000g 的样品，将其中一份放入 105～110℃烘箱中约 2h，烘干至恒重后放入氯化钙干燥器中冷却至室温，称量，记录干燥后的树脂质量。

$$\text{固体含量}=\text{干燥后的树脂质量}\times 100/\text{样品质量} \quad (4\text{-}16\text{-}2)$$

（3）强酸性阳离子交换树脂交换容量的测定　将一份 1.0000g 的样品置于 250mL 三角烧瓶中，投加 0.5mol/L NaCl 溶液 100mL 摇动 5min，放置 2h 后加入 1%酚酞指示剂 3 滴，用标准 0.10000mol/L NaOH 溶液进行滴定，至呈微红色 15s 不退，即为终点。记录 NaOH 标准溶液的物质的量浓度及用量（表 4-16-1）。

表 4-16-1　强酸性阳离子交换树脂交换容量测定记录

| 湿树脂样品质量 $W$/g | 干燥后的树脂质量 $W_1$/g | 树脂固体含量 /% | NaOH 标准溶液的物质的量浓度 | NaOH 标准溶液的用量 $V$/mL | 交换容量 /(mmol/g 干氢树脂) |
|---|---|---|---|---|---|
| | | | | | |

5. 实验结果整理

（1）根据实验测定数据计算树脂固体含量。

（2）根据实验测定数据计算树脂交换容量。

6. 注意事项

（1）在操作过程中，要认真仔细。

（2）烘干时一定要按规定调好温度。

7. 思考题

（1）测定强酸性阳离子交换树脂的交换容量为何用强碱液 NaOH 滴定?

（2）写出本实验有关化学反应式。

**二、软化实验**

1. 实验目的

（1）熟悉顺流再生固定床运行操作过程。

（2）加深对钠离子交换基本理论的理解。

2. 实验原理

当含有钙盐及镁盐的水通过装有阳离子交换树脂的交换器时，水中的 $Ca^{2+}$ 及 $Mg^{2+}$ 便与树脂中的可交换离子（$Na^+$ 或 $H^+$）交换，使水中 $Ca^{2+}$、$Mg^{2+}$ 含量降低或基本上全部去除，这个过程叫做水的软化。树脂失效后要进行再生，即把树脂上吸附的钙、镁离子置换出来，代之以新的可交换离子。钠离子交换用食盐（NaCl）再生、氢离子交换用盐酸（HCl）或硫酸（$H_2SO_4$）再生。基本反应式如下。

（1）钠离子交换

软化

$$2RNa+\left\{\begin{matrix}Ca(HCO_3)_2\\CaCl_2\\CaSO_4\end{matrix}\right\}\longrightarrow R_2Ca+\left\{\begin{matrix}2NaHCO_3\\2NaCl\\Na_2SO_4\end{matrix}\right\}$$

$$2RNa+\left\{\begin{matrix}Mg(HCO_3)_2\\MgCl_2\\MgSO_4\end{matrix}\right\}\longrightarrow R_2Mg+\left\{\begin{matrix}2NaHCO_3\\2NaCl\\Na_2SO_4\end{matrix}\right\}$$

再生

$$R_2Ca+2NaCl\longrightarrow 2RNa+CaCl_2$$

$$R_2Mg+2NaCl\longrightarrow 2RNa+MgCl_2$$

（2）氢离子交换

交换

$$2RH+\left\{\begin{matrix}Ca(HCO_3)_2\\CaCl_2\\CaSO_4\end{matrix}\right\}\longrightarrow R_2Ca+\left\{\begin{matrix}2H_2CO_3\\2HCl\\H_2SO_4\end{matrix}\right\}$$

$$2RH+\left\{\begin{matrix}Mg(HCO_3)_2\\MgCl_2\\MgSO_4\end{matrix}\right\}\longrightarrow R_2Mg+\left\{\begin{matrix}2H_2CO_3\\2HCl\\H_2SO_4\end{matrix}\right\}$$

再生

$$R_2Ca+\left\{\begin{matrix}2HCl\\H_2SO_4\end{matrix}\right\}\longrightarrow 2RH+\left\{\begin{matrix}CaCl_2\\CaSO_4\end{matrix}\right\}$$

$$R_2Mg+\left\{\begin{matrix}2HCl\\H_2SO_4\end{matrix}\right\}\longrightarrow 2RH+\left\{\begin{matrix}MgCl_2\\MgSO_4\end{matrix}\right\}$$

钠离子交换的最大优点是不出酸性水，但不能脱碱；氢离子交换能去除碱度，但出酸性

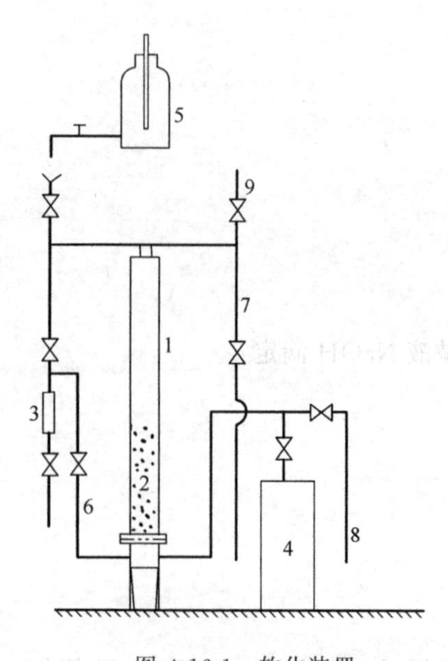


图 4-16-1 软化装置

1—软化柱；2—阳离子交换树脂；3—转子流量计；4—软化水箱；5—定量投再生液瓶；6—反洗进水管；7—反洗排水管；8—清洗排水管；9—排气管

水。本实验采用钠离子交换。

3. 实验设备与试剂

（1）软化装置1套，如图 4-16-1。

（2）100mL 量筒 1 个、秒表 1 块（控制再生液流量用)。

（3）2000mm 钢卷尺1个。

（4）测硬度所需用品及测定方法详见水质分析书籍。

（5）食盐数百克。

4. 实验步骤

（1）熟悉实验装置，搞清楚每条管路、每个阀门的作用。

（2）测原水硬度，测量交换柱内径及树脂层高度（表 4-16-2)。

（3）将交换柱内树脂反洗数分钟，反洗流速采用 15 m/h，以去除树脂层的气泡。

（4）软化。运行流速采用 15m/g，每隔 10min 测一次水硬度，测两次并进行比较。

（5）改变运行流速。流速分别取 20m/h、25m/h、30m/h，每个流速下运行 5min，测出水硬度（表 4-16-3)。

表 4-16-2 原水硬度及实验装置有关数据

| 原水硬度(以 $CaCO_3$ 计)/(mg/L) | 交换柱内径/cm | 树脂层高度/cm | 树脂名称及型号 |
|---|---|---|---|
| | | | |

表 4-16-3 交换实验记录

| 运行流速/(m/h) | 运行流量/(L/h) | 运行时间/min | 出水硬度(以 $CaCO_3$ 计)/(mg/L) |
|---|---|---|---|
| 15 | | 10 | |
| 15 | | 10 | |
| 20 | | 5 | |
| 25 | | 5 | |
| 30 | | 5 | |

（6）反洗。冲洗水用自来水，反洗流速采用 15m/h，反洗时间 15min。反洗结束将水放到水面高于树脂表面 10cm 左右（表 4-16-4)。

（7）根据软化装置树脂工作交换容量、树脂体积、顺流再生钠离子交换 NaCl 耗量以及食盐 NaCl 含量（海盐 NaCl 含量≥80%～93%)，计算再生一次所需食盐量。配制含量 10%的食盐再生液。

（8）再生。再生流速采用 3～5m/h。调节定量投再生液瓶出水阀门，开启度大小以控制再生流速为度。再生液用毕时，将树脂在盐液中浸泡数分钟（表 4-16-5)。

（9）清洗。清洗流速采用 15m/h，每 5min 测一次出水硬度，有条件时还可测氯根，直至出水水质合乎要求时为止。清洗时间约需 50min（表 4-16-6)。

（10）清洗完毕结束实验，交换柱内树脂应浸泡在水中。

表 4-16-4　反洗记录

| 反洗流速/(m/h) | 反洗流量/(L/h) | 反洗时间/min |
| --- | --- | --- |
| | | |

表 4-16-5　再生记录

| 再生一次所需食盐量/kg | 再生一次所需浓度10%的食盐再生液/L | 再生流速/(m/h) | 再生流量/(mL/s) |
| --- | --- | --- | --- |
| | | | |

表 4-16-6　清洗记录

| 清洗流速/(m/h) | 清洗流量/(L/h) | 清洗历时/min | 出水硬度(以 $CaCO_3$ 计)/(mg/L) |
| --- | --- | --- | --- |
| 15 | | 5 | |
| 15 | | 10 | |
| 15 | | ⋮ | |
| 15 | | 50 | |

5. 实验结果整理

(1) 绘制不同运行流速与出水硬度关系的变化曲线。

(2) 绘制不同清洗历时与出水硬度关系的变化曲线。

6. 注意事项

(1) 反冲洗时注意流量大小，不要将树脂冲走。

(2) 再生溶液没有经过过滤器，宜用精制食盐配制。

7. 思考题

(1) 本实验钠离子交换运行出水硬度是否小于0.05mmol？影响出水硬度的因素有哪些？

(2) 影响再生剂用量的因素有哪些？再生液浓度过高或过低有何不利？

(3) 做完本实验感到有什么不足？有何进一步设想？

## 实验十七　污泥过滤脱水——污泥比阻的测定实验

1. 实验目的

(1) 通过实验掌握污泥比阻的测定方法。

(2) 掌握用布氏漏斗实验选择混凝剂。

(3) 掌握确定污泥的最佳混凝剂投加量。

2. 实验原理

污泥比阻是表示污泥过滤特性的综合性指标，它的物理意义是：单位质量的污泥在一定压力下过滤时在单位过滤面积上的阻力。求此值的作用是比较不同的污泥（或同一种污泥加入不同量的混剂后）的过滤性能。污泥比阻愈大，过滤性能愈差。

过滤时滤液体积 $V$（mL）与推动力 $p$（过滤时的压强降，$g/cm^2$），过滤面积 $F$（$cm^2$），过滤时间 $t$（s）成正比；而与过滤阻力 $R$（$cm \cdot s^2/mL$），滤液黏度 $\mu$[$g/(cm \cdot s)$] 成反比。

$$V=\frac{pFt}{\mu R}\ (\text{mL}) \tag{4-17-1}$$

过滤阻力包括滤渣阻力 $R_z$ 和过滤隔层阻力 $R_g$ 构成。而阻力 $R$ 随滤渣层的厚度增加而增大，过滤速度则减少。因此将式（4-17-1）改写成微分形式

$$\frac{\mathrm{d}V}{\mathrm{d}t}=\frac{pF}{\mu\ (R_z+R_g)} \tag{4-17-2}$$

由于 $R_g$ 比 $R_z$ 相对说较小，为简化计算，姑且忽略不计。

$$\frac{\mathrm{d}V}{\mathrm{d}t}=\frac{pF}{\mu\alpha'\delta}=\frac{pF}{\mu\alpha\ \dfrac{C'V}{F}} \tag{4-17-3}$$

式中 $\alpha'$——单位体积污泥的比阻；

$\delta$——滤渣厚度；

$C'$——获得单位体积滤液所得的滤渣体积。

如以滤渣干重代替滤渣体积，单位质量污泥的比阻代替单位体积污泥的比阻，则（4-17-3）式可改写为

$$\frac{\mathrm{d}V}{\mathrm{d}t}=\frac{pF^2}{\mu\alpha CV} \tag{4-17-4}$$

式中，$\alpha$ 为污泥比阻，在 $CGS$ 制中，其量纲为 $\mathrm{s^2/g}$，在工程单位制中其量纲为 cm/g。在定压下，在积分界线由 $o$ 到 $t$ 及 $o$ 到 $V$ 内对式（4-17-4）积分，可得

$$\frac{t}{V}=\frac{\mu\alpha C}{2pF^2}\cdot V \tag{4-17-5}$$

式（4-17-5）说明在定压下过滤，$t/V$ 与 $V$ 成直线关系，其斜率为

$$b=\frac{t/V}{V}=\frac{\mu\alpha C}{2pF^2}$$

$$\alpha=\frac{2pF^2}{\mu}\cdot\frac{b}{C}=K\frac{b}{C} \tag{4-17-6}$$

因此，为求得污泥比阻，需要在实验条件下求出 $b$ 及 $C$。

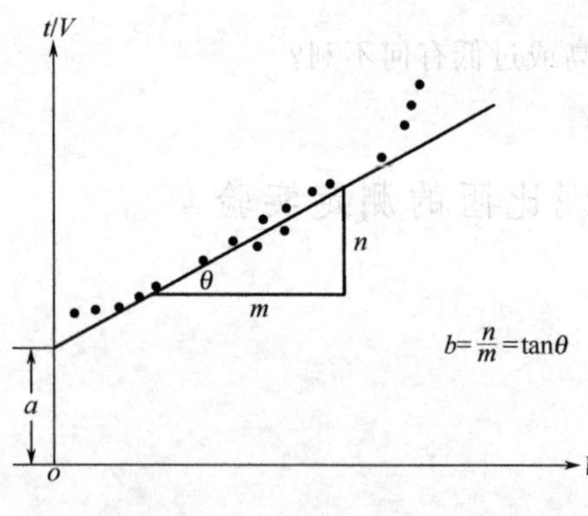


图 4-17-1　图解法求 $b$ 示意图

$b$ 的求法。可在定压下（真空度保持不变）通过测定一系列的 $t\sim V$ 数据，用图解法求斜率（见图 4-17-1）。

$C$ 的求法。根据所设定义

$$C=\frac{(Q_0-Q_y)C_d}{Q_y}\ (\text{g 滤饼干重/mL 滤液}) \tag{4-17-7}$$

式中 $Q_0$——污泥量，mL；

$Q_y$——滤液量，mL；

$C_d$——滤饼固体浓度，g/mL。

根据液体平衡 $Q_0=Q_y+Q_d$

根据固体平衡 $Q_0C_0=Q_yC_y+Q_dC_d$

式中 $C_0$——污泥固体浓度，g/mL；

$C_y$——污泥固体浓度，g/mL；

$Q_d$——污泥固体滤饼量，mL。

可得 $$Q_y=\frac{Q_0\ (C_0-C_d)}{C_y-C_d}$$

代入式（4-17-7），化简后得

$$C=\frac{C_d \cdot C_0}{C_d-C_0}\ (\text{g/mL}) \tag{4-17-8}$$

上述求 $C$ 值的方法，必须测量滤饼的厚度方可求得，但在实验过程中测量滤饼厚度是很困难的且不易量准，故改用测滤饼含水比的方法。求 $C$ 值。

$$C=\frac{1}{\frac{100-G_i}{C_i}-\frac{100-C_f}{C_f}}\ (\text{g 滤饼干重/mL 滤液})$$

式中 $C_i$——100g 污泥中的干污泥量；

$C_f$——100g 滤饼中的干污泥量。

例如污泥含水比 97.7%，滤饼含水率为 80%。

$$C=\frac{1}{\frac{100-2.3}{2.3}-\frac{100-20}{20}}=\frac{1}{38.48}=0.0260(\text{g/mL})$$

一般认为比阻在 $10^9 \sim 10^{10}\,\text{s}^2/\text{g}$ 的污泥算作难过滤的污泥，比阻在（0.5～0.9）$\times 10^9\,\text{s}^2/\text{g}$ 的污泥算作中等，比阻小于 $0.4\times 10^9\,\text{s}^2/\text{g}$ 的污泥容易过滤。

投加混凝剂可以改善污泥的脱水性能，使污泥的比阻减小。对于无机混凝剂如 $FeCl_3$，$Al_2(SO_4)_3$ 等投加量，一般为污泥干质量的5%～10%高分子混凝剂如聚丙烯酰胺，碱式氯化铝等，投加量一般为干污泥质量的 1%。

3. 实验设备与试剂

（1）实验装置如图 4-17-2。

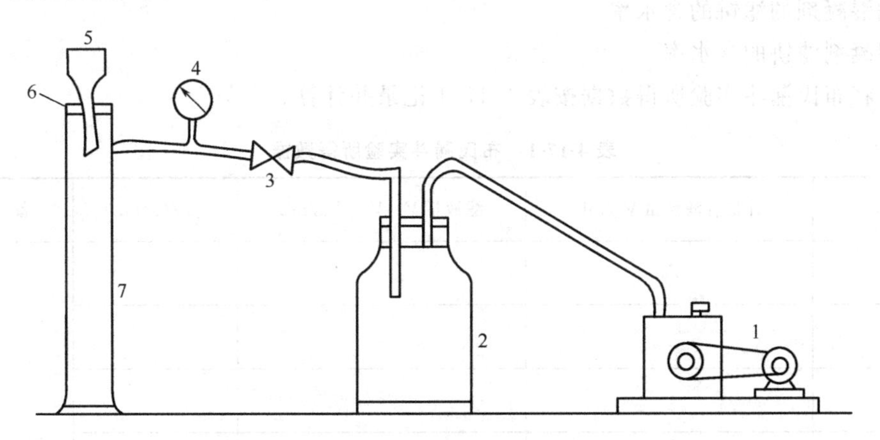


图 4-17-2 比阻实验装置图

1—真空泵；2—吸滤瓶；3—真空度调节阀；4—真空表；5—布氏漏斗；6—吸滤垫；7—计量管

（2）秒表；滤纸。

（3）烘箱。

（4）$FeCl_3$、$Al_2(SO_4)_3$。

（5）布氏漏斗。

4. 实验步骤

（1）测定污泥的含水率，求出其固体浓度 $C_0$。

(2) 配制 $FeCl_3$（10g/L）和 $Al_2(SO_4)_3$（10g/L）混凝剂。

(3) 用 $FeCl_3$ 混凝剂调节污泥（每组加一种混凝剂），加量分别为干污泥质量的 0%（不加混凝剂），2%，4%，6%，8%，10%。

(4) 在布氏漏斗上（直径 65～80mm）放置滤纸，用水润湿，贴紧周底。

(5) 开动真空泵，调节真空压力，大约比实验压力小 1/3［实验时真空压力采用 266mmHg（35.46kPa）或 532mmHg（70.93kPa）］关掉真空泵。

(6) 加入 100mL 需实验的污泥于布氏漏斗中，开动真空泵，调节真空压力至实验压力；达到此压力后，开始起动秒表，并记下开动时计量管内的滤液 $V_0$。

(7) 每隔一定时间（开始过滤时可每隔 10s 或 15s，滤速减慢后可隔 30s 或 60s）记下计量管内相应的滤液量。

(8) 一直过滤至真空破坏，如真空长时间不破坏，则过滤 20min 后即可停止。

(9) 关闭阀门取下滤饼放入称量瓶内称量。

(10) 称量后的滤饼于 105℃的烘箱内烘干称量。

(11) 计算出滤饼的含水比，求出单位体积滤液的固体量 $C$。

(12) 量取加 $Al_2(SO_4)_3$ 混凝剂的污泥（每组的加量与 $FeCl_3$ 量相同）及不加混凝剂的污泥，按实验步骤（2）～（11）分别进行实验。

5. 实验结果整理

(1) 测定并记录实验基本参数，记录格式如下。

实验日期

原污泥的含水率及固体浓度 $C_0$

实验真空度/mmHg❶

不加混凝剂的滤饼的含水率

加混凝剂滤饼的含水率

(2) 将布氏漏斗实验所得数据按表 4-17-1 记录并计算。

**表 4-17-1　布氏漏斗实验所得数据**

| 时间/s | 计量管滤液量 $V'$/mL | 滤液量 $V=V'-V_0$/mL | $\frac{t}{V}$/(s/mL) | 备　注 |
|---|---|---|---|---|
| 0 | $V_0$ | | | |
| | | | | |
| | | | | |
| | | | | |
| | | | | |
| | | | | |
| | | | | |

❶ 1mmHg=133.322Pa，下文同。

（3）以 $t/V$ 为纵坐标，$V$ 为横坐标作图，求 $b$。

（4）根据原污泥的含水率及滤饼的含水率求出 $C$。

（5）列表计算比阻值 $\alpha$（表 4-17-2 比阻值计算表）。

**表 4-17-2　比阻值计算表**

混凝剂　$FeCl_3$

| 污泥含水比/% | 污泥固体浓度/(g/cm³) | 混凝剂用量/% | $\lg 2=\frac{n}{m}=b$ /(s/cm⁶) | $K=\frac{2pF^2}{\mu}$ | | | | | | 皿+滤纸量/g | 皿+滤纸滤饼湿量/g | 皿+滤纸滤饼干重/g | 滤饼含水比/% | 单位体积滤液的固体量 $C$/(g/cm³) | 比阻值 $\alpha$/(s²/g) |
|---|---|---|---|---|---|---|---|---|---|---|---|---|---|---|---|
| | | | | 布氏漏斗 $d$/cm | 过滤面积 $F$/cm² | 面积平方 $F^2$/cm⁴ | 滤液黏度 $\mu$/[g/(cm·s)] | 真空压力 $p$/(g/cm²) | $K$ 值/(s·cm³) | | | | | | |
| | | | | | | | | | | | | | | | |
| | | | | | | | | | | | | | | | |
| | | | | | | | | | | | | | | | |
| | | | | | | | | | | | | | | | |
| | | | | | | | | | | | | | | | |

（6）以比阻为纵坐标，混凝剂投加量为横坐标，作图求出最佳投加量。

6. 注意事项

（1）检查计量管与布氏漏斗之间是否漏气。

（2）滤纸称量烘干，放到布氏漏斗内，要先用蒸馏水湿润，而后再用真空泵抽吸一下，滤纸要贴紧不能漏气。

（3）污泥倒入布氏漏斗内时，有部分滤液流入计量筒，所以正常开始实验后记录量筒内滤液体积。

（4）污泥中加混凝剂后应充分混合。

（5）在整个过滤过程中，真空度确定后始终保持一致。

7. 思考题

（1）判断生污泥、消化污泥脱水性能好坏，分析其原因。

（2）测定污泥比阻在工程上有何实际意义？

## 实验十八　自来水的深度处理实验

1. 实验目的

（1）掌握 NTHL-Y-1 型水处理仪器的操作方法。

（2）加深对砂滤、活性炭过滤、离子交换、精滤和臭氧消毒原理的了解。

（3）掌握 pH 值、电导率和细菌等的测定方法。

2. 实验原理

主要设备工作原理如下。

（1）机械过滤器是利用过滤器内所装填料来截留水中的悬浮物及黏胶质颗粒。过滤器内填料一般为石英砂、无烟煤、颗粒多孔陶瓷等，可根据实际需要选择使用。

（2）活性炭过滤器主要用于去除水中有机物、胶体硅、微生物、余氯、臭和味及部分重金属离子，其滤料为活性炭颗粒。

（3）阳离子过滤器主要作用是使水质软化、除盐，其填料为阳离子交换树脂。

（4）精密过滤器主要用于去除水中微细粒径的悬浮颗粒，其过滤精度为 1μm、3μm、5μm、10μm 等，根据实际需要选用。

（5）反渗透装置的工作原理。反渗透是用足够压力使溶液中的溶剂（一般常指水）通过反渗透膜（或称半透膜）而分离出来，因为它和自然渗透的方向相反，故称为反渗透。根据各种物料的不同渗透压，就可以使反渗透法达到进行分离、提取、纯化和浓缩的目的。

反渗透的主要对象是分离溶液中的离子。反渗透法由于分离过程不需要加热，没有相应的变化，具有耗能少、设备体积小、操作简单、适应性强、应用范围广等优点，在水处理方面应用范围日益扩大，已成为水处理技术的重要方法之一。

卷式元件是根据反渗透法原理，将半透膜、导流层、隔网按一定排列黏合及卷制在排孔的中心管上。在外界压力作用下，一部分水通过半透膜的孔渗透到导流层内，再顺导流层水道流到中心管的排孔，经中心管流出。剩余部分（称为浓水）从隔网层另一端排出。

（6）水气混合器主要作用是利用臭氧消毒杀菌能力强、杀菌速度快的特点。纯净水在高压作用下经喷嘴喷出在型腔中形成负压，臭氧在负压下带入混合管，经收缩、扩张，使臭氧与纯净水均匀混合达到杀灭细菌的目的。

3. 实验设备和试剂

（1）NTHL-Y-1 型水处理设备。

（2）康乐牌臭氧发生器。

（3）RO 膜元件。

4. 实验步骤

实验工艺流程如下。

原水→原水泵→机械过滤器→活性炭过滤器→阳离子过滤器→精过滤器→国产高压泵→反渗透装置→储水桶→增压泵→水气混合器→灌装使用点

（1）检查各管路是否按工艺要求接妥，电器线路是否完整，接线是否可靠。检查高、低压控制电接点压力表上、下限控制指针的位置；高压泵进口前的低压控制电接点压力表下限指针在 0.1MPa；高压泵出口的高压控制电接点压力表上限指针在 2.0MPa。

（2）开动预处理系统，打开过滤器的放气阀门，待放气阀门出水后，关闭放气阀门，预处理给水压力应指示在 0.15～0.35MPa 范围内。

（3）利用预处理给水压力，使水通过高压泵进入反渗透组件数分钟，以排除组件及管路中的空气。

(4) 反渗透装置开启之前，必须检查经预处理后的原水是否达到反渗透装置进水指标要求，否则该设备不得投入使用。

(5) 在任何情况下，反渗透装置周围的环境温度不得低于10℃和高于35℃，水温控制在20～25℃为宜。

(6) 打开高压泵进、出口阀门，浓水排放阀门，回水阀门和纯净水出口阀门；关闭各取样阀门。

(7) 检查高压泵转动部分是否灵活，油位是否在规定的位置上，如发现异常，应采取必要的措施予以处理。

(8) 开启反渗透装置的电源开关。

(9) 开启高压泵，低压运行（0.3～0.5MPa）3～5min，以冲洗膜元件，然后逐渐调节进水阀门和浓水排放阀门，使压力缓慢上升。当压力升至1.35～1.5MPa压力值时使压力稳定下来，设备正常运转。

(10) 检查各段压力，检查纯净水和浓水的流量是否正常，调整高压（浓水）阀门，以确保本装置的一级过滤回收率不大于75%，二级过滤回收率不大于90%。

(11) 本反渗透装置停车时，首先要逐渐降低工作压力，注意关机时严禁突然降压，避免反渗透膜元件损坏，每下降0.5MPa保压运行3min，压力下降至0.8MPa时关高压泵，最后关闭所有阀门，以保持反渗透组件内充满水。

(12) 关闭本装置电源开关，关闭预处理系统设备。

5. 实验结果整理

见表4-18-1。

**表4-18-1　实验结果记录表**

| 项　　目 | 处　理　前 | 处　理　后 |
| --- | --- | --- |
| 色度/度 | | |
| 浊度/度 | | |
| 臭和味 | | |
| 肉眼可见物 | | |
| pH值 | | |
| 电导率[25±1℃]/(μS/cm) | | |
| 氯化物(以$Cl^-$计)/(mg/L) | | |
| 铅/(mg/L) | | |
| 砷/(mg/L) | | |
| 铜/(mg/L) | | |
| 游离氯(以$Cl^-$计)/(mg/L) | | |
| 氰化物(以$CN^-$计)/(mg/L) | | |
| 挥发酚类(以苯酚计)/(mg/L) | | |
| 亚硝酸盐(以$NO_2^-$计)/(mg/L) | | |

6. 注意事项

(1) 开启设备前，应认真仔细阅读仪器使用说明书，严格按照操作步骤进行。

(2) 设备启用前，先打开排水龙头2min，以便排尽管内积垢和锈垢。

(3) 调整好预处理给水压力、反渗透压力。

(4) 严禁水倒流至臭氧发生器内，以免损坏机器，影响正常使用。

7. 思考题

(1) 利用此设备对自来水的深处理有何特点？

(2) 反渗透器在设备结构运行上有何特点？

(3) 臭氧消毒后管网内有无剩余 $O_3$？二次污染有没有可能出现？

(4) 用氧气瓶中的纯 $O_2$ 和用空气中 $O_2$ 作为臭氧发生器的气源，各有何利弊？

# 附　　录

## 1. 计量单位

（1）～（5）均摘自 GB 3100—1993。

（1）SI 基本单位

| 量的名称 | 单位名称 | 单位符号 | 量的名称 | 单位名称 | 单位符号 |
|---|---|---|---|---|---|
| 长度 | 米 | m | 热力学温度 | 开［尔文］ | K |
| 质量 | 千克（公斤） | kg | 物质的量 | 摩［尔］ | mol |
| 时间 | 秒 | s | 发光强度 | 坎［德拉］ | cd |
| 电流 | 安［培］ | A | | | |

注：1. 圆括号中的名称，是它前面的名称的同义词，下同。

2. 无方括号的量的名称与单位名称均为全称。方括号中的字，在不致引起混淆、误解的情况下，可以省略。去掉方括号中的字即为其名称的简称。下同。

3. 本标准所称的符号，除特殊指明外，均指我国法定计量单位中所规定的符号以及国际符号。下同。

4. 人民生活和贸易中，质量习惯称为重量。

（2）包括 SI 辅助单位在内的具有专门名称的 SI 导出单位

| 量的名称 | SI 导出单位 | | |
|---|---|---|---|
| | 名　称 | 符号 | 用 SI 基本单位和 SI 导出单位表示 |
| [平面]角 | 弧度 | rad | 1 rad=1 m/m=1 |
| 立体角 | 球面度 | sr | 1 sr=1 $m^2/m^2$=1 |
| 频率 | 赫[兹] | Hz | 1 Hz=1 $s^{-1}$ |
| 力 | 牛[顿] | N | 1 N=1 kg・$m/s^2$ |
| 压力,压强,应力 | 帕[斯卡] | Pa | 1 Pa=1 $N/m^2$ |
| 能[量],功,热量 | 焦[耳] | J | 1 J=1 N・m |
| 功率,辐[射能]通量 | 瓦[特] | W | 1 W=1 J/s |
| 电荷[量] | 库[仑] | C | 1 C=1 A・s |
| 电压,电动势,电位,(电势) | 伏[特] | V | 1 V=1 W/A |
| 电容 | 法[拉] | F | 1 F=1 C/V |
| 电阻 | 欧[姆] | Ω | 1 Ω=1 V/A |
| 电导 | 西[门子] | S | 1 S=1 $\Omega^{-1}$ |
| 磁通[量] | 韦[伯] | Wb | 1 Wb=1 V・s |
| 磁通[量]密度,磁感应强度 | 特[斯拉] | T | 1 T=1 $Wb/m^2$ |
| 电感 | 亨[利] | H | 1 H=1 Wb/A |
| 摄氏温度 | 摄氏度 | ℃ | 1 C=1 K |
| 光通量 | 流[明] | lm | 1 lm=1 cd・sr |
| [光]照度 | 勒[克斯] | lx | 1 lx=1 $lm/m^2$ |

（3）由于人类健康安全防护上的需要而确定的具有专门名称的 SI 导出单位

| 量的名称 | SI 导出单位 | | |
|---|---|---|---|
| | 名　称 | 符号 | 用 SI 基本单位和 SI 导出单位表示 |
| [放射性]活度 | 贝可[勒尔] | Bq | 1 Bq=1 $s^{-1}$ |
| 吸收剂量<br>比授[予]能<br>比释动能 | 戈[瑞] | Gy | 1 Gy=1 J/kg |
| 剂量当量 | 希[沃特] | Sv | 1 Sv=1 J/kg |

(4) SI 词头

| 因数 | 词头名称 | | 符号 |
|---|---|---|---|
| | 英文 | 中文 | |
| $10^{24}$ | yotta | 尧［它］ | Y |
| $10^{21}$ | zetta | 泽［它］ | Z |
| $10^{18}$ | exa | 艾［可萨］ | E |
| $10^{15}$ | peta | 拍［它］ | P |
| $10^{12}$ | tera | 太［拉］ | T |
| $10^{9}$ | giga | 吉［咖］ | G |
| $10^{6}$ | mega | 兆 | M |
| $10^{3}$ | kilo | 千 | k |
| $10^{2}$ | hecto | 百 | h |
| $10^{1}$ | deca | 十 | da |
| $10^{-1}$ | deci | 分 | d |
| $10^{-2}$ | centi | 厘 | c |
| $10^{-3}$ | milli | 毫 | m |
| $10^{-6}$ | micro | 微 | μ |
| $10^{-9}$ | nano | 纳［诺］ | n |
| $10^{-12}$ | pico | 皮［可］ | p |
| $10^{-15}$ | femto | 飞［母托］ | f |
| $10^{-18}$ | atto | 阿［托］ | a |
| $10^{-21}$ | zepto | 仄［普托］ | z |
| $10^{-24}$ | yocto | 幺［科托］ | y |

(5) 可与国际单位制单位并用的我国法定计量单位

| 量的名称 | 单位名称 | 单位符号 | 与 SI 单位的关系 |
|---|---|---|---|
| 时 间 | 分 | min | 1 min＝60 s |
| | ［小］时 | h | 1 h＝60 min＝3600 s |
| | 日，(天) | d | 1 d＝24 h＝86400 s |
| ［平面］角 | 度 | ° | 1°＝(π/180) rad |
| | ［角］分 | ′ | 1′＝(1/60)°＝(π/10800) rad |
| | ［角］秒 | ″ | 1″＝(1/60)′＝(π/648000) rad |
| 体 积 | 升 | L，(l) | 1 L＝1 $dm^3$＝$10^{-3}$ $m^3$ |
| 质 量 | 吨<br>原子质量单位 | t<br>u | 1 t＝$10^3$ kg<br>1 u≈$1.660540\times10^{-27}$ kg |
| 旋转速度 | 转每分 | r/min | 1 r/min＝(1/60) $s^{-1}$ |
| 长 度 | 海里 | n mile | 1 n mile＝1852 m<br>(只用于航行) |
| 速 度 | 节 | kn | 1 kn＝1 n mile/h＝(1852/3600) m/s (只用于航行) |
| 能 | 电子伏 | eV | 1 eV≈$1.602177\times10^{-19}$ J |
| 级 差 | 分贝 | dB | |
| 线密度 | 特［克斯］ | tex | 1 tex＝$10^{-6}$ kg/m |
| 面 积 | 公顷 | $hm^2$ | 1 $hm^2$＝$10^4$ $m^2$ |

注：1. 平面角单位度、分、秒的符号，在组合单位中应采用(°)、(′)、(″)的形式。例如，不用°/s而用(°)/s。

2. 升的符号中，小写字母 l 为备用符号。

3. 公顷的国际通用符号为 ha。

(6) 常见非法定计量单位和换算系数

| 单位名称 | 符　　号 | 换成法定计量单位的换算系数 | 备　　注 |
| --- | --- | --- | --- |
| 长度 | | | |
| 英寸 | in | 0.0254 m | |
| 英尺 | ft | 0.3048 m | 12in |
| 英里 | mile | 1609.344 m | 1.609 km |
| 密耳 | (mil) | $25.4\times10^{-6}$ m | $10^{-3}$ in |
| 埃 | Å | $10^{-10}$ m | 0.1 nm |
| 面积 | | | |
| 平方英寸 | $in^2$ | $6.4516\times10^{-4}$ $m^2$ | 144 $in^2$ |
| 平方英尺 | $ft^2$ | 0.092903 $m^2$ | |
| 平方英里 | $mile^2$ | $2.58999\times10^6$ $m^2$ | 2.590 $km^2$ |
| 体积 | | | |
| 立方英寸 | $in^3$ | $1.63871\times10^{-5}$ $m^3$ | |
| 立方英尺 | $ft^3$ | 0.0283168 $m^3$ | 1728 $in^3$ |
| 英加仑 | UK gal | 4.54609 $dm^3$ | |
| 美加仑 | US gal | 3.78541 $dm^3$ | |
| 桶（石油） | | 158.987 $dm^3$ | 42gal（美） |
| 温度 | | | |
| 华氏度 | °F | $x°F=\frac{5}{9}(x-32)°C$ | |
| 质量、重量 | | | |
| 磅 | lb | 0.45359237 kg | |
| 短吨 | | 907.185 kg | 2000 lb |
| 长吨 | | 1016.05 kg | 2240 lb |
| 线密度 | | | |
| 旦尼尔，旦 | (den) | 1/9 tex | 1tex=1 g/km |
| 力、重力 | | | |
| 达因 | dyn | $10^{-5}$ N | 1 g·cm/$s^2$ |
| 千克力 | kgf，kp | 9.80665 N | |
| 磅达 | pdl | 0.138255 N | 1 lb·ft/$s^2$ |
| 磅力 | lbf | 4.44822 N | 32.174 pdl |
| 压力、应力 | | | |
| 达因每平方厘米 | dyn/$cm^2$ | 0.1 Pa | |
| 巴 | bar | $10^5$ Pa | $10^6$ dyn/$cm^2$ |
| 千克力每平方厘米 | kgf/$cm^2$，kp/$cm^2$ | 98.0665 kPa | 又称工程大气压 at |
| 磅力每平方英寸 | lbf/$in^2$（psi） | 6894.76 Pa | 144 lbf/$ft^3$ |
| 压力、应力 | | | |
| 工程大气压 | at | 98066.5 Pa | 1 kgf/$cm^2$，1 kp/$cm^2$ |
| 标准大气压 | atm | 101325 Pa | 760 mmHg |
| 毫米汞柱 | mmHg | 133.322 Pa | 1 Torr（在 0℃） |
| 毫米水柱 | $mmH_2O$ | 9.80665 Pa | 1 kgf/$m^2$，1 kp/$m^2$ |
| 托 | Torr | 133.322 Pa | |
| 表面张力 | | | |
| 达因每厘米 | dyn/cm | $10^{-3}$ N/m | $10^{-3}$ J/$m^2$ |
| 尔格每平方厘米 | erg/$cm^2$ | $10^{-3}$ N/m | $10^{-3}$ J/$m^2$ |

续表

| 单位名称 | 符　　号 | 换成法定计量单位的换算系数 | 备　注 |
|---|---|---|---|
| 动力黏度 | | | |
| 　泊 | P | $10^{-1}$Pa・s | |
| 　厘泊 | cP | $10^{-3}$ Pa・s | 1 mPa・s |
| 运动黏度 | | | |
| 　斯托克斯 | St | $10^{-4}$ m²/s | 1 cm²/s |
| 　厘斯 | cSt | $10^{-6}$ m²/s | 1 mm²/s |
| 功、能、热 | | | |
| 　尔格 | erg | $10^{-7}$ J | 1 dyn・cm |
| 　千克力米 | kgf・m，kp・m | 9.80665 J | |
| 　国际蒸汽表卡 | cal，$cal_{IT}$ | 4.1868 J | |
| 　热化学卡 | $cal_{th}$ | 4.1840 J | |
| 　英热单位 | Btu，$Btu_{IT}$ | 1055.06 J | |
| 　热化学英热单位 | $Btu_{th}$ | 1054.35 J | |
| 功率 | | | |
| 　尔格每秒 | erg/s | $10^{-7}$ W | 1 dyn・cm/s |
| 　千克力米每秒 | kgf・m/s | 9.80665 W | |
| 　英马力 | hp | 745.700 W | |
| 　千卡每小时 | kcal/h | 1.163 W | |
| 　米制马力 | | 735.499 W | 75 kgf・m/s |
| 　电工马力 | | 746 W | |
| 其他 | | | |
| 　伦琴（röntgen） | R | $2.58\times10^{-4}$ C/kg | 照射量 |
| 　拉德（rad） | rad，rd | 10 mGy | 吸收剂量 |
| 其他 | | | |
| 　雷姆（rem） | rem | 10 mSv | 剂量当量 |
| 　居里（curie） | Ci | 37 GBq | 放射性活度 |
| 　德拜（debye） | D | $3.33564\times10^{-30}$ C・m | 电偶极矩 |
| 麦克斯韦（maxwell） | Mx | $10^{-8}$ Wb | 磁通量 |
| 　高斯（gauss） | G，Gs | $10^{-4}$ T | 磁通密度 |
| 　奥斯特（oersted） | Oe | 79.5775 A/m | 磁场强度 |
| 　吉伯（gilbert） | Gb | 0.795775 A | 磁通势 |
| 　尼特（nit） | nt | 1 cd/m² | 光亮度 |
| 　辐透（phot） | ph | $10^4$ lx | 光照度 |

## 2. 重要元素相对原子质量表

| 名　称 | 符　号 | 相对原子质量 | 正　价 | 负　价 |
|---|---|---|---|---|
| 铝 | Al | 26.98 | 3 | |
| 钡 | Ba | 137.34 | 2 | |
| 溴 | Br | 79.909 | | 1 |
| 钙 | Ca | 40.08 | 2 | |
| 碳 | C | 12.01 | 2,4 | 4 |
| 氯 | Cl | 35.453 | | 1 |

续表

| 名　称 | 符　号 | 相对原子质量 | 正　价 | 负　价 |
|---|---|---|---|---|
| 铬 | Cr | 51.99 | 3,6 | |
| 铜 | Cu | 63.54 | 1,2 | |
| 氢 | H | 1.008 | 1 | |
| 碘 | I | 126.90 | | 1 |
| 铁 | Fe | 55.85 | 2,3 | |
| 镁 | Mg | 24.31 | 2 | |
| 锰 | Mn | 54.94 | 2,4,7 | |
| 钼 | Mo | 95.94 | 6 | |
| 氮 | N | 14.007 | 3,5 | 3 |
| 氧 | O | 16.00 | | 2 |
| 磷 | P | 30.974 | 5 | |
| 铂 | Pt | 195.09 | 4 | |
| 钾 | K | 39.102 | 1 | |
| 硅 | Si | 28.09 | 4 | |
| 银 | Ag | 107.87 | 1 | |
| 钠 | Na | 22.989 | 1 | |
| 硫 | S | 32.064 | 4,6 | 2 |
| 铋 | Bi | 208.98 | 3,5 | |
| 镉 | Cd | 112.40 | 2 | |
| 钴 | Co | 58.93 | 2,3 | |
| 氟 | F | 19.00 | 1 | |
| 锗 | Ge | 72.60 | 4 | |
| 汞 | Hg | 200.59 | 1,2 | |
| 镍 | Ni | 58.71 | 2,3 | |
| 铅 | Pb | 207.19 | 2,4 | |
| 锑 | Sb | 121.75 | 3,5 | |
| 硒 | Se | 78.96 | 2,4,6 | |
| 锡 | Sn | 118.69 | 2,4 | |
| 锶 | Sr | 87.62 | 2 | |
| 碲 | Te | 127.60 | 2,4,6 | |
| 铀 | U | 238.03 | 4,6 | |
| 钨 | W | 183.86 | 6 | |
| 锌 | Zn | 65.37 | 2 | |
| 砷 | As | 74.92 | 3,5 | |
| 金 | Au | 197.0 | 1,3 | |
| 硼 | B | 10.81 | 3 | |

### 3. 几种酸及氨水的近似相对密度和浓度

| 试剂名称 | 相对密度 | 含　量/% | 浓度/(mol/L) |
|---|---|---|---|
| 盐　酸 | 1.18～1.19 | 36～38 | 1.16～1.24 |
| 硝　酸 | 1.39～1.40 | 65～68 | 14.4～15.2 |
| 硫　酸 | 1.83～1.84 | 95～98 | 17.8～18.4 |
| 磷　酸 | 1.69 | 85 | 14.6 |
| 冰醋酸 | 1.05 | 99.8(优级纯)<br>99.5(分析纯,化学纯) | 17.4 |
| 氨　水 | 0.91～0.90 | 25～28 | 13.3～14.8 |

**4. 常用正交实验表**

(1) $L_4$ ($2^3$)

| 实验号 | 列号 | | |
|---|---|---|---|
| | 1 | 2 | 3 |
| 1 | 1 | 1 | 1 |
| 2 | 1 | 2 | 2 |
| 3 | 2 | 1 | 2 |
| 4 | 2 | 2 | 1 |

(2) $L_8$ ($2^7$)

| 实验号 | 列号 | | | | | | |
|---|---|---|---|---|---|---|---|
| | 1 | 2 | 3 | 4 | 5 | 6 | 7 |
| 1 | 1 | 1 | 1 | 1 | 2 | 1 | 1 |
| 2 | 1 | 1 | 1 | 2 | 1 | 2 | 2 |
| 3 | 1 | 2 | 2 | 1 | 2 | 2 | 2 |
| 4 | 1 | 2 | 2 | 2 | 1 | 1 | 1 |
| 5 | 2 | 1 | 2 | 1 | 2 | 1 | 2 |
| 6 | 2 | 1 | 2 | 2 | 1 | 2 | 1 |
| 7 | 2 | 2 | 1 | 1 | 2 | 2 | 1 |
| 8 | 2 | 2 | 1 | 2 | 1 | 1 | 2 |

(3) $L_{16}$ ($2^{15}$)

| 实验号 | 列号 | | | | | | | | | | | | | | |
|---|---|---|---|---|---|---|---|---|---|---|---|---|---|---|---|
| | 1 | 2 | 3 | 4 | 5 | 6 | 7 | 8 | 9 | 10 | 11 | 12 | 13 | 14 | 15 |
| 1 | 1 | 1 | 1 | 1 | 1 | 1 | 1 | 1 | 1 | 1 | 1 | 1 | 1 | 1 | 1 |
| 2 | 1 | 1 | 1 | 1 | 1 | 1 | 1 | 2 | 2 | 2 | 2 | 2 | 2 | 2 | 2 |
| 3 | 1 | 1 | 1 | 2 | 2 | 2 | 2 | 1 | 1 | 1 | 1 | 2 | 2 | 2 | 2 |
| 4 | 1 | 1 | 1 | 2 | 2 | 2 | 2 | 2 | 2 | 2 | 2 | 1 | 1 | 1 | 1 |
| 5 | 1 | 2 | 2 | 1 | 1 | 2 | 2 | 1 | 1 | 2 | 2 | 1 | 1 | 2 | 2 |
| 6 | 1 | 2 | 2 | 1 | 1 | 2 | 2 | 2 | 2 | 1 | 1 | 2 | 2 | 1 | 1 |
| 7 | 1 | 2 | 2 | 2 | 2 | 1 | 1 | 1 | 1 | 2 | 2 | 2 | 2 | 1 | 1 |
| 8 | 1 | 2 | 2 | 2 | 2 | 1 | 1 | 2 | 2 | 1 | 1 | 1 | 1 | 2 | 2 |
| 9 | 2 | 1 | 2 | 1 | 2 | 1 | 2 | 1 | 2 | 1 | 2 | 1 | 2 | 1 | 2 |
| 10 | 2 | 1 | 2 | 1 | 2 | 1 | 2 | 2 | 1 | 2 | 1 | 2 | 1 | 2 | 1 |
| 11 | 2 | 1 | 2 | 2 | 1 | 2 | 1 | 1 | 2 | 1 | 2 | 2 | 1 | 2 | 1 |
| 12 | 2 | 1 | 2 | 2 | 1 | 2 | 1 | 2 | 1 | 2 | 1 | 1 | 2 | 1 | 2 |
| 13 | 2 | 2 | 1 | 1 | 2 | 2 | 1 | 1 | 2 | 2 | 1 | 1 | 2 | 2 | 1 |
| 14 | 2 | 2 | 1 | 1 | 2 | 2 | 1 | 2 | 1 | 1 | 2 | 2 | 1 | 1 | 2 |
| 15 | 2 | 2 | 1 | 2 | 1 | 1 | 2 | 1 | 2 | 2 | 1 | 2 | 1 | 1 | 2 |
| 16 | 2 | 2 | 1 | 2 | 1 | 1 | 2 | 2 | 1 | 1 | 2 | 1 | 2 | 2 | 1 |

（4）$L_{12}$（$2^{11}$）

| 实验号 | 列 | | | | | 号 | | | | | |
|---|---|---|---|---|---|---|---|---|---|---|---|
| | 1 | 2 | 3 | 4 | 5 | 6 | 7 | 8 | 9 | 10 | 11 |
| 1 | 1 | 1 | 1 | 2 | 2 | 1 | 2 | 1 | 2 | 2 | 1 |
| 2 | 2 | 1 | 2 | 1 | 2 | 1 | 1 | 2 | 2 | 2 | 2 |
| 3 | 1 | 2 | 2 | 2 | 2 | 2 | 1 | 2 | 2 | 1 | 1 |
| 4 | 2 | 2 | 1 | 1 | 2 | 2 | 2 | 2 | 1 | 2 | 1 |
| 5 | 1 | 1 | 2 | 2 | 1 | 2 | 2 | 2 | 1 | 2 | 2 |
| 6 | 2 | 1 | 2 | 1 | 1 | 2 | 2 | 1 | 2 | 1 | 1 |
| 7 | 1 | 2 | 1 | 1 | 1 | 1 | 2 | 2 | 2 | 1 | 2 |
| 8 | 2 | 2 | 1 | 2 | 1 | 2 | 1 | 1 | 2 | 2 | 2 |
| 9 | 1 | 1 | 1 | 1 | 2 | 2 | 1 | 1 | 1 | 1 | 2 |
| 10 | 2 | 1 | 1 | 2 | 1 | 1 | 1 | 2 | 1 | 1 | 1 |
| 11 | 1 | 2 | 2 | 1 | 1 | 1 | 1 | 1 | 1 | 2 | 1 |
| 12 | 2 | 2 | 2 | 2 | 2 | 1 | 2 | 1 | 1 | 1 | 2 |

（5）$L_9$（$3^4$）

| 实 验 号 | 列 | | 号 | |
|---|---|---|---|---|
| | 1 | 2 | 3 | 4 |
| 1 | 1 | 1 | 1 | 1 |
| 2 | 1 | 2 | 2 | 2 |
| 3 | 1 | 3 | 3 | 3 |
| 4 | 2 | 1 | 2 | 3 |
| 5 | 2 | 2 | 3 | 1 |
| 6 | 2 | 3 | 1 | 2 |
| 7 | 3 | 1 | 3 | 2 |
| 8 | 3 | 2 | 1 | 3 |
| 9 | 3 | 3 | 2 | 1 |

（6）$L_{27}$（$3^{13}$）

| 实验号 | 列 | | | | | | | | 号 | | | | |
|---|---|---|---|---|---|---|---|---|---|---|---|---|---|
| | 1 | 2 | 3 | 4 | 5 | 6 | 7 | 8 | 9 | 10 | 11 | 12 | 13 |
| 1 | 1 | 1 | 1 | 1 | 1 | 1 | 1 | 1 | 1 | 1 | 1 | 1 | 1 |
| 2 | 1 | 1 | 1 | 1 | 2 | 2 | 2 | 2 | 2 | 2 | 2 | 2 | 2 |
| 3 | 1 | 1 | 1 | 1 | 3 | 3 | 3 | 3 | 3 | 3 | 3 | 3 | 3 |
| 4 | 1 | 2 | 2 | 2 | 1 | 1 | 1 | 2 | 2 | 2 | 3 | 3 | 3 |
| 5 | 1 | 2 | 2 | 2 | 2 | 2 | 2 | 3 | 3 | 3 | 1 | 1 | 1 |
| 6 | 1 | 2 | 2 | 2 | 3 | 3 | 3 | 1 | 1 | 1 | 2 | 2 | 2 |
| 7 | 1 | 3 | 3 | 3 | 1 | 1 | 1 | 3 | 3 | 3 | 2 | 2 | 2 |
| 8 | 1 | 3 | 3 | 3 | 2 | 2 | 2 | 1 | 1 | 1 | 3 | 3 | 3 |
| 9 | 1 | 3 | 3 | 3 | 3 | 3 | 3 | 2 | 2 | 2 | 1 | 1 | 1 |
| 10 | 2 | 1 | 2 | 3 | 1 | 2 | 3 | 1 | 2 | 3 | 1 | 2 | 3 |
| 11 | 2 | 1 | 2 | 3 | 2 | 3 | 1 | 2 | 3 | 1 | 2 | 3 | 1 |
| 12 | 2 | 1 | 2 | 3 | 3 | 1 | 2 | 3 | 1 | 2 | 3 | 1 | 2 |
| 13 | 2 | 2 | 3 | 1 | 1 | 2 | 3 | 2 | 3 | 1 | 3 | 1 | 2 |
| 14 | 2 | 2 | 3 | 1 | 2 | 3 | 1 | 3 | 1 | 2 | 1 | 2 | 3 |
| 15 | 2 | 2 | 3 | 1 | 3 | 1 | 2 | 1 | 2 | 3 | 2 | 3 | 1 |
| 16 | 2 | 3 | 1 | 2 | 1 | 2 | 3 | 3 | 1 | 2 | 2 | 3 | 1 |
| 17 | 2 | 3 | 1 | 2 | 2 | 3 | 1 | 1 | 2 | 3 | 3 | 1 | 2 |
| 18 | 2 | 3 | 1 | 2 | 3 | 1 | 2 | 2 | 3 | 1 | 1 | 2 | 3 |
| 19 | 3 | 1 | 3 | 2 | 1 | 3 | 2 | 1 | 3 | 2 | 1 | 3 | 2 |
| 20 | 3 | 1 | 3 | 2 | 2 | 1 | 3 | 2 | 1 | 3 | 2 | 1 | 3 |
| 21 | 3 | 1 | 3 | 2 | 3 | 2 | 1 | 3 | 2 | 1 | 3 | 2 | 1 |
| 22 | 3 | 2 | 1 | 3 | 1 | 3 | 2 | 2 | 1 | 3 | 3 | 2 | 1 |
| 23 | 3 | 2 | 1 | 3 | 2 | 1 | 3 | 3 | 2 | 1 | 1 | 3 | 2 |
| 24 | 3 | 2 | 1 | 3 | 3 | 2 | 1 | 1 | 3 | 2 | 2 | 1 | 3 |
| 25 | 3 | 3 | 2 | 1 | 1 | 3 | 2 | 3 | 2 | 1 | 2 | 1 | 3 |
| 26 | 3 | 3 | 2 | 1 | 2 | 1 | 3 | 1 | 3 | 2 | 3 | 2 | 1 |
| 27 | 3 | 3 | 2 | 1 | 3 | 2 | 1 | 2 | 1 | 3 | 1 | 3 | 2 |

(7) $L_{18}$ ($6\times3^6$)

| 实验号 | 列号 | | | | | | |
|---|---|---|---|---|---|---|---|
| | 1 | 2 | 3 | 4 | 5 | 6 | 7 |
| 1 | 1 | 1 | 1 | 1 | 1 | 1 | 1 |
| 2 | 1 | 2 | 2 | 2 | 2 | 2 | 2 |
| 3 | 1 | 3 | 3 | 3 | 3 | 3 | 3 |
| 4 | 2 | 1 | 1 | 2 | 2 | 3 | 3 |
| 5 | 2 | 2 | 2 | 3 | 3 | 1 | 1 |
| 6 | 2 | 3 | 3 | 1 | 1 | 2 | 2 |
| 7 | 3 | 1 | 2 | 1 | 3 | 2 | 3 |
| 8 | 3 | 2 | 3 | 2 | 1 | 3 | 1 |
| 9 | 3 | 3 | 1 | 3 | 2 | 1 | 2 |
| 10 | 4 | 1 | 3 | 3 | 2 | 2 | 1 |
| 11 | 4 | 2 | 1 | 1 | 3 | 3 | 2 |
| 12 | 4 | 3 | 2 | 2 | 1 | 1 | 3 |
| 13 | 5 | 1 | 2 | 3 | 1 | 3 | 2 |
| 14 | 5 | 2 | 3 | 1 | 2 | 1 | 3 |
| 15 | 5 | 3 | 1 | 2 | 3 | 2 | 1 |
| 16 | 6 | 1 | 3 | 2 | 3 | 1 | 2 |
| 17 | 6 | 2 | 1 | 3 | 1 | 2 | 3 |
| 18 | 6 | 3 | 2 | 1 | 2 | 3 | 1 |

(8) $L_{18}$ ($2\times3^7$)

| 实验号 | 列号 | | | | | | | |
|---|---|---|---|---|---|---|---|---|
| | 1 | 2 | 3 | 4 | 5 | 6 | 7 | 8 |
| 1 | 1 | 1 | 1 | 1 | 1 | 1 | 1 | 1 |
| 2 | 1 | 1 | 2 | 2 | 2 | 2 | 2 | 2 |
| 3 | 1 | 1 | 3 | 3 | 3 | 3 | 3 | 3 |
| 4 | 1 | 2 | 1 | 1 | 2 | 2 | 3 | 3 |
| 5 | 1 | 2 | 2 | 2 | 3 | 3 | 1 | 1 |
| 6 | 1 | 2 | 3 | 3 | 1 | 1 | 2 | 2 |
| 7 | 1 | 3 | 1 | 2 | 1 | 3 | 2 | 3 |
| 8 | 1 | 3 | 2 | 3 | 2 | 1 | 3 | 1 |
| 9 | 1 | 3 | 3 | 1 | 3 | 2 | 1 | 2 |
| 10 | 2 | 1 | 1 | 3 | 3 | 2 | 2 | 1 |
| 11 | 2 | 1 | 2 | 1 | 1 | 3 | 3 | 2 |
| 12 | 2 | 1 | 3 | 2 | 2 | 1 | 1 | 3 |
| 13 | 2 | 2 | 1 | 2 | 3 | 1 | 3 | 2 |
| 14 | 2 | 2 | 2 | 3 | 1 | 2 | 1 | 3 |
| 15 | 2 | 2 | 3 | 1 | 2 | 3 | 2 | 1 |
| 16 | 2 | 3 | 1 | 3 | 2 | 3 | 1 | 2 |
| 17 | 2 | 3 | 2 | 1 | 3 | 1 | 2 | 3 |
| 18 | 2 | 3 | 3 | 2 | 1 | 2 | 3 | 1 |

(9) $L_8$ ($4\times2^4$)

| 实验号 | 列号 | | | | |
|---|---|---|---|---|---|
| | 1 | 2 | 3 | 4 | 5 |
| 1 | 1 | 1 | 1 | 1 | 1 |
| 2 | 1 | 2 | 2 | 2 | 2 |
| 3 | 2 | 1 | 1 | 2 | 2 |
| 4 | 2 | 2 | 2 | 1 | 1 |
| 5 | 3 | 1 | 2 | 1 | 2 |
| 6 | 3 | 2 | 1 | 2 | 1 |
| 7 | 4 | 1 | 2 | 2 | 1 |
| 8 | 4 | 2 | 1 | 1 | 2 |

(10) $L_{16}$ ($4^5$)

| 实验号 | 列号 | | | | |
|---|---|---|---|---|---|
| | 1 | 2 | 3 | 4 | 5 |
| 1 | 1 | 1 | 1 | 1 | 1 |
| 2 | 1 | 2 | 2 | 2 | 2 |
| 3 | 1 | 3 | 3 | 3 | 3 |
| 4 | 1 | 4 | 4 | 4 | 4 |
| 5 | 2 | 1 | 2 | 3 | 4 |
| 6 | 2 | 2 | 1 | 4 | 3 |
| 7 | 2 | 3 | 4 | 1 | 2 |
| 8 | 2 | 4 | 3 | 2 | 1 |
| 9 | 3 | 1 | 3 | 4 | 2 |
| 10 | 3 | 2 | 4 | 3 | 1 |
| 11 | 3 | 3 | 1 | 2 | 4 |
| 12 | 3 | 4 | 2 | 1 | 3 |
| 13 | 4 | 1 | 4 | 2 | 3 |
| 14 | 4 | 2 | 3 | 1 | 4 |
| 15 | 4 | 3 | 2 | 4 | 1 |
| 16 | 4 | 4 | 1 | 3 | 2 |

(11) $L_{16}$ ($4^3\times2^6$)

| 实验号 | 列号 | | | | | | | | |
|---|---|---|---|---|---|---|---|---|---|
| | 1 | 2 | 3 | 4 | 5 | 6 | 7 | 8 | 9 |
| 1 | 1 | 1 | 1 | 1 | 1 | 1 | 1 | 1 | 1 |
| 2 | 1 | 2 | 2 | 1 | 1 | 2 | 2 | 2 | 2 |
| 3 | 1 | 3 | 3 | 2 | 2 | 1 | 1 | 2 | 2 |
| 4 | 1 | 4 | 4 | 2 | 2 | 2 | 2 | 1 | 1 |
| 5 | 2 | 1 | 2 | 2 | 2 | 1 | 2 | 1 | 2 |
| 6 | 2 | 2 | 1 | 2 | 2 | 2 | 1 | 2 | 1 |
| 7 | 2 | 3 | 4 | 1 | 1 | 1 | 2 | 2 | 1 |
| 8 | 2 | 4 | 3 | 1 | 1 | 2 | 1 | 1 | 2 |
| 9 | 3 | 1 | 3 | 1 | 2 | 2 | 2 | 2 | 1 |
| 10 | 3 | 2 | 4 | 1 | 2 | 1 | 1 | 1 | 2 |
| 11 | 3 | 3 | 1 | 2 | 1 | 2 | 2 | 1 | 2 |
| 12 | 3 | 4 | 2 | 2 | 1 | 1 | 1 | 2 | 1 |
| 13 | 4 | 1 | 4 | 2 | 1 | 2 | 1 | 2 | 2 |
| 14 | 4 | 2 | 3 | 2 | 1 | 1 | 2 | 1 | 1 |
| 15 | 4 | 3 | 2 | 1 | 2 | 2 | 1 | 1 | 1 |
| 16 | 4 | 4 | 1 | 1 | 2 | 1 | 2 | 2 | 2 |

(12) $L_{16}$ ($4^4 \times 2^3$)

| 实验号 | 列 | | | 号 | | | |
|---|---|---|---|---|---|---|---|
| | 1 | 2 | 3 | 4 | 5 | 6 | 7 |
| 1 | 1 | 1 | 1 | 1 | 1 | 1 | 1 |
| 2 | 1 | 2 | 2 | 2 | 1 | 2 | 2 |
| 3 | 1 | 3 | 3 | 3 | 2 | 1 | 2 |
| 4 | 1 | 4 | 4 | 4 | 2 | 2 | 1 |
| 5 | 2 | 1 | 2 | 3 | 2 | 2 | 1 |
| 6 | 2 | 2 | 1 | 4 | 2 | 1 | 2 |
| 7 | 2 | 3 | 4 | 1 | 1 | 2 | 2 |
| 8 | 2 | 4 | 3 | 2 | 1 | 1 | 1 |
| 9 | 3 | 1 | 3 | 4 | 1 | 2 | 2 |
| 10 | 3 | 2 | 4 | 3 | 1 | 1 | 1 |
| 11 | 3 | 3 | 1 | 2 | 2 | 2 | 1 |
| 12 | 3 | 4 | 2 | 1 | 2 | 1 | 2 |
| 13 | 4 | 1 | 4 | 2 | 2 | 1 | 2 |
| 14 | 4 | 2 | 3 | 1 | 2 | 2 | 1 |
| 15 | 4 | 3 | 2 | 4 | 1 | 1 | 1 |
| 16 | 4 | 4 | 1 | 3 | 1 | 2 | 2 |

(13) $L_{16}$ ($4^2 \times 2^9$)

| 实验号 | 列 | | | | | | 号 | | | | |
|---|---|---|---|---|---|---|---|---|---|---|---|
| | 1 | 2 | 3 | 4 | 5 | 6 | 7 | 8 | 9 | 10 | 11 |
| 1 | 1 | 1 | 1 | 1 | 1 | 1 | 1 | 1 | 1 | 1 | 1 |
| 2 | 1 | 2 | 1 | 1 | 1 | 2 | 2 | 2 | 2 | 2 | 2 |
| 3 | 1 | 3 | 2 | 2 | 2 | 1 | 1 | 1 | 2 | 2 | 2 |
| 4 | 1 | 4 | 2 | 2 | 2 | 2 | 2 | 2 | 1 | 1 | 1 |
| 5 | 2 | 1 | 1 | 2 | 2 | 1 | 2 | 2 | 1 | 2 | 2 |
| 6 | 2 | 2 | 1 | 2 | 2 | 2 | 1 | 1 | 2 | 1 | 1 |
| 7 | 2 | 3 | 2 | 1 | 1 | 1 | 2 | 2 | 2 | 1 | 1 |
| 8 | 2 | 4 | 2 | 1 | 1 | 2 | 1 | 1 | 1 | 2 | 2 |
| 9 | 3 | 1 | 2 | 1 | 2 | 2 | 1 | 2 | 2 | 1 | 2 |
| 10 | 3 | 2 | 2 | 1 | 2 | 1 | 2 | 1 | 1 | 2 | 1 |
| 11 | 3 | 3 | 1 | 2 | 1 | 2 | 1 | 2 | 1 | 2 | 1 |
| 12 | 3 | 4 | 1 | 2 | 1 | 1 | 2 | 1 | 2 | 1 | 2 |
| 13 | 4 | 1 | 2 | 2 | 1 | 2 | 2 | 1 | 2 | 2 | 1 |
| 14 | 4 | 2 | 2 | 2 | 1 | 1 | 1 | 2 | 1 | 1 | 2 |
| 15 | 4 | 3 | 1 | 1 | 2 | 2 | 2 | 1 | 1 | 1 | 2 |
| 16 | 4 | 4 | 1 | 1 | 2 | 1 | 1 | 2 | 2 | 2 | 1 |

(14) $L_{16}$ ($4 \times 2^{12}$)

| 实验号 | 列 | | | | | | | 号 | | | | | |
|---|---|---|---|---|---|---|---|---|---|---|---|---|---|
| | 1 | 2 | 3 | 4 | 5 | 6 | 7 | 8 | 9 | 10 | 11 | 12 | 13 |
| 1 | 1 | 1 | 1 | 1 | 1 | 1 | 1 | 1 | 1 | 1 | 1 | 1 | 1 |
| 2 | 1 | 1 | 1 | 1 | 1 | 2 | 2 | 2 | 2 | 2 | 2 | 2 | 2 |
| 3 | 1 | 2 | 2 | 2 | 2 | 1 | 1 | 1 | 1 | 2 | 2 | 2 | 2 |
| 4 | 1 | 2 | 2 | 2 | 2 | 2 | 2 | 2 | 2 | 1 | 1 | 1 | 1 |
| 5 | 2 | 1 | 1 | 2 | 2 | 1 | 1 | 2 | 2 | 1 | 1 | 2 | 2 |
| 6 | 2 | 1 | 1 | 2 | 2 | 2 | 2 | 1 | 1 | 2 | 2 | 1 | 1 |
| 7 | 2 | 2 | 2 | 1 | 1 | 1 | 1 | 2 | 2 | 2 | 2 | 1 | 1 |
| 8 | 2 | 2 | 2 | 1 | 1 | 2 | 2 | 1 | 1 | 1 | 1 | 2 | 2 |
| 9 | 3 | 1 | 2 | 1 | 2 | 1 | 2 | 1 | 2 | 1 | 2 | 1 | 2 |
| 10 | 3 | 1 | 2 | 1 | 2 | 2 | 1 | 2 | 1 | 2 | 1 | 2 | 1 |
| 11 | 3 | 2 | 1 | 2 | 1 | 1 | 2 | 1 | 2 | 2 | 1 | 2 | 1 |
| 12 | 3 | 2 | 1 | 2 | 1 | 2 | 1 | 2 | 1 | 1 | 2 | 1 | 2 |
| 13 | 4 | 1 | 2 | 2 | 1 | 1 | 2 | 2 | 1 | 1 | 2 | 2 | 1 |
| 14 | 4 | 1 | 2 | 2 | 1 | 2 | 1 | 1 | 2 | 2 | 1 | 1 | 2 |
| 15 | 4 | 2 | 1 | 1 | 2 | 1 | 2 | 2 | 1 | 2 | 1 | 1 | 2 |
| 16 | 4 | 2 | 1 | 1 | 2 | 2 | 1 | 1 | 2 | 1 | 2 | 2 | 1 |

(15) $L_{25}$ $(5^6)$

| 实验号 | 列号 | | | | | |
|---|---|---|---|---|---|---|
| | 1 | 2 | 3 | 4 | 5 | 6 |
| 1 | 1 | 1 | 1 | 1 | 1 | 1 |
| 2 | 1 | 2 | 2 | 2 | 2 | 2 |
| 3 | 1 | 3 | 3 | 3 | 3 | 3 |
| 4 | 1 | 4 | 4 | 4 | 4 | 4 |
| 5 | 1 | 5 | 5 | 5 | 5 | 5 |
| 6 | 2 | 1 | 2 | 3 | 4 | 5 |
| 7 | 2 | 2 | 3 | 4 | 5 | 1 |
| 8 | 2 | 3 | 4 | 5 | 1 | 2 |
| 9 | 2 | 4 | 5 | 1 | 2 | 3 |
| 10 | 2 | 5 | 1 | 2 | 3 | 4 |
| 11 | 3 | 1 | 3 | 5 | 2 | 4 |
| 12 | 3 | 2 | 4 | 1 | 3 | 5 |
| 13 | 3 | 3 | 5 | 2 | 4 | 1 |
| 14 | 3 | 4 | 1 | 3 | 5 | 2 |
| 15 | 3 | 5 | 2 | 4 | 1 | 3 |
| 16 | 4 | 1 | 4 | 2 | 5 | 3 |
| 17 | 4 | 2 | 5 | 3 | 1 | 4 |
| 18 | 4 | 3 | 1 | 4 | 2 | 5 |
| 19 | 4 | 4 | 2 | 5 | 3 | 1 |
| 20 | 4 | 5 | 3 | 1 | 4 | 2 |
| 21 | 5 | 1 | 5 | 4 | 3 | 2 |
| 22 | 5 | 2 | 1 | 5 | 4 | 3 |
| 23 | 5 | 3 | 2 | 1 | 5 | 4 |
| 24 | 5 | 4 | 3 | 2 | 1 | 5 |
| 25 | 5 | 5 | 4 | 3 | 2 | 1 |

(16) $L_{12}$ $(3\times2^4)$

| 实验号 | 列号 | | | | |
|---|---|---|---|---|---|
| | 1 | 2 | 3 | 4 | 5 |
| 1 | 2 | 1 | 1 | 1 | 2 |
| 2 | 2 | 2 | 1 | 2 | 1 |
| 3 | 2 | 1 | 2 | 2 | 2 |
| 4 | 2 | 2 | 2 | 1 | 1 |
| 5 | 1 | 1 | 1 | 2 | 2 |
| 6 | 1 | 2 | 1 | 2 | 1 |
| 7 | 1 | 1 | 2 | 1 | 1 |
| 8 | 1 | 2 | 2 | 1 | 2 |
| 9 | 3 | 1 | 1 | 1 | 1 |
| 10 | 3 | 2 | 1 | 1 | 2 |
| 11 | 3 | 1 | 2 | 2 | 1 |
| 12 | 3 | 2 | 2 | 2 | 2 |

(17) $L_{12}$ $(6\times2^2)$

| 实验号 | 列号 | | |
|---|---|---|---|
| | 1 | 2 | 3 |
| 1 | 1 | 1 | 1 |
| 2 | 2 | 1 | 2 |
| 3 | 1 | 2 | 2 |
| 4 | 2 | 2 | 1 |
| 5 | 3 | 1 | 2 |
| 6 | 4 | 1 | 1 |
| 7 | 3 | 2 | 1 |
| 8 | 4 | 2 | 2 |
| 9 | 5 | 1 | 1 |
| 10 | 6 | 1 | 2 |
| 11 | 5 | 2 | 2 |
| 12 | 6 | 2 | 1 |

## 5. 离群数据分析判断表

### (1) 克罗勃斯(Grubbs)检验临界值 $T_a$ 表

| m | 显著性水平α | | | | m | 显著性水平α | | | |
|---|---|---|---|---|---|---|---|---|---|
| | 0.05 | 0.025 | 0.01 | 0.005 | | 0.05 | 0.025 | 0.01 | 0.005 |
| 3 | 1.153 | 1.155 | 1.155 | 1.155 | 31 | 2.759 | 2.024 | 3.119 | 3.253 |
| 4 | 1.463 | 1.481 | 1.492 | 1.496 | 32 | 2.773 | 2.938 | 3.135 | 3.270 |
| 5 | 1.672 | 1.715 | 1.749 | 1.764 | 33 | 2.786 | 2.952 | 3.150 | 3.286 |
| | | | | | 34 | 2.799 | 2.965 | 3.164 | 3.301 |
| 6 | 1.822 | 1.887 | 1.944 | 1.973 | 35 | 2.811 | 2.979 | 3.178 | 3.316 |
| 7 | 1.938 | 2.020 | 2.097 | 2.139 | | | | | |
| 8 | 2.032 | 2.126 | 2.221 | 2.274 | 36 | 2.823 | 2.991 | 3.191 | 3.330 |
| 9 | 2.110 | 2.315 | 2.323 | 2.387 | 37 | 2.835 | 3.003 | 3.204 | 3.343 |
| 10 | 2.176 | 2.290 | 2.410 | 2.482 | 38 | 2.846 | 3.014 | 3.216 | 3.356 |
| | | | | | 39 | 2.857 | 3.025 | 3.288 | 3.369 |
| 11 | 2.234 | 2.355 | 2.485 | 2.564 | 40 | 2.866 | 3.036 | 3.240 | 3.381 |
| 12 | 2.285 | 2.412 | 2.550 | 2.636 | | | | | |
| 13 | 2.331 | 2.462 | 2.607 | 2.699 | 41 | 2.877 | 3.046 | 3.251 | 3.393 |
| 14 | 2.371 | 2.507 | 2.659 | 2.755 | 42 | 2.887 | 3.057 | 3.261 | 3.404 |
| 15 | 2.409 | 2.549 | 2.705 | 2.806 | 43 | 2.896 | 3.067 | 3.271 | 3.415 |
| | | | | | 44 | 2.905 | 3.075 | 3.282 | 3.425 |
| 16 | 2.443 | 2.585 | 2.747 | 2.852 | 45 | 2.914 | 3.085 | 3.292 | 3.435 |
| 17 | 2.475 | 2.620 | 2.785 | 2.894 | | | | | |
| 18 | 2.504 | 2.650 | 2.821 | 2.932 | 46 | 2.923 | 3.094 | 3.302 | 3.445 |
| 19 | 2.532 | 2.681 | 2.854 | 2.968 | 47 | 2.931 | 3.103 | 3.310 | 3.455 |
| 20 | 2.557 | 2.709 | 2.884 | 2.001 | 48 | 2.940 | 3.111 | 3.319 | 3.464 |
| | | | | | 49 | 2.948 | 3.120 | 3.329 | 3.474 |
| 21 | 2.580 | 2.733 | 2.912 | 3.031 | 50 | 2.956 | 3.128 | 3.336 | 3.483 |
| 22 | 2.603 | 2.758 | 2.939 | 3.060 | | | | | |
| 23 | 2.624 | 2.781 | 2.963 | 3.087 | 60 | 3.025 | 3.199 | 3.411 | 3.560 |
| 24 | 2.644 | 2.802 | 2.987 | 3.112 | 70 | 3.082 | 3.257 | 3.471 | 3.622 |
| 25 | 2.663 | 2.822 | 3.009 | 3.135 | 80 | 3.130 | 3.305 | 3.521 | 3.673 |
| | | | | | 90 | 3.171 | 3.347 | 3.563 | 3.716 |
| 26 | 2.681 | 2.841 | 3.029 | 3.157 | 100 | 3.207 | 3.383 | 3.600 | 3.754 |
| 27 | 2.698 | 2.859 | 3.049 | 3.178 | | | | | |
| 28 | 2.714 | 2.876 | 3.068 | 3.199 | | | | | |
| 29 | 2.730 | 2.893 | 3.085 | 3.218 | | | | | |
| 30 | 2.745 | 2.908 | 3.103 | 3.236 | | | | | |

（2）Cochran 最大方差检验临界值 $C_a$ 表

| m | n=2 | | n=3 | | n=4 | | n=5 | | n=6 | |
|---|---|---|---|---|---|---|---|---|---|---|
| | a=0.01 | a=0.05 | a=0.01 | a=0.05 | a=0.01 | a=0.05 | a=0.01 | a=0.05 | a=0.01 | a=0.05 |
| 2 | — | — | 0.995 | 0.975 | 0.979 | 0.939 | 0.959 | 0.906 | 0.937 | 0.877 |
| 3 | 0.993 | 0.967 | 0.942 | 0.871 | 0.883 | 0.798 | 0.834 | 0.745 | 0.793 | 0.707 |
| 4 | 0.968 | 0.906 | 0.864 | 0.768 | 0.781 | 0.684 | 0.721 | 0.629 | 0.676 | 0.590 |
| 5 | 0.928 | 0.841 | 0.788 | 0.684 | 0.696 | 0.598 | 0.633 | 0.544 | 0.588 | 0.506 |
| 6 | 0.883 | 0.781 | 0.722 | 0.616 | 0.626 | 0.532 | 0.564 | 0.480 | 0.520 | 0.445 |
| 7 | 0.838 | 0.727 | 0.664 | 0.561 | 0.568 | 0.480 | 0.508 | 0.431 | 0.466 | 0.397 |
| 8 | 0.794 | 0.680 | 0.615 | 0.516 | 0.521 | 0.438 | 0.463 | 0.391 | 0.423 | 0.360 |
| 9 | 0.754 | 0.638 | 0.573 | 0.478 | 0.481 | 0.403 | 0.425 | 0.358 | 0.387 | 0.329 |
| 10 | 0.718 | 0.602 | 0.536 | 0.445 | 0.447 | 0.373 | 0.393 | 0.331 | 0.357 | 0.303 |
| 11 | 0.684 | 0.570 | 0.504 | 0.417 | 0.418 | 0.348 | 0.366 | 0.308 | 0.332 | 0.281 |
| 12 | 0.653 | 0.541 | 0.475 | 0.392 | 0.392 | 0.326 | 0.343 | 0.288 | 0.310 | 0.262 |
| 13 | 0.624 | 0.515 | 0.450 | 0.371 | 0.369 | 0.307 | 0.322 | 0.271 | 0.291 | 0.246 |
| 14 | 0.599 | 0.492 | 0.427 | 0.352 | 0.349 | 0.291 | 0.304 | 0.255 | 0.274 | 0.232 |
| 15 | 0.575 | 0.471 | 0.407 | 0.335 | 0.332 | 0.276 | 0.288 | 0.242 | 0.259 | 0.220 |
| 16 | 0.553 | 0.452 | 0.388 | 0.319 | 0.316 | 0.262 | 0.274 | 0.230 | 0.246 | 0.208 |
| 17 | 0.532 | 0.434 | 0.372 | 0.305 | 0.301 | 0.250 | 0.261 | 0.219 | 0.234 | 0.198 |
| 18 | 0.514 | 0.418 | 0.356 | 0.293 | 0.288 | 0.240 | 0.249 | 0.209 | 0.223 | 0.189 |
| 19 | 0.496 | 0.403 | 0.343 | 0.281 | 0.276 | 0.230 | 0.238 | 0.200 | 0.214 | 0.181 |
| 20 | 0.480 | 0.389 | 0.330 | 0.270 | 0.265 | 0.220 | 0.229 | 0.192 | 0.205 | 0.174 |
| 21 | 0.465 | 0.377 | 0.318 | 0.261 | 0.255 | 0.212 | 0.220 | 0.185 | 0.197 | 0.167 |
| 22 | 0.450 | 0.365 | 0.307 | 0.252 | 0.246 | 0.204 | 0.212 | 0.178 | 0.189 | 0.160 |
| 23 | 0.437 | 0.354 | 0.297 | 0.243 | 0.238 | 0.197 | 0.204 | 0.172 | 0.182 | 0.155 |
| 24 | 0.425 | 0.343 | 0.287 | 0.235 | 0.230 | 0.191 | 0.197 | 0.166 | 0.176 | 0.149 |
| 25 | 0.413 | 0.334 | 0.278 | 0.228 | 0.222 | 0.185 | 0.190 | 0.160 | 0.170 | 0.144 |
| 26 | 0.402 | 0.325 | 0.270 | 0.221 | 0.215 | 0.179 | 0.184 | 0.155 | 0.164 | 0.140 |
| 27 | 0.391 | 0.316 | 0.262 | 0.215 | 0.209 | 0.173 | 0.179 | 0.150 | 0.159 | 0.135 |
| 28 | 0.382 | 0.308 | 0.255 | 0.209 | 0.202 | 0.168 | 0.173 | 0.146 | 0.154 | 0.131 |
| 29 | 0.372 | 0.300 | 0.248 | 0.203 | 0.196 | 0.164 | 0.168 | 0.142 | 0.150 | 0.127 |
| 30 | 0.363 | 0.293 | 0.241 | 0.198 | 0.191 | 0.159 | 0.164 | 0.138 | 0.145 | 0.124 |
| 31 | 0.355 | 0.286 | 0.235 | 0.193 | 0.186 | 0.155 | 0.159 | 0.134 | 0.141 | 0.120 |
| 32 | 0.347 | 0.280 | 0.229 | 0.188 | 0.181 | 0.151 | 0.155 | 0.131 | 0.138 | 0.117 |
| 33 | 0.339 | 0.273 | 0.224 | 0.184 | 0.177 | 0.147 | 0.151 | 0.127 | 0.134 | 0.114 |
| 34 | 0.332 | 0.267 | 0.218 | 0.179 | 0.172 | 0.144 | 0.147 | 0.124 | 0.131 | 0.111 |
| 35 | 0.325 | 0.262 | 0.213 | 0.175 | 0.168 | 0.140 | 0.144 | 0.121 | 0.127 | 0.108 |
| 36 | 0.318 | 0.256 | 0.208 | 0.172 | 0.165 | 0.137 | 0.140 | 0.118 | 0.124 | 0.106 |
| 37 | 0.312 | 0.251 | 0.204 | 0.168 | 0.161 | 0.134 | 0.137 | 0.116 | 0.121 | 0.103 |
| 38 | 0.306 | 0.246 | 0.200 | 0.164 | 0.157 | 0.131 | 0.134 | 0.113 | 0.119 | 0.101 |
| 39 | 0.300 | 0.242 | 0.196 | 0.161 | 0.154 | 0.129 | 0.131 | 0.111 | 0.116 | 0.099 |
| 40 | 0.294 | 0.237 | 0.192 | 0.158 | 0.151 | 0.126 | 0.128 | 0.108 | 0.114 | 0.097 |

## 6. F 分布表

（1）$a=0.05$

| $n_2$ | $n_1$=1 | 2 | 3 | 4 | 5 | 6 | 7 | 8 | 9 | 10 | 12 | 15 | 20 | 60 | ∞ |
|---|---|---|---|---|---|---|---|---|---|---|---|---|---|---|---|
| 1 | 161.4 | 199.5 | 215.7 | 224.6 | 230.2 | 234.0 | 236.8 | 238.9 | 240.5 | 241.9 | 243.9 | 245.9 | 248.0 | 252.2 | 254.3 |
| 2 | 18.51 | 19.00 | 19.16 | 19.25 | 19.3 | 19.33 | 19.35 | 19.37 | 19.38 | 19.40 | 19.41 | 19.43 | 19.45 | 19.48 | 19.50 |
| 3 | 10.13 | 9.55 | 9.28 | 9.12 | 9.01 | 8.94 | 8.89 | 8.85 | 8.81 | 8.79 | 8.74 | 8.70 | 8.66 | 8.57 | 8.53 |
| 4 | 7.71 | 6.94 | 6.59 | 6.39 | 6.26 | 6.16 | 6.09 | 6.04 | 6.00 | 5.96 | 5.91 | 5.86 | 5.80 | 5.69 | 5.63 |
| 5 | 6.61 | 5.79 | 5.41 | 5.19 | 5.05 | 4.95 | 4.88 | 4.82 | 4.77 | 4.74 | 4.68 | 4.62 | 4.56 | 4.43 | 4.36 |
| 6 | 5.99 | 5.14 | 4.76 | 4.53 | 4.39 | 4.28 | 4.21 | 4.15 | 4.10 | 4.06 | 4.00 | 3.94 | 3.87 | 3.74 | 3.67 |
| 7 | 5.59 | 4.74 | 4.35 | 4.12 | 3.97 | 3.87 | 3.79 | 3.73 | 3.68 | 3.64 | 3.57 | 3.51 | 3.44 | 3.30 | 3.23 |
| 8 | 5.32 | 4.46 | 4.07 | 3.84 | 3.69 | 3.58 | 3.50 | 3.44 | 3.39 | 3.35 | 3.28 | 3.22 | 3.15 | 3.01 | 2.93 |
| 9 | 5.12 | 4.26 | 3.86 | 3.63 | 3.48 | 3.37 | 3.29 | 3.23 | 3.18 | 3.14 | 3.07 | 3.01 | 2.94 | 2.79 | 2.71 |
| 10 | 4.96 | 4.10 | 3.71 | 3.48 | 3.33 | 3.22 | 3.14 | 3.07 | 3.02 | 2.98 | 2.91 | 2.85 | 2.77 | 2.62 | 2.54 |
| 11 | 4.84 | 3.98 | 3.59 | 3.36 | 3.20 | 3.09 | 3.01 | 2.95 | 2.90 | 2.85 | 2.79 | 2.72 | 2.65 | 2.49 | 2.40 |
| 12 | 4.75 | 3.89 | 3.49 | 3.26 | 3.11 | 3.00 | 2.91 | 2.85 | 2.80 | 2.75 | 2.69 | 2.62 | 2.54 | 2.38 | 2.30 |
| 13 | 4.67 | 3.81 | 3.41 | 3.18 | 3.03 | 2.92 | 2.83 | 2.77 | 2.71 | 2.67 | 2.60 | 2.53 | 2.46 | 2.30 | 2.21 |
| 14 | 4.60 | 3.74 | 3.34 | 3.11 | 2.96 | 2.85 | 2.76 | 2.70 | 2.65 | 2.60 | 2.53 | 2.46 | 2.39 | 2.22 | 2.13 |
| 15 | 4.54 | 3.68 | 3.29 | 3.06 | 2.90 | 2.79 | 2.71 | 2.64 | 2.59 | 2.54 | 2.43 | 2.40 | 2.33 | 2.16 | 2.07 |
| 16 | 4.49 | 3.63 | 3.24 | 3.01 | 2.85 | 2.74 | 2.66 | 2.59 | 2.54 | 2.49 | 2.42 | 2.35 | 2.28 | 2.11 | 2.01 |
| 17 | 4.45 | 3.59 | 3.20 | 2.96 | 2.81 | 2.70 | 2.61 | 2.55 | 2.49 | 2.45 | 2.38 | 2.31 | 2.23 | 2.06 | 1.96 |
| 18 | 4.41 | 3.55 | 3.16 | 2.93 | 2.77 | 2.66 | 2.58 | 2.51 | 2.46 | 2.41 | 2.34 | 2.27 | 2.19 | 2.02 | 1.92 |
| 19 | 4.38 | 3.52 | 3.13 | 2.90 | 2.74 | 2.63 | 2.54 | 2.48 | 2.42 | 2.38 | 2.31 | 2.23 | 2.16 | 1.98 | 1.88 |
| 20 | 4.35 | 3.49 | 3.10 | 2.87 | 2.71 | 2.60 | 2.51 | 2.45 | 2.39 | 2.35 | 2.28 | 2.20 | 2.12 | 1.95 | 1.84 |
| 21 | 4.32 | 3.47 | 3.07 | 2.84 | 2.68 | 2.57 | 2.49 | 2.42 | 2.37 | 2.32 | 2.25 | 2.18 | 2.10 | 1.92 | 1.81 |
| 22 | 4.30 | 3.44 | 3.05 | 2.82 | 2.66 | 2.55 | 2.46 | 2.40 | 2.34 | 2.30 | 2.23 | 2.15 | 2.07 | 1.89 | 1.78 |
| 23 | 4.28 | 3.42 | 3.03 | 2.80 | 2.64 | 2.53 | 2.44 | 2.37 | 2.32 | 2.27 | 2.20 | 2.13 | 2.05 | 1.86 | 1.76 |
| 24 | 4.26 | 3.40 | 3.01 | 2.78 | 2.62 | 2.51 | 2.42 | 2.36 | 2.30 | 2.25 | 2.18 | 2.11 | 2.03 | 1.84 | 1.73 |
| 25 | 4.24 | 3.39 | 2.99 | 2.76 | 2.60 | 2.49 | 2.40 | 2.34 | 2.28 | 2.24 | 2.16 | 2.09 | 2.01 | 1.82 | 1.71 |
| 30 | 4.17 | 3.32 | 2.92 | 2.69 | 2.53 | 2.42 | 2.33 | 2.27 | 2.21 | 2.16 | 2.09 | 2.01 | 1.93 | 1.74 | 1.62 |
| 40 | 4.08 | 3.23 | 2.84 | 2.61 | 2.45 | 2.34 | 2.25 | 2.18 | 2.12 | 2.08 | 2.00 | 1.92 | 1.84 | 1.64 | 1.51 |
| 60 | 4.00 | 3.15 | 2.76 | 2.53 | 2.37 | 2.25 | 2.17 | 2.10 | 2.04 | 1.99 | 1.92 | 1.84 | 1.75 | 1.53 | 1.39 |
| 120 | 3.92 | 3.07 | 2.68 | 2.45 | 2.29 | 2.17 | 2.09 | 2.02 | 1.96 | 1.91 | 1.83 | 1.75 | 1.66 | 1.43 | 1.25 |
| ∞ | 3.84 | 3.00 | 2.60 | 2.37 | 2.21 | 2.10 | 2.01 | 1.94 | 1.88 | 1.83 | 1.75 | 1.67 | 1.57 | 1.32 | 1.00 |

（2） $a=0.01$

| $n_2$ | $n_1$ | | | | | | | | | | | | | | |
|---|---|---|---|---|---|---|---|---|---|---|---|---|---|---|---|
| | 1 | 2 | 3 | 4 | 5 | 6 | 7 | 8 | 9 | 10 | 12 | 15 | 20 | 60 | ∞ |
| 1 | 4052 | 4999.5 | 5403 | 5625 | 5764 | 5859 | 5928 | 5982 | 6022 | 6056 | 6106 | 6157 | 6209 | 6313 | 6366 |
| 2 | 98.50 | 99.00 | 99.17 | 99.25 | 99.30 | 99.33 | 99.36 | 99.37 | 99.39 | 99.40 | 99.42 | 99.43 | 99.45 | 99.48 | 99.50 |
| 3 | 34.12 | 30.82 | 29.46 | 23.71 | 28.24 | 27.91 | 27.67 | 27.49 | 27.35 | 27.23 | 27.05 | 26.37 | 26.69 | 26.32 | 26.13 |
| 4 | 21.20 | 18.00 | 16.69 | 15.98 | 15.52 | 15.21 | 14.98 | 14.80 | 14.66 | 14.55 | 14.37 | 14.20 | 14.02 | 13.65 | 13.46 |
| 5 | 16.26 | 13.27 | 12.06 | 11.39 | 10.97 | 10.67 | 10.46 | 10.29 | 10.16 | 10.05 | 9.89 | 9.72 | 9.55 | 9.20 | 9.02 |
| 6 | 13.75 | 10.92 | 9.78 | 9.15 | 8.75 | 8.47 | 8.26 | 8.10 | 7.98 | 7.87 | 7.72 | 7.56 | 7.40 | 7.06 | 6.88 |
| 7 | 12.25 | 9.55 | 8.45 | 7.85 | 7.46 | 7.19 | 6.99 | 6.84 | 6.72 | 6.62 | 6.47 | 6.31 | 6.16 | 5.82 | 5.65 |
| 8 | 11.26 | 8.65 | 7.59 | 7.01 | 6.65 | 6.37 | 6.18 | 6.03 | 5.91 | 5.81 | 5.67 | 5.52 | 5.36 | 5.03 | 4.86 |
| 9 | 10.56 | 8.02 | 6.99 | 6.42 | 6.06 | 5.80 | 5.61 | 5.47 | 5.35 | 5.26 | 5.11 | 4.96 | 4.81 | 4.48 | 4.31 |
| 10 | 10.04 | 7.56 | 6.55 | 5.99 | 5.64 | 5.39 | 5.20 | 5.06 | 4.94 | 4.85 | 4.71 | 4.56 | 4.41 | 4.08 | 3.91 |
| 11 | 9.65 | 7.21 | 6.22 | 5.67 | 5.32 | 5.07 | 4.89 | 4.74 | 4.63 | 4.54 | 4.40 | 4.25 | 4.10 | 3.78 | 3.60 |
| 12 | 9.33 | 6.93 | 5.95 | 5.41 | 5.06 | 4.82 | 4.64 | 4.50 | 4.39 | 4.30 | 4.16 | 4.01 | 3.86 | 3.54 | 3.36 |
| 13 | 9.07 | 6.70 | 5.74 | 5.21 | 4.86 | 4.62 | 4.44 | 4.30 | 4.19 | 4.10 | 3.96 | 3.82 | 3.66 | 3.34 | 3.17 |
| 14 | 8.86 | 6.51 | 5.56 | 5.04 | 4.69 | 4.46 | 4.28 | 4.14 | 4.03 | 3.94 | 3.80 | 3.66 | 3.51 | 3.18 | 3.00 |
| 15 | 8.68 | 6.36 | 5.42 | 4.89 | 4.56 | 4.32 | 4.14 | 4.00 | 3.89 | 3.80 | 3.67 | 3.52 | 3.37 | 3.05 | 2.87 |
| 16 | 8.53 | 6.23 | 5.29 | 4.77 | 4.44 | 4.20 | 4.03 | 3.89 | 3.78 | 3.69 | 3.55 | 3.41 | 3.26 | 2.93 | 2.75 |
| 17 | 8.40 | 6.11 | 5.18 | 4.67 | 4.34 | 4.10 | 3.93 | 3.79 | 3.68 | 3.59 | 3.46 | 3.31 | 3.16 | 2.83 | 2.65 |
| 18 | 8.29 | 6.01 | 5.09 | 4.58 | 4.25 | 4.01 | 3.84 | 3.71 | 3.60 | 3.51 | 3.37 | 3.23 | 3.08 | 2.75 | 2.57 |
| 19 | 8.18 | 5.93 | 5.01 | 4.50 | 4.17 | 3.94 | 3.77 | 3.63 | 3.52 | 3.43 | 3.30 | 3.15 | 3.00 | 2.67 | 2.49 |
| 20 | 8.10 | 5.85 | 4.94 | 4.43 | 4.10 | 3.87 | 3.70 | 3.56 | 3.46 | 3.37 | 3.23 | 3.09 | 2.94 | 2.61 | 2.45 |
| 21 | 8.02 | 5.78 | 4.87 | 4.37 | 4.04 | 3.81 | 3.64 | 3.51 | 3.40 | 3.31 | 3.17 | 3.03 | 2.88 | 2.55 | 2.36 |
| 22 | 7.95 | 5.72 | 4.82 | 4.31 | 3.99 | 3.76 | 3.59 | 3.45 | 3.35 | 3.26 | 3.12 | 2.98 | 2.83 | 2.50 | 2.31 |
| 23 | 7.88 | 5.66 | 4.76 | 4.26 | 3.94 | 3.71 | 3.54 | 3.41 | 3.30 | 3.21 | 3.07 | 2.93 | 2.78 | 2.45 | 2.26 |
| 24 | 7.82 | 5.61 | 4.72 | 4.22 | 3.90 | 3.67 | 3.50 | 3.36 | 3.26 | 3.17 | 3.03 | 2.89 | 2.74 | 2.40 | 2.21 |
| 25 | 7.77 | 5.57 | 4.68 | 4.18 | 3.85 | 3.63 | 3.46 | 3.32 | 3.22 | 3.13 | 2.99 | 2.85 | 2.70 | 2.36 | 2.17 |
| 30 | 7.56 | 5.39 | 4.51 | 4.02 | 3.70 | 3.47 | 3.30 | 3.17 | 3.07 | 2.98 | 2.84 | 2.70 | 2.55 | 2.21 | 2.01 |
| 40 | 7.31 | 5.18 | 4.31 | 4.83 | 3.51 | 3.29 | 3.12 | 2.99 | 2.89 | 2.80 | 2.66 | 2.52 | 2.37 | 2.02 | 1.80 |
| 60 | 7.08 | 4.98 | 4.13 | 3.65 | 3.34 | 3.12 | 2.95 | 2.82 | 2.72 | 2.63 | 2.50 | 2.35 | 2.20 | 1.84 | 1.60 |
| 120 | 6.85 | 4.79 | 3.95 | 3.48 | 3.17 | 2.96 | 2.79 | 2.66 | 2.56 | 2.47 | 2.34 | 2.19 | 2.03 | 1.66 | 1.38 |
| ∞ | 6.63 | 4.61 | 3.78 | 3.32 | 3.02 | 2.80 | 2.64 | 2.51 | 2.41 | 2.32 | 2.18 | 2.04 | 1.88 | 1.47 | 1.00 |

## 7. 相关系数检验表

| $n-2$ | 5% | 1% | $n-2$ | 5% | 1% | $n-2$ | 5% | 1% |
|---|---|---|---|---|---|---|---|---|
| 1 | 0.997 | 1.000 | 16 | 0.468 | 0.590 | 35 | 0.325 | 0.418 |
| 2 | 0.950 | 0.990 | 17 | 0.456 | 0.575 | 40 | 0.304 | 0.393 |
| 3 | 0.878 | 0.959 | 18 | 0.444 | 0.561 | 45 | 0.288 | 0.372 |
| 4 | 0.811 | 0.917 | 19 | 0.433 | 0.549 | 50 | 0.273 | 0.354 |
| 5 | 0.754 | 0.874 | 20 | 0.423 | 0.537 | 60 | 0.250 | 0.325 |
| 6 | 0.707 | 0.834 | 21 | 0.413 | 0.526 | 70 | 0.232 | 0.302 |
| 7 | 0.666 | 0.798 | 22 | 0.404 | 0.515 | 80 | 0.217 | 0.283 |
| 8 | 0.632 | 0.765 | 23 | 0.396 | 0.505 | 90 | 0.205 | 0.267 |
| 9 | 0.602 | 0.735 | 24 | 0.388 | 0.496 | 100 | 0.195 | 0.254 |
| 10 | 0.576 | 0.708 | 25 | 0.381 | 0.487 | 125 | 0.174 | 0.228 |
| 11 | 0.553 | 0.684 | 26 | 0.374 | 0.478 | 150 | 0.159 | 0.208 |
| 12 | 0.532 | 0.661 | 27 | 0.367 | 0.470 | 200 | 0.138 | 0.181 |
| 13 | 0.514 | 0.641 | 28 | 0.361 | 0.463 | 300 | 0.113 | 0.148 |
| 14 | 0.497 | 0.623 | 29 | 0.355 | 0.456 | 400 | 0.098 | 0.128 |
| 15 | 0.482 | 0.606 | 30 | 0.349 | 0.449 | 1000 | 0.062 | 0.081 |

## 8. 水中饱和溶解氧量

| 温度/℃ | 水中氯离子浓度/(mg/L) | | | | | $Cl^-$每增加100mg/L时相当溶解氧量减少量 |
|---|---|---|---|---|---|---|
| | 0 | 5000 | 10,000 | 15,000 | 20,000 | |
| | 溶解氧量/(mg/L) | | | | | |
| 0 | 14.15 | 13.40 | 12.63 | 11.87 | 11.10 | 0.0153 |
| 1 | 13.77 | 13.02 | 12.29 | 11.55 | 10.80 | 0.0148 |
| 2 | 13.40 | 12.68 | 11.97 | 11.25 | 10.52 | 0.0144 |
| 3 | 13.04 | 12.35 | 11.65 | 10.95 | 10.25 | 0.0140 |
| 4 | 12.70 | 12.03 | 11.35 | 10.67 | 9.99 | 0.0135 |
| 5 | 13.37 | 11.72 | 11.06 | 10.40 | 9.74 | 0.0131 |
| 6 | 12.06 | 11.42 | 10.96 | 10.15 | 9.51 | 0.0128 |
| 7 | 11.75 | 11.15 | 10.52 | 9.90 | 9.28 | 0.0124 |
| 8 | 11.47 | 10.57 | 10.27 | 9.67 | 9.06 | 0.0120 |
| 9 | 11.19 | 10.61 | 10.03 | 9.44 | 8.85 | 0.0117 |
| 10 | 10.92 | 10.36 | 9.97 | 9.23 | 8.66 | 0.0113 |
| 11 | 10.67 | 10.12 | 9.57 | 9.02 | 8.47 | 0.0110 |
| 12 | 10.43 | 9.90 | 9.36 | 8.82 | 8.29 | 0.0107 |
| 13 | 10.20 | 9.68 | 9.16 | 8.64 | 8.11 | 0.0104 |
| 14 | 9.97 | 9.47 | 8.97 | 8.46 | 7.95 | 0.0101 |
| 15 | 9.76 | 9.27 | 8.75 | 8.29 | 7.79 | 0.0099 |
| 16 | 9.59 | 9.06 | 8.60 | 8.12 | 7.63 | 0.0096 |
| 17 | 9.37 | 8.90 | 8.44 | 7.97 | 7.49 | 0.0094 |
| 18 | 9.18 | 8.73 | 8.27 | 7.82 | 7.36 | 0.0091 |
| 19 | 9.01 | 8.57 | 8.12 | 7.76 | 7.22 | 0.0089 |
| 20 | 8.84 | 8.41 | 7.97 | 7.54 | 7.10 | 0.0087 |
| 21 | 8.68 | 8.26 | 7.83 | 7.40 | 6.97 | 0.0086 |
| 22 | 8.53 | 8.11 | 7.70 | 7.26 | 6.85 | 0.0084 |
| 23 | 8.39 | 7.98 | 7.57 | 7.16 | 6.74 | 0.0083 |
| 24 | 8.25 | 7.85 | 7.44 | 7.04 | 6.65 | 0.0081 |
| 25 | 8.11 | 7.70 | 7.32 | 6.95 | 6.52 | 0.0079 |
| 26 | 7.99 | 7.60 | 7.21 | 6.82 | 6.42 | 0.0078 |
| 27 | 7.87 | 7.48 | 7.10 | 6.71 | 6.32 | 0.0077 |
| 28 | 7.75 | 7.37 | 6.99 | 6.61 | 6.22 | 0.0076 |
| 29 | 7.64 | 7.26 | 6.88 | 6.51 | 6.12 | 0.0076 |
| 30 | 7.53 | 7.16 | 6.78 | 6.41 | 6.03 | 0.0075 |
| 31 | 7.43 | 7.06 | 6.66 | 6.31 | 5.93 | 0.0075 |
| 32 | 7.32 | 6.96 | 6.59 | 6.21 | 5.84 | 0.0074 |
| 33 | 7.23 | 6.86 | 6.49 | 6.12 | 5.75 | 0.0074 |
| 34 | 7.13 | 6.77 | 6.40 | 6.03 | 5.65 | 0.0074 |
| 35 | 7.04 | 6.67 | 6.30 | 5.93 | 5.56 | 0.0074 |

**9. 氧在蒸馏水中的溶解度（饱和度）**

| 水温 $T$ /℃ | 溶解度 /(mg/L) | 水温 $T$ /℃ | 溶解度 /(mg/L) | 水温 $T$ /℃ | 溶解度 /(mg/L) | 水温 $T$ /℃ | 溶解度 /(mg/L) |
|---|---|---|---|---|---|---|---|
| 0 | 14.62 | 8 | 11.87 | 16 | 9.95 | 24 | 8.53 |
| 1 | 14.23 | 9 | 11.59 | 17 | 9.74 | 25 | 8.38 |
| 2 | 13.84 | 10 | 11.33 | 18 | 9.54 | 26 | 8.22 |
| 3 | 13.48 | 11 | 11.08 | 19 | 9.35 | 27 | 8.07 |
| 4 | 13.13 | 12 | 10.83 | 20 | 9.17 | 28 | 7.92 |
| 5 | 12.80 | 13 | 10.60 | 21 | 8.99 | 29 | 7.77 |
| 6 | 12.48 | 14 | 10.37 | 22 | 8.83 | 30 | 7.63 |
| 7 | 12.17 | 15 | 10.15 | 23 | 8.63 | | |

**10. 含盐量与水电阻率计算图**

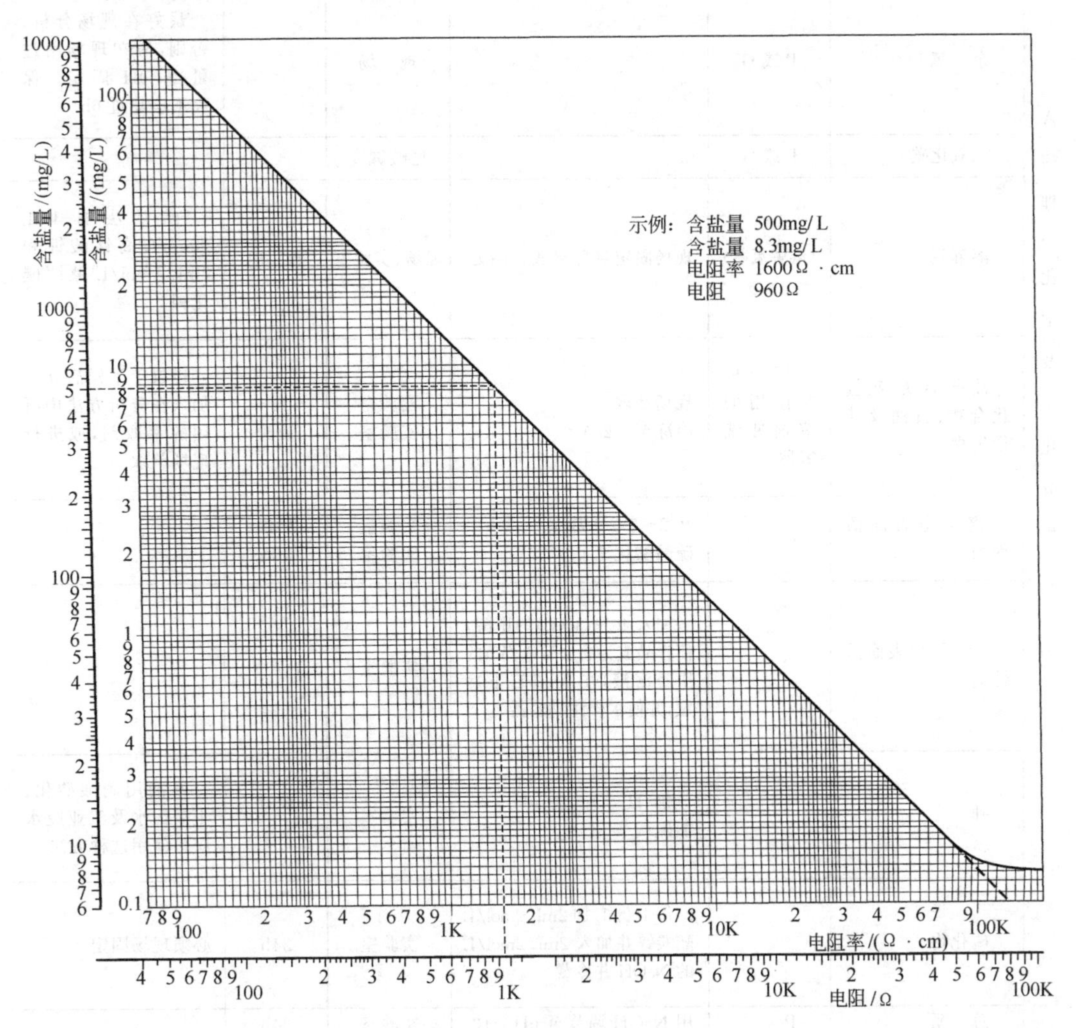

## 11. 样品的保存与数据记录

11.1　常用样品保存技术（据 GB 12999—1991）

（本表内容是保存样品的一般要求。由于天然水和废水的性质复杂，分析前需验证按下述方法处理的每种类型样品的稳定性。）

| 项目 | 1<br>待测项目 | 2<br>容器类别 | 3<br>保存方法 | 4<br>分析地点 | 5<br>可保存时间 | 6<br>建　议 |
|---|---|---|---|---|---|---|
| A物理、化学及生化分析 | pH | P或G | | 现　场 | | 现场直接测试 |
| | 酸度及碱度 | P或G | 在2～5℃暗处冷藏 | 实验室 | 24h | 水样注满容器 |
| | 溴 | G | | 实验室 | 6h | 最好在现场测试 |
| | 电　导 | P或G | 冷藏于2～5℃ | 实验室 | 24h | 最好在现场测试 |
| | 色　度 | P或G | 在2～5℃暗处冷藏 | 现场、实验室 | 24h | |
| | 悬浮物及沉积物 | P或G | | 实验室 | 24h | 单独定容采样 |
| | 浊　度 | P或G | | 实验室 | 尽快 | 最好在现场测试 |
| | 臭　氧 | | | 现　场 | | |
| | 余　氯 | P或G | | 现　场 | | 最好在现场分析。否则，应在现场用过量 NaOH 固定。保存不应超过6h |
| | 二氧化碳 | P或G | | 见酸碱度 | | |
| | 溶解氧 | (溶解氧瓶) | 现场固定氧并存放在暗处 | 现场、实验室 | 数小时 | 碘量法加1mL 1mol/L高锰酸钾和2mL 1mol/L碱性碘化钾 |
| | 油脂、油类、碳氢化合物、石油及其衍生物 | 用分析时使用的溶剂冲洗容器 | 现场萃取<br>冷冻至－20℃ | 实验室<br>实验室 | 24h<br>数月 | 建议于采样后立即加入在分析方法中所用的萃取剂，或进行现场萃取 |
| | 离子型表面活性剂 | G | 在2～5℃下冷藏<br>硫酸酸化至pH＜2 | 实验室<br>实验室 | 尽快<br>48h | |
| | 非离子型表面活性剂 | G | 加入40%($V/V$)的甲醛，使样品成为含1%($V/V$)的甲醛溶液，在2～5℃下冷藏，并使水样注满容器 | 实验室 | 1个月 | |
| | 砷 | | 加 $H_2SO_4$，使pH＜2，加碱调节pH＝12 | 实验室 | 数月 | 不能用硝酸酸化。生活污水及工业废水应用使用这种方法 |
| | 硫化物 | | 每100mL加2mL 2mol/L醋酸锌并加入2mL 2mol/L的NaOH并冷藏 | 实验室 | 24h | 必须现场固定 |
| | 总　氰 | P | 用NaOH调节至pH＞12 | 实验室 | 24h | |

续表

| 项目 | 1 待测项目 | 2 容器类别 | 3 保存方法 | 4 分析地点 | 5 可保存时间 | 6 建议 |
|---|---|---|---|---|---|---|
| A 物理、化学及生化分析 | COD | G | 在 2～5℃暗处冷藏用 $H_2SO_4$ 酸化至 $pH<2$，－20℃冷冻（一般不使用） | 实验室<br>实验室<br>实验室 | 尽快<br>1周<br>1个月 | 如果 COD 是因为存在有机物引起的，则必须加以酸化 COD 值低时，最好用玻璃瓶保存 |
| | BOD | G | 在 2～5℃暗处冷藏，－20℃冷冻（一般不使用） | 实验室<br>实验室 | 尽快<br>1个月 | BOD 值低时，最好用玻璃容器 |
| | 基耶达氮<br>氨 氮 | P或G<br>P或G | 用 $H_2SO_4$ 酸化至 $pH<2$ 并在 2～5℃冷藏 | 实验室 | 尽快 | 为了阻止硝化细菌的新陈代谢，应考虑加入杀菌剂如丙烯基硫脲或氯化汞或三氯甲烷等 |
| | 硝酸盐氮 | P或G | 酸化至 $pH<2$ 并在 2～5℃冷藏 | 实验室 | 24h | 有些废水样品不能保存，需要现场分析 |
| | 亚硝酸盐氮 | P或G | 在 2～5℃冷藏 | 实验室 | 尽快 | |
| | 有机碳 | G | 有 $H_2SO_4$ 酸化至 $pH<2$ 并在 2～5℃冷藏 | 实验室<br>实验室 | 24h<br>1周 | 应尽快测试，有些情况下，可以用干冻法（－20℃）<br>建议于采样后立即加入在分析方法中所用的萃取剂，或在现场进行萃取 |
| | 有机氯农药 | G | 在 2～5℃冷藏 | | | |
| | 有机磷农药 | | 在 2～5℃冷藏 | 实验室 | 24h | 建议于采样后立即加入分析方法中所用萃取剂，或在现场进行萃取 |
| | "游离"氰化物 | P | 保存方法取决于分析方法 | 实验室 | 24h | |
| | 酚 | BG | 用 $CuSO_4$ 抑制生化作用并用 $H_3PO_4$ 酸化，或用 NaOH 调节至 $pH>12$ | 实验室 | 24h | 保存方法取决于所用的分析方法 |
| | 叶绿素 | P或G | 2～5℃下冷藏，过滤后冷冻滤渣 | 实验室<br>实验室 | 24h<br>1个月 | |
| | 肼 | G | 用 HCl 调至 1mol/L（每升样品 100mL）并于暗处贮存 | 实验室 | 24h | |

续表

| 项目 | 1<br>待测项目 | 2<br>容器类别 | 3<br>保存方法 | 4<br>分析地点 | 5<br>可保存时间 | 6<br>建　议 |
|---|---|---|---|---|---|---|
| A<br>物<br>理<br>、<br>化<br>学<br>及<br>生<br>化<br>分<br>析 | 洗涤剂 | 见表面活性剂 | | | | |
| | 汞 | P、BG | | 实验室 | 2周 | 保存方法取决于分析方法 |
| | 铝　可过滤铝 | P | 在现场过滤<br>硝酸酸化滤液至 pH<2<br>(如用原子吸收法测定则不能用 $H_2SO_4$ 酸化) | 实验室 | 1个月 | 滤渣用于测定不可过滤态铝<br>滤液用于该项测定 |
| | 铝　附着在悬浮物上的铝 | | 现场过滤 | 实验室 | 1个月 | |
| | 铝　总铝 | | 酸化至 pH<2 | 实验室 | 1个月 | 取均匀样品消解后测定<br>酸化时不能使用 $H_2SO_4$ |
| | 钡 | P或G | 见铝 | | | |
| | 镉 | P或BG | 见铝 | | | |
| | 铜 | | 见铝 | | | |
| | 总铁 | P或BG | 见铝 | | | |
| | 铅 | P或BG | 见铝 | | | 酸化时不能使用 $H_2SO_4$ |
| | 锰 | P或BG | 见铝 | | | |
| | 镍 | P或BG | 见铝 | | | |
| | 银 | P或BG | 见铝 | | | |
| | 锡 | P或BG | 见铝 | | | |
| | 铀 | P或BG | 见铝 | | | |
| | 锌 | P或BG | 见铝 | | | |
| | 总铬 | P或G | 酸化使 pH<2 | 实验室 | 尽快 | 不得使用磨口及内壁及磨毛的容器，以避免对铬的吸附 |
| | 六价铬 | P或G | 用 NaOH 调节使 pH=7～9 | | | |
| | 钴 | P或BG | 见铝 | 实验室 | 24h | 酸化时不要用 $H_2SO_4$，酸化的样品可同时用于测钙和其他金属 |
| | 钙 | P或BG | 过滤后将滤液酸化至 pH<2 | 实验室 | 数月 | |
| | 总硬度 | | 见钙 | | | |
| | 镁 | P或BG | 见钙 | | | |
| | 锂 | P | 酸化至 pH<2 | 实验室 | | |

续表

| 项目 | 1<br>待测项目 | 2<br>容器类别 | 3<br>保存方法 | 4<br>分析地点 | 5<br>可保存时间 | 6<br>建　议 |
|---|---|---|---|---|---|---|
| A物理、化学及生化分析 | 钾 | P | 见锂 | | | |
| | 钠 | P | 见锂 | | | |
| | 溴化物及含溴化合物 | P或G | 于2～5℃冷藏 | 实验室 | 尽快 | 样品应避光保存 |
| | 氯化物 | P或G | — | 实验室 | 数月 | |
| | 氟化物 | P | — | 实验室 | 中性样品可保存数月 | |
| | 碘化物 | 非光化玻璃 | 于2～5℃冷藏<br>加碱调节使pH=8 | 实验室 | 24h<br>1个月 | 样品应避免日光直射 |
| | 正磷酸盐 | BG | 于2～5℃冷藏 | 实验室 | 24h | 样品应立即过滤并尽快分析溶解的磷酸盐 |
| | 总磷 | BG | 用$H_2SO_4$酸化至pH<2 | 实验室<br>实验室 | 24h<br>数月 | |
| | 硒 | G或BG | 用NaOH调节pH>11 | | | |
| | 硅酸盐 | | 过滤并用$H_2SO_4$酸化至pH<2，于2～5℃冷藏 | 实验室 | 24h | |
| | 总硅 | P | — | 实验室 | 数月 | |
| | 硫酸盐 | P或G | 于2～5℃冷藏 | 实验室 | 一周 | |
| | 亚硫酸盐 | P或G | 在现场按每100mL水样加1mL25%（质量）的EDTA溶液 | 实验室 | 1周 | |
| | 硼及硼酸盐 | P | | 实验室 | 数月 | |
| B微生物分析 | 细菌总数<br>大肠菌总数<br>粪大肠菌<br>粪链球菌<br>沙门氏菌<br>志贺氏菌等 | 灭菌容器G | 2～5℃冷藏 | 实验室 | 尽快（地面水、污水及饮用水） | 取氯化或溴化过的水样时，所用的样品瓶消毒之前，按每125mL加入0.1mL10%（质量）的硫代硫酸钠$Na_2S_2O_3$以消除氯或溴对细菌的抑制作用<br>对重金属含量高于0.01mg/L的水样，应在容器消毒之前，按每125mL容积加入0.3mL的15%（质量）EDTA |

续表

| 项目 | 1<br>待测项目 | 2<br>容器类别 | 3<br>保存方法 | 4<br>分析地点 | 5<br>可保存时间 | 6<br>建　议 |
|---|---|---|---|---|---|---|
| C 生物学分析　本表所列的生物分析项目，仅是研究工作常涉及的动、植物种群 | 鉴定和计数：<br>①底栖类无脊椎动物——大样品 | P或G | 加入70%（体积）乙醇<br>加入40%（体积）的中性甲醛（用硼酸钠调节）使水样成为含2%～5%（体积）的溶液 | 实验室<br>实验室 | 1年<br>1年 | 样品中的水应先倒出以达到最大的防腐剂的浓度 |
| | ——小样品（如参考样品） | | 转入防腐溶液，含70%（体积）乙醇、40%（体积）甲醛和甘油，其三者比例为100+2+1 | 实验室 | | 当心甲醛蒸气！工作范围内不应大量存放 |
| | ②水中周丛生物 | G | 1份体积样品加入100份卢戈耳溶液。卢戈耳溶液：每升用150g碘化钾、100g碘、18mL乙酸 $\rho$=1.04g/L，配成水溶液，应存放于冷暗处 | 实验室 | 1年 | |
| | ③浮游植物<br>浮游动物 | G | 见“水中周丛生物”<br>加40%（体积）甲醛，使成4%（体积）的福尔马林或加卢戈耳溶液 | 实验室<br>实验室 | 1年<br>1年 | 若发生脱色，则应加更多的卢戈耳溶液 |
| | 湿重和干重：<br>①底栖大型无脊椎动物<br>②大型植物<br>③浮游植物<br>④浮游动物<br>⑤鱼 | | 于2～5℃冷藏 | 现场或实验室<br>现场 | 24h | 不要冷冻到－20℃，尽快进行分析，不得超过24h |
| | 灰分质量：<br>①底栖大型无脊椎动物<br>②大型植物<br>③悬垂植物<br>④浮游植物 | P或G | 过滤后冷藏于2～5℃<br>－20℃保存<br>－20℃保存<br>－20℃保存<br>过滤并冷藏，－20℃保存 | 实验室 | 6个月 | |
| | 热值测定：<br>①底栖大型无脊椎动物<br>②浮游植物<br>③浮游动物 | P或G | 过滤后冷藏至2～5℃，保存于干燥器皿中 | 实验室 | 24h | 尽快分析，不得超过24h |
| | 毒性实验 | P或G | 2～5℃冷藏<br>冷冻至－20℃ | 实验室<br>实验室 | 36h<br>36h | 保存期随所用分析方法而异 |

续表

| 1<br>待测项目 | 2<br>容器类别 | 3<br>保存方法 | 4<br>分析地点 | 5<br>可保存时间 | 6<br>建　议 |
|---|---|---|---|---|---|
| D 放射学分析 | P或G | 有关放射性分析用样品保存方法的许多研究都表明不可能找到适用于一切情况的保存办法。必须依据分析的类型〔测量总放射性（α、β、γ辐射）或是测量一个或多个放射性核素的放射性〕确定。保存这类样品的主要问题在于容器壁对样品中悬浮物质的吸附现象以及放射性核素的保存期。因此选择容器很重要，必要时应进行解吸附处理。通常采用的保存方法既可单独使用亦可结合起来使用。如用 $HNO_3$ 酸化样品至 pH＜2，或冷冻至－20℃，或加入稳定剂 | 实验室 | 依赖于放射性核素的半衰期 | |

注：1. P——聚乙烯；G——玻璃；BG——硼硅玻璃。

2. "—"表示不采取任何保存措施。

## 11.2　采样现场数据记录（据GB 12999—1991）

采样人员________

________

________

________

现场数据记录

| 采样地点 | 样品编写 | 采样日期 | 时间 | | pH值 | 温度 | 其他参数 | | |
|---|---|---|---|---|---|---|---|---|---|
| | | | 采样开始 | 采样结束 | | | | | |
| | | | | | | | | | |
| | | | | | | | | | |
| | | | | | | | | | |
| | | | | | | | | | |
| | | | | | | | | | |

11.3　管理程序记录卡片（据 GB 12999—1991）

| 课题编号和名称 | | | | | | 样品容器编号 | 备　注 |
|---|---|---|---|---|---|---|---|
| 采样人员(签字) | | | | | | | |
| 采样点编　号 | 日　期 | 时　刻 | 混合样 | 定时样 | 采样点位　置 | | |
| | | | | | | | |
| | | | | | | | |
| | | | | | | | |
| | | | | | | | |
| | | | | | | | |
| | | | | | | | |

| | | | | |
|---|---|---|---|---|
| 转交人签字： | 日期　　时刻 | 接收人签字： | 转交人签字： | 日期　　时刻 | 接收人签字： |
| 转交人签字： | 日期　　时刻 | 接收人签字： | 转交人签字： | 日期　　时刻 | 接收人签字： |
| 转交人签字： | 日期　　时刻 | 接收人签字： | 转交人签字： | 备注 | |

**12. 样品保存的一般技术**（据 ISO/DIS 5667/3，1983）

（本表仅为样品保存的一般性指导。在分析前需了解天然水和废水复杂的性质，可按下述推荐方法检验各种样品的稳定性。）

（1）物化和化学分析

| 1 | 2 | 3 | 4 | 5 | 6 |
|---|---|---|---|---|---|
| 项　目 | 容器材质<br>P=聚乙烯<br>G=玻璃<br>BG=硼硅玻璃 | 保存技术 | 分析地点 | 分析前的保存时间（如未注明保存期，则通常表示不重要，注明"1个月"表明保存不太困难。） | 备　注 |
| 酸度和碱度 | P或G | 2～5℃冷藏 | 实验室 | 24h | 样品最好在采样处就地分析（特别是样品中溶解气体多时） |
| 铝<br>（可滤的；附着于悬浮物的） | | 在采样处过滤，滤液酸化至 pH<2 | 实验室 | 1个月 | 测定可滤性和附着于悬浮物的铝，可自同一样品取样 |
| | P或G | 在采样处过滤 | 实验室 | 1个月 | 可滤性铝用酸化的滤液测定，附着于悬浮物的铝可用滤渣测定 |
| | | 酸化至 pH<2 | 实验室 | 1个月 | |
| 氨氮和凯氏氮 | P或G | 加 $H_2SO_4$ 使 pH<2 并于 2～5℃冷藏 | 实验室 | 24h | 可考虑添加防腐剂（如亚丙基硫脲）以防止氨化菌的代谢作用。在此情况下应用玻璃容器 |

续表

| 1 | 2 | 3 | 4 | 5 | 6 |
|---|---|---|---|---|---|
| 氨氮和凯氏氮 | P或G | 2～5℃冷藏 | 实验室 | 6h | 对浓度小于1mg/L的样品应在现场分析 |
| | | 碱化至pH=12 | 实验室 | 1个月 | 此技术仅限用于废水和生活污水 |
| 砷 | P或G | 酸化至pH<2 | 实验室 | | 砷化物存在于工业废水和生活污水中时采用此技术 |
| | P | 碱化至pH=12 | 实验室 | | |
| 钡 | 见铝 | | | | 酸化时不得用$H_2SO_4$ |
| BOD | P或G（BOD少时采用G） | 2～5℃时暗处冷藏 | 实验室 | 24h | |
| | | −20℃冷冻 | 实验室 | 1个月 | 这些方法应用于一些特定情况 |
| | | 酸化至pH<2 | 实验室 | 4d | |
| | | 碱化至pH=12 | | | |
| 硼和硼酸盐 | P | | 实验室 | 数月 | |
| 溴化物及溴化合物 | P或G | 2～5℃冷藏 | 实验室 | 尽快 | |
| 镉 | 见铝 | | | | |
| 钙 | P或G | — | 实验室 | 24h | |
| | | 事先过滤，酸化至pH<2 | 实验室 | 数月 | 可用同一份酸化样品测定钙及其他金属 |
| 二氧化碳 | P或G | — | 现场 | | |
| 氯化物 | P或G | — | 实验室 | 数月 | |
| 铬（Ⅵ） | P或BG | — | 实验室 | 尽快 | 现场得用烧结玻璃滤器过滤 |
| 钴 | 见铝 | | | | |
| COD | P或G（COD少时采用G） | 2～5℃时暗处冷藏 | 实验室 | 尽快 | 当COD是由于有机物存在而引起时，建议用酸化 |
| | | 酸化至pH<2 | 实验室 | 1周 | |
| | | −20℃冷冻 | 实验室 | 1个月 | |
| | | 碱化至pH=12 | 实验室 | 1周 | 在某些特定条件下用此法 |
| 色度 | P或G | — | 现场 | — | |
| | | 2～5℃时暗处冷藏 | 实验室 | 24h | |
| 电导 | P或G | 2～5℃冷藏 | 实验室 | 24h | 此实验最好在现场进行 |
| 铜 | 见铝 | | | | |
| 洗涤剂 | 见表面活性剂 | | | | |
| 扩散指数 | 见浊度 | | | | |
| 干提取物 | 见总残渣 | | | | |
| 荧光素 | 见荧光示踪 | | | | |
| 荧光示踪 | P（最好用不透明容器） | — | 实验室 | 1个月 | |

续表

| 1 | 2 | 3 | 4 | 5 | 6 |
|---|---|---|---|---|---|
| 氟化物 | P | — | 实验室 | 数月 | |
| “游离”氰化物 | P | 保存技术取决于所采用的分析方法 | | | |
| 油脂、油、烃类 | 经溶剂洗涤过的玻璃容器 | 现场萃取 | 实验室 | 24h | 建议采样后马上加入分析方法中所用的萃取剂或在现场萃取 |
| | | −20℃冷冻 | 实验室 | 数月 | |
| 重金属 | | 见铝 | | | |
| 肼 | G | 用盐酸酸化至1mol/L（1L样品中100mL）并于暗处贮存 | 实验室 | 24h | |
| 碳　酸 | | 见碱度 | | | |
| 碘化物 | 非光化玻璃 | 2～5℃冷藏 | 实验室 | 24h | |
| | | 碱化至pH＝8 | 实验室 | 1个月 | |
| 离子表面活性剂 | G | 2～5℃冷藏 | 实验室 | 尽快 | |
| | | 加三氯甲烷 | 实验室 | 1周 | |
| 铁（Ⅱ） | P或BG | | — | 现场 | |
| 铅 | | 见铝 | | | |
| 锂 | P | — | 实验室 | 7d | |
| | | 酸化至pH＜2 | 实验室 | 数月 | 可用同一份酸化样品测定锂及其他金属 |
| 镁 | | 见钙 | | | |
| 锰 | | 见铝 | | | |
| 镍 | | 见铝 | | | |
| 硝酸盐氮 | P或G | 2～5℃冷藏 | 实验室 | 24h | 对某些废水样品不宜保存，需要在现场分析 |
| 亚硝酸盐氮 | P或G | 2～5℃冷藏 | 实验室 | 尽快 | |
| 非离子表面活性剂 | 按下述步骤完成<br>尽管测定全部非离子表面活性剂尚缺少合适的方法，但对某些个别化合物仍是可测定的，故应使用在分析方法中推荐的保存技术 | | | | |
| 气　味 | G | — | 实验室 | 6h | 实验最好在现场进行 |
| 有机碳 | G | 酸化至pH＜2且于2～5℃时冷藏 | 实验室 | 24h | 保存技术取决于所采用的分析方法，实验要尽快进行。在某些情况下要在−20℃冷冻保存 |
| 有机氯杀虫剂 | G | 4℃冷藏 | 实验室 | 7d | 建议采样后立即加入分析方法所用的萃取剂或在现场萃取 |

续表

| 1 | 2 | 3 | 4 | 5 | 6 |
| --- | --- | --- | --- | --- | --- |
| 有机磷杀虫剂 | G | 4℃冷藏 | 实验室 | 24h | 建议采样后立即加入分析方法所用的萃取剂或在现场萃取 |
| 正磷酸盐 | B或G | 2～5℃冷藏 | 实验室 | 24h | 应尽快分析<br>浓度低于0.5mg/L的样品应在现场分析 |
| 氧 | 建议按分析方法选用容器 | — | 现　场 | | |
| | | 现场固定，暗处贮存 | 实验室 | 最多4d | 根据所用的分析方法固定氧 |
| 臭　氧 | — | — | 现　场 | | |
| 石油及其衍生物 | 见油脂、油、烃类 | | | | |
| pH | P或G | — | 现　场 | | 实验尽快进行，最好采样后在现场马上测定 |
| | | 在低于最初温度下运输 | 实验室 | 6h | |
| 酚 | BG | 用 $CuSO_4$ 抑制生物化学氧化，用 $H_3PO_4$ 酸化或用NaOH碱化至pH＞11 | 实验室 | 24h | |
| 钾 | 见锂 | | | | |
| 腐败性（亚甲蓝实验） | G | 在低于最初温度下运输 | 实验室 | 24h | 应尽快测定，且最好于现场20℃时测定 |
| 余　氯 | P或G | — | 现　场 | — | 分析最好在现场进行，如难以做到，可在现场用过量的NaOH固定氯。如可能，保存时间不得超过6h |
| 硒 | G或BG | 用NaOH碱化至pH＞11 | 实验室 | 数月 | |
| 硅酸盐 | P | 2～5℃冷藏 | 实验室 | 24h | |
| 银 | 见铝 | | | | |
| 钠 | 见锂 | | | | |
| 糖 | P或G | 2～5℃冷藏 | 实验室 | 24h | |
| | | 加入30%（质量）甲醛（每100mL水样加5mL）并于2～5℃冷藏 | 实验室 | 1个月 | 保存技术和葡萄糖氧化酶测定方法有关 |
| 硫酸盐 | P或G | 2～5℃冷藏 | 实验室 | 1周 | |

续表

| 1 | 2 | 3 | 4 | 5 | 6 |
|---|---|---|---|---|---|
| 亚硫酸盐 | P或G | 现场固定 | 实验室 | 1周 | |
| 硫化物 | P或G | 用 2mL 1mol/L 的 $(CH_3CO_2)_2Zn$ 处理用 NaOH 碱化至 1mol/L | 实验室 | 1周 | |
| 悬浮和沉积物 | P或G | — | 实验室 | 24h | 该实验应尽快进行且最好在现场进行 |
| 锡 | 见铝 | | | | 不得用 $HNO_3$ 酸化 |
| 总铬 | 见铝 | | | | |
| 总氰 | P | 用 NaOH 碱化至 pH>11 | 实验室 | 24h | |
| 总硬度 | 见钙 | | | | |
| 总铁 | 见铝 | | | | |
| 总汞 | BG | 酸化至 pH<2 并加入 $K_2Cr_2O_7$ | 实验室 | 数月 | |
| 总磷 | B或G | — | 实验室 | 24h | |
| | | 加 $H_2SO_4$ 酸化 | 实验室 | 数月 | |
| 总残渣（干萃取物） | P或G | 2～5℃冷藏 | 实验室 | 24h | 样品应放在实验用小器皿内以便尽快实验 |
| 总硅 | P | — | 实验室 | 数月 | |
| 浊度 | P或G | — | 实验室 | 尽快 | 实验最好在现场进行 |
| 铀 | 见铝 | | | | |
| 锌 | 见铝 | | | | |

（2）微生物分析

| 1 | 2 | 3 | 4 | 5 | 6 |
|---|---|---|---|---|---|
| 细菌总数<br>大肠菌总数<br>粪大肠菌<br>粪链球菌<br>沙门菌<br>志贺菌等 | 无菌容器 | 2～5℃冷藏（喜温菌除外） | 实验室 | 6h（地表水污泥）<br>24h（饮用水） | 经氯化或溴化过的水，水样应收集在含 $Na_2S_2O_3$（一般每125mL样品中加入0.1mL $Na_2S_2O_3$）的烧瓶中（在灭菌前）。对重金属含量大于0.01mg/L的水样，应在每125mL样品中加入0.3mL15%（质量）EDTA于容器中（灭菌前） |

（3）生物分析

要测定的生物参数一般是很多的，有时会因不同的生物物种而有不同。因此，要起草一份以所有预防措施来保存该种分析用样品的详尽表格是难以做到的。

下述内容仅涉及动物或植物种群一般性研究的特定参数。

必须注意，在进行任何详尽的研究之前，最重要的是选择所要考察的参数。

| 1 | 2 | 3 | 4 | 5 | 6 |
|---|---|---|---|---|---|
| 计数和确认底栖类大型无脊椎动物 | P 或 G | 加入乙醇 | 实验室 | 1年 | |
| 鱼 | P 或 BG | 每升中加入10%（质量）甲醛，3g无水硼酸钠和50mL甘油 | 实验室 | 1年 | 该分析最好尽快进行 |
| 大型植物 | P 或 G | 加入5%（质量）甲醛 | 实验室 | 1年 | |
| 水中悬垂植物 | P 或不透明 G | 加入5%（质量）中性甲醛于暗处贮藏 | 实验室 | 6个月 | |
| 浮游植物 | P 或不透明 G | 加入5%（质量）中性甲醛或水杨乙汞于暗处保存 | 实验室 | 6个月 | |
| 浮游动物 | P 或 G | 加入5%（质量）甲醛或卢戈耳溶液 | 实验室 | | |
| 原重和干重<br>底栖类大型无脊椎动物<br>大型植物<br>水中悬垂植物<br>浮游植物<br>浮游动物 | P 和 G | 2～5℃冷藏 | 现场或实验室 | 24h | 不得冷冻至－20℃，分析应尽快进行，不得超过24h |
| 鱼 | | — | 现场 | | |
| 灰分重 | | | 实验室 | 6个月 | |
| 底栖类大型无脊椎动物 | | 过滤并于2～5℃冷藏 | 实验室 | 6个月 | |
| 大型植物 | | －20℃冷冻 | 实验室 | 6个月 | |
| 水中悬垂植物 | P 或 G | －20℃冷冻 | 实验室 | 6个月 | |
| 浮游植物 | | 过滤并于－20℃冷冻 | 实验室 | 6个月 | |

续表

| 1 | 2 | 3 | 4 | 5 | 6 |
|---|---|---|---|---|---|
| 比　色<br>底栖类大型无脊椎动物<br>浮游植物<br>浮游动物 | P或G | 2～5℃冷藏，然后过滤置干燥器内贮存 | 实验室 | 24h | 分析最好尽快进行，各种情况下均应在24h内完成 |
| 毒性检验 | P或G | 2～5℃冷藏 | 实验室 | 36h | |
| | | －20℃冷冻 | 实验室 | 36h | |

（4）放射性分析

| 1 | 2 | 3 | 4 | 5 | 6 |
|---|---|---|---|---|---|
| 放射性分析 | P或G | 放射性分析样品保存的大量研究表明，要推荐适用于所有情况的保存方法是不可能的。因此，这些方法必须适用于某种分析类型[总放射性（α、β、γ辐射）测量，一个或多个放射性核素的活性测量]。已在特定的国际标准内叙述。<br>存在于保存供分析用样品中的主要问题与样品中物质在容器壁上的吸附及放射性核素的有效寿命有关。因此，要小心地选择所用容器的材质，或在必要时，可于分析前使用适宜的解吸方法。一般采用的主要保存方法（单个的或根据具体问题而选择的）为用 $HNO_3$ 将样品酸化至 pH＜2，－20℃冷冻，添加稳定剂（载体） | 实验室 | 取决于放射性核素的半衰期 | |

**13. 水质监测实验室质量控制指标——水样测定值的精密度和准确度允许差**

有关指标及符号的说明

（1）本规定所指水质监测，包括环境水、工业废水及其他排放废水水质监测。

（2）精密度分为室内精密度和室间精密度（以平行测定两份计算）。

① 室内精密度以绝对偏差（$d_i$）和相对偏差（%）表示。

$$绝对偏差\quad d_i=|x_i-\overline{x}|$$

$$相对偏差(\%)=d_i/\overline{x}\times100\%=\frac{x_1-x_2}{x_1+x_2}\times100\%$$

式中　$x_i$——平行双样单个测定值；

$\overline{x}=\frac{x_1+x_2}{2}$，平行双样的均值。

此项指标主要用于实验室内部的质量控制。

② 室间精密度是多个实验室测定同一样品的精密度，以相对平均偏差表示。

$$相对平均偏差(\%)=\frac{\sum_{i=1}^{1}\overline{d}_i/L}{\overline{x}}\times100\%$$

式中　$\sum_{i=1}^{1}\overline{d}_i$——绝对平均偏差之和；

$L$——参加测定的实验室数；

$\overline{x}$——平行双样均值的总均值。

该项指标主要用于实验室间的质控考核或实验室间的互相检验中。

（3）准确度分别以加标回收率和相对误差表示。

① 以加标回收率表示适合基体比较简单的样品。一般情况下样品的加标量应为样品浓度的0.5～2倍。如果样品浓度在方法检出限附近，可按方法检出限的3～5倍加标或按方法测定上限浓度的20%～30%加标。加标后的浓度不能超过方法的测定上限。加标后引起的浓度增量在方法测定上限浓度$C$的0.4～0.6($C$)之间为宜，若待测物浓度较高，加标后的浓度不得超过方法测定上限浓度的90%。单次加标回收率（$P$%）的计算公式为

$$加标回收率(P\%)=\frac{加标样品测定值-样品测定值}{加标量}\times100\%$$

其上限和下限的理论公式为

$$P_{下限}=0.95-\frac{t_{0.05(f)}\cdot s_p}{D}$$

$$P_{上限}=1.05-\frac{t_{0.05(f)}\cdot s_p}{D}$$

式中　$D$——加标量；

$t_{0.05(f)}$——概率为0.05、自由度为$f$的单侧临界$t$值；

$s_p$——加标回收率的标准差；

$f$——自由度（$n-1$）。

本附表中的加标回收率范围，参考了各地实际加标回收率数据并对比了理论计算数据，两者差异不大，故按实际加标回收率制定。

② 相对误差（RE%）是环境水质标准样品或各地自配质控样品的真值与实际测定值误差之比的百分数。这是一种简便易行的方法。由于目前技术条件的限制，以上两种准确度控

制方法可同时使用。

$$RE\% = \frac{x-\mu}{\mu} \times 100\%$$

式中　$x$——标准样或质控样的测定值；

$\mu$——标准样或质控样的保证值。

③ 本附表中的项目名称基本按《地面水环境质量标准及污水综合排放标准》编排（GB 3838—1988），只有“非离子氨”一项仍沿用“氨氮”名称，各地在实际使用时，请自行换算为“非离子氨”。

④ 样品合格率计算

$$精密度合格率(\%) = \frac{平行双样合格数}{平行双样测定总数} \times 100\%$$

$$准确度合格率(\%) = \frac{质控样(或标准样)合格数}{质控样(或标准样)总数} \times 100\%$$

| 编号 | 项目 | 样品含量范围/(mg/L) | 精密度/% | | 准确度/% | | | 适用的监测分析方法 |
|---|---|---|---|---|---|---|---|---|
| | | | 室内($d_i/\bar{x}$) | 室间($D_i/\bar{x}$) | 加标回收率 | 室内相对误差 | 室间相对误差 | |
| 1 | 水温 | — | $d_i=0.5C$ | — | — | — | — | 水温计测量法 |
| 2 | pH值 | 1～14 | $d_i=0.05$单位 | $D_i=0.1$单位 | — | — | — | 玻璃电极法 |
| 3 | 硫酸盐 | 1～10 | ≤10 | ≤15 | 85～120 | ≤±10 | ≤±15 | 铬酸钡间接原子吸收法、铬酸钡光度法 |
| | | 10～100 | ≤15 | ≤20 | 90～110 | ≤±10 | ≤±15 | 铬酸钡间接原子吸收法、铬酸钡光度法 |
| | | >100 | ≤20 | ≤25 | 95～105 | ≤±5 | ≤±10 | 硫酸钡重量法 |
| 4 | 氯化物 | 1～50 | ≤20 | ≤25 | 85～115 | ≤±15 | ≤±20 | 离子色谱法、硝酸汞滴定法、电位滴定法 |
| | | 50～250 | ≤10 | ≤15 | 90～110 | ≤±10 | ≤±15 | 硝酸银滴定法、硝酸汞滴定法 |
| | | >250 | ≤5 | ≤10 | 95～105 | ≤±5 | ≤±10 | 硝酸银滴定法、硝酸汞滴定法 |
| 5 | 铁(可溶铁、总铁) | <0.3 | ≤20 | ≤25 | 85～115 | ≤±15 | ≤±20 | 原子吸收法、1,10-菲绕啉光度法 |
| | | 0.3～1.0 | ≤15 | ≤20 | 90～110 | ≤±10 | ≤±15 | 原子吸收法、1,10-菲绕啉光度法 |
| | | >1.0 | ≤10 | ≤15 | 95～105 | ≤±5 | ≤±10 | EDTA滴定法、原子吸收法 |
| 6 | 总锰 | <0.1 | ≤20 | ≤25 | 85～115 | ≤±15 | ≤±20 | 原子吸收法、高碘酸钾氧化光度法、甲醛肟光度法 |
| | | 0.1～1.0 | ≤15 | ≤20 | 90～110 | ≤±10 | ≤±15 | 原子吸收法、高碘酸钾氧化光度法、甲醛肟光度法 |
| | | >1.0 | ≤10 | ≤15 | 95～105 | ≤±5 | ≤±10 | 原子吸收法、高碘酸钾氧化光度法、甲醛肟光度法 |
| 7 | 总铜 | <0.1 | ≤25 | ≤30 | 85～115 | ≤±15 | ≤±20 | 萃取或离子交换火焰原子吸收法、石墨炉原子吸收法 |
| | | 0.1～1.0 | ≤20 | ≤25 | 90～110 | ≤±5 | ≤±10 | 二乙氨基二硫代甲酸钠萃取光度法、原子吸收法、新亚铜灵光度法 |
| | | >1.0 | ≤10 | ≤15 | 95～105 | ≤±5 | ≤±10 | 新亚铜灵萃取光度法、原子吸收法 |

续表

| 编号 | 项　　目 | 样品含量范围/(mg/L) | 精密度/% | | 准确度/% | | | 适用的监测分析方法 |
|---|---|---|---|---|---|---|---|---|
| | | | 室内($d_i/\bar{x}$) | 室间($D_i/\bar{x}$) | 加标回收率 | 室内相对误差 | 室间相对误差 | |
| 8 | 硝酸盐氮 | <0.5 | ≤25 | ≤30 | 85～115 | ≤±15 | ≤±20 | 镉柱还原法、酚二磺酸分光光度法、离子色谱法、紫外分光光度法 |
| | | 0.5～4 | ≤20 | ≤25 | 90～110 | ≤±10 | ≤±15 | 镉柱还原法、酚二磺酸分光光度法、离子色谱法 |
| | | >4 | ≤15 | ≤20 | 95～110 | ≤±10 | ≤±15 | 戴氏合金还原法 |
| 9 | 总　　锌 | <0.05 | ≤30 | ≤40 | 85～120 | ≤±15 | ≤±20 | 石墨炉原子吸收法、示波极谱法、双硫腙分光光度法 |
| | | 0.05～1.0 | ≤20 | ≤25 | 90～110 | ≤±10 | ≤±15 | 原子吸收法 |
| | | >1.0 | ≤10 | ≤15 | 95～105 | ≤±10 | ≤±15 | 原子吸收法 |
| 10 | 氨　　氮 | 0.02～0.1 | ≤20 | ≤25 | 90～110 | ≤±10 | ≤±15 | 纳氏试剂光度法、水杨酸-次氯酸盐光度法 |
| | | 0.1～1.0 | ≤15 | ≤20 | 95～105 | ≤±5 | ≤±10 | 纳氏试剂光度法、水杨酸-次氯酸盐光度法 |
| | | >0.1 | ≤10 | ≤15 | 95～110 | ≤±5 | ≤±10 | 滴定法、电极法 |
| 11 | 亚硝酸盐氮 | <0.05 | ≤20 | ≤25 | 85～115 | ≤±15 | ≤±20 | *N*-(1-萘基)-乙二胺光度法 |
| | | 0.05～0.2 | ≤15 | ≤20 | 85～105 | ≤±5 | ≤±10 | 离子色谱法、*N*-(1-萘基)-乙二胺光度法 |
| | | >0.2 | ≤10 | ≤15 | 95～105 | ≤±5 | ≤±10 | 离子色谱法 |
| 12 | 凯氏氮 | <0.5 | ≤30 | ≤40 | — | ≤±15 | ≤±20 | 经消解、蒸馏，用纳氏试剂比色法或滴定法测定后，换算为氮的含量 |
| | | >0.5 | ≤25 | ≤30 | — | ≤±10 | ≤±15 | 经消解、蒸馏，用纳氏试剂比色法或滴定法测定后，换算为氮的含量 |
| 13 | 总　　氮 | 0.025～1.0 | ≤10 | ≤15 | 90～110 | ≤±10 | ≤±15 | 过硫酸钾氧化-紫外分光光度法 |
| | | >1.0 | ≤5 | ≤10 | 95～105 | ≤±5 | ≤±10 | 过硫酸钾氧化-紫外分光光度法 |
| 14 | 总　　磷 | <0.025 | ≤25 | ≤30 | 85～115 | ≤±15 | ≤±20 | 钼锑抗分光光度法、氯化亚锡还原光度法、离子色谱法 |
| | | 0.025～0.6 | ≤10 | ≤15 | 90～110 | ≤±10 | ≤±15 | 钼锑抗分光光度法、氯化亚锡还原光度法、离子色谱法 |
| | | >0.6 | ≤5 | ≤10 | 90～110 | ≤±10 | ≤±10 | 离子色谱法 |

续表

| 编号 | 项目 | 样品含量范围/(mg/L) | 精密度/% | | 准确度/% | | | 适用的监测分析方法 |
|---|---|---|---|---|---|---|---|---|
| | | | 室内($d_i/\bar{x}$) | 室间($D_i/\bar{x}$) | 加标回收率 | 室内相对误差 | 室间相对误差 | |
| 15 | 高锰酸盐指数 | <2.0 | ≤25 | ≤30 | — | — | — | 酸性法、碱性法 |
| | | >2.0 | ≤20 | ≤25 | — | — | — | 酸性法、碱性法 |
| 16 | 溶解氧 | <4.0 | ≤10 | ≤15 | — | — | — | 碘量法、叠氮化钠修正法、高锰酸钾修正法 |
| | | >4.0 | ≤5 | ≤10 | — | — | — | 碘量法、叠氮化钠修正法、高锰酸钾修正法 |
| 17 | 化学需氧量(COD) | 5～50 | ≤20 | ≤25 | — | ≤±15 | ≤±20 | 重铬酸钾法 |
| | | 50～100 | ≤15 | ≤20 | — | ≤±10 | ≤±15 | 重铬酸钾法 |
| | | >100 | ≤10 | ≤15 | — | ≤±5 | ≤±10 | 重铬酸钾法 |
| 18 | 5日生化需氧量($BOD_5$) | <3 | ≤25 | ≤30 | — | ≤±25 | ≤±30 | 稀释法(20±1)℃ |
| | | 3～100 | ≤20 | ≤25 | — | ≤±20 | ≤±25 | 稀释法(20±1)℃ |
| | | >100 | ≤15 | ≤20 | — | ≤±10 | ≤±15 | 稀释法(20±1)℃ |
| 19 | 氟化物 | <1.0 | ≤15 | ≤20 | 90～110 | ≤±10 | ≤±15 | 离子选择性电极法、氟试剂光度法、茜素磺酸锆目视比色法、离子色谱法 |
| | | >1.0 | ≤10 | ≤15 | 95～105 | ≤±5 | ≤±10 | 离子选择性电极法、氟试剂光度法、茜素磺酸锆目视比色法、离子色谱法 |
| 20 | 硒(4价) | <0.01 | ≤25 | ≤30 | 85～115 | ≤±15 | ≤±20 | 荧光分光光度法、原子荧光法、气相色谱法 |
| | | >0.01 | ≤20 | ≤25 | 90～110 | ≤±10 | ≤±15 | 荧光分光光度法、原子荧光法、气相色谱法 |
| 21 | 总　砷 | <0.05 | ≤20 | ≤30 | 85～115 | ≤±15 | ≤±20 | 新银盐光度法、AgDDC光度法 |
| | | >0.05 | ≤10 | ≤15 | 90～110 | ≤±10 | ≤±15 | AgDDC光度法 |
| 22 | 总　汞 | ≤0.001 | ≤30 | ≤40 | 85～115 | ≤±15 | ≤±20 | 冷原子吸收法、冷原子荧光法 |
| | | 0.001～0.005 | ≤20 | ≤25 | 90～110 | ≤±10 | ≤±115 | 冷原子吸收法、冷原子炭光法 |
| | | >0.005 | ≤15 | ≤20 | 90～110 | ≤±10 | ≤±15 | 冷原子吸收法、冷原子荧光法、双硫腙光度法 |
| 23 | 总　镉 | ≤0.005 | ≤20 | ≤25 | 85～115 | ≤±15 | ≤±20 | 原子吸收法、石墨炉原子吸收法 |
| | | 0.005～0.1 | ≤15 | ≤20 | 90～110 | ≤±10 | ≤±15 | 双硫腙光度法、阳极溶出伏安法 |
| | | >0.1 | ≤10 | ≤15 | 90～110 | ≤±10 | ≤±15 | 原子吸收法、示波极谱法 |
| 24 | 铬(6价)及总铬 | ≤0.01 | ≤15 | ≤20 | 85～115 | ≤±10 | ≤±15 | 二苯碳酰二肼光度法 |
| | | 0.01～1.0 | ≤10 | ≤15 | 90～110 | ≤±5 | ≤±10 | 二苯碳酰二肼光度法 |
| | | >0.1 | ≤5 | ≤15 | 90～110 | ≤±5 | ≤±10 | 硫酸亚铁铵滴定法 |
| 25 | 总　铅 | ≤0.05 | ≤30 | ≤35 | 80～120 | ≤±15 | ≤±20 | 石墨炉原子吸收法、离子交换原子吸收法 |

续表

| 编号 | 项　　目 | 样品含量范围/(mg/L) | 精密度/% | | 准确度/% | | | 适用的监测分析方法 |
|---|---|---|---|---|---|---|---|---|
| | | | 室内($d_i/\bar{x}$) | 室间($D_i/\bar{x}$) | 加标回收率 | 室内相对误差 | 室间相对误差 | |
| 25 | 总　　铅 | 0.05～1.0 | ≤25 | ≤30 | 85～115 | ≤±10 | ≤±15 | 双硫腙光度法、阳极溶出伏安法、原子吸收法 |
| | | >1.0 | ≤15 | ≤20 | 90～110 | ≤±8 | ≤±15 | 原子吸收法 |
| 26 | 总氰化物 | ≤0.05 | ≤20 | ≤25 | 85～115 | ≤±15 | ≤±20 | 异烟酸-吡唑啉酮光度法、吡啶-巴比土酸光度法 |
| | | 0.05～5.0 | ≤15 | ≤20 | 90～110 | ≤±10 | ≤±15 | 异烟酸-吡唑啉酮光度法、吡啶-巴比土酸光度法 |
| | | >0.5 | ≤10 | ≤15 | 90～110 | ≤±10 | ≤±15 | 硝酸银滴定法 |
| 27 | 挥发酚 | ≤0.05 | ≤25 | ≤30 | 85～115 | ≤±15 | ≤±20 | 4-氨基安替比林萃取光度法 |
| | | 0.05～1.0 | ≤15 | ≤20 | 90～110 | ≤±10 | ≤±15 | 4-氨基安替比林光度法 |
| | | >1.0 | ≤10 | ≤15 | 90～110 | ≤±10 | ≤±15 | 溴化容量法、4-氨基安替比林光度法 |
| 28 | 阴离子表面活性剂 | ≤0.2 | ≤25 | ≤30 | 85～120 | ≤±20 | ≤±25 | 亚甲蓝分光光度法 |
| | | 0.2～5.0 | ≤20 | ≤25 | 85～115 | ≤±15 | ≤±20 | 亚甲蓝分光光度法 |
| | | >0.5 | ≤20 | ≤25 | 85～110 | ≤±10 | ≤±15 | 亚甲蓝分光光度法 |
| 29 | 总悬浮物 | 5～100 | ≤20 | ≤25 | — | ≤±10 | ≤±15 | 重量法 |
| | | >100 | ≤15 | ≤20 | — | ≤±15 | ≤±20 | 重量法 |
| 30 | 总硬度以 $CaCO_3$ 计 | <50 | ≤15 | ≤20 | 90～110 | ≤±10 | ≤±15 | EDTA 滴定法 |
| | | >50 | ≤10 | ≤15 | 95～105 | ≤±5 | ≤±10 | EDTA 滴定法 |

## 14. 地面水环境质量

### 14.1　地面水环境质量标准（据 GB 1—1999）

| 序号 | 标准值　分类<br>参数 | Ⅰ　类 | Ⅱ　类 | Ⅲ　类 | Ⅳ　类 | Ⅴ　类 |
|---|---|---|---|---|---|---|
| | 基本要求 | 所有水体不应有非自然原因所导致的下述物质<br>a. 能形成令人感观不快的沉淀物的物质<br>b. 令人感官不快的漂浮物，诸如碎片、浮渣、油类等<br>c. 产生令人不快的色、臭、味或浑浊度的物质<br>d. 对人类、动植物有毒、有害或带来不良生理反应的物质<br>e. 易滋生令人不快的水生生物的物质 | | | | |
| 1 | 水温/℃ | 人为造成的环境水温变化应限制在：<br>周平均最大温升≤1<br>周平均最大温降≤2 | | | | |
| 2 | pH 值 | 6.5～8.5 | | | | 6～9 |

续表

| 序号 | 标准值 参数 \ 分类 | | Ⅰ类 | Ⅱ类 | Ⅲ类 | Ⅳ类 | Ⅴ类 |
|---|---|---|---|---|---|---|---|
| 3 | 硫酸盐(以 $SO_4^{2-}$ 计) | ≤ | 250以下 | 250 | 250 | 250 | 250 |
| 4 | 氯化物(以 $Cl^-$ 计) | ≤ | 250以下 | 250 | 250 | 250 | 250 |
| 5 | 溶解性铁 | ≤ | 0.3以下 | 0.3 | 0.5 | 0.5 | 1.0 |
| 6 | 总锰 | ≤ | 0.1以下 | 0.1 | 0.1 | 0.5 | 1.0 |
| 7 | 总铜 | ≤ | 0.01以下 | 1.0(渔0.01) | 1.0(渔0.01) | 1.0 | 1.0 |
| 8 | 总锌 | ≤ | 0.05 | 1.0(渔0.1) | 1.0(渔0.1) | 2.0 | 2.0 |
| 9 | 硝酸盐(以N计) | ≤ | 10以下 | 10 | 20 | 20 | 25 |
| 10 | 亚硝酸盐(以N计) | ≤ | 0.06 | 0.1 | 0.15 | 1.0 | 1.0 |
| 11 | 非离子氨 | ≤ | 0.02 | 0.02 | 0.02 | 0.2 | 0.2 |
| 12 | 凯氏氮 | ≤ | 0.5 | 0.5(渔0.05) | 1(渔0.05) | 2 | 2 |
| 13 | 总磷(以P计) | ≤ | 0.02 | 0.1 | 0.1 | 0.2 | 0.2 |
| 14 | 高锰酸盐指数 | ≤ | 2 | 4 | 8 | 10 | 15 |
| 15 | 溶解氧 | ≥ | 饱和率90% | 6 | 5 | 3 | 2 |
| 16 | 化学需氧量($COD_{Cr}$) | ≤ | 15以下 | 15 | 20 | 30 | 40 |
| 17 | 生化需氧量($BOD_5$) | ≤ | 3以下 | 3 | 4 | 6 | 10 |
| 18 | 氟化物(以 $F^-$ 计) | ≤ | 1.0以下 | 1.0 | 1.0 | 1.5 | 1.5 |
| 19 | 硒(四价) | ≤ | 0.01以下 | 0.01 | 0.01 | 0.02 | 0.02 |
| 20 | 总砷 | ≤ | 0.05 | 0.05 | 0.05 | 0.1 | 0.1 |
| 21 | 总汞 | ≤ | 0.00005 | 0.00005 | 0.0001 | 0.001 | 0.001 |
| 22 | 总镉 | ≤ | 0.001 | 0.005 | 0.005 | 0.005 | 0.01 |
| 23 | 铬(六价) | ≤ | 0.01 | 0.05 | 0.05 | 0.05 | 0.1 |
| 24 | 总铅 | ≤ | 0.01 | 0.05 | 0.05 | 0.05 | 0.1 |
| 25 | 总氰化物 | ≤ | 0.005 | 0.05(渔0.005) | 0.2(渔0.005) | 0.2 | 0.2 |
| 26 | 挥发酚 | ≤ | 0.002 | 0.002 | 0.005 | 0.01 | 0.1 |
| 27 | 石油类 | ≤ | 0.05 | 0.05 | 0.05 | 0.5 | 1.0 |
| 28 | 阴离子表面活性剂 | ≤ | 0.2以下 | 0.2 | 0.2 | 0.3 | 0.3 |
| 29 | 粪大肠菌群(个/L) | ≤ | 200 | 1000 | 2000 | 5000 | 10000 |
| 30 | 氨氮 | ≤ | 0.5 | 0.5 | 0.5 | 1.0 | 1.5 |
| 31 | 硫化物 | ≤ | 0.05 | 0.1 | 0.2 | 0.5 | 1.0 |

14.2 地面水环境质量标准选配分析方法（据 GB 1—1999）

| 序号 | 基本项目 | 分析方法 | | 测定下限/(mg/L) | 方法来源 |
|---|---|---|---|---|---|
| 1 | 水温 | 温度计法 | | | GB 13195—1991 |
| 2 | pH 值 | 玻璃电极法 | | | GB 6920—1986 |
| 3 | 硫酸盐 | 重量法 | | 10 | GB 11899—1989 |
| | | 火焰原子吸收分光光度法 | | 0.4 | GB 13196—1991 |
| | | 铬酸钡光度法 | | 8 | ① |
| 4 | 氯化物 | 硝酸银滴定法 | | 10 | GB 11896—1989 |
| | | 硝酸汞滴定法 | | 2.5 | ① |
| 5 | 溶解性铁 | 火焰原子吸收分光光度法 | | 0.03 | GB 11911—1989 |
| | | 邻菲啰啉分光光度法 | | 0.03 | ① |
| 6 | 总锰 | 高碘酸钾分光光度法 | | 0.02 | GB 11906—1989 |
| | | 火焰原子吸收分光光度法 | | 0.01 | GB 11911—1989 |
| | | 甲醛肟光度法 | | 0.01 | ① |
| 7 | 总铜 | 原子吸收分光光度法 | 直接法 | 0.05 | GB 7475—1987 |
| | | | 螯合萃取法 | 0.001 | |
| | | 二乙基二硫代氨基甲酸钠分光光度法 | | 0.010 | GB 7474—1987 |
| | | 2,9-二甲基-1,10-二氮杂菲分光光度法 | | 0.06 | GB 7472—1987 |
| 8 | 总锌 | 双硫腙分光光度法 | | 0.005 | GB 7472—1987 |
| | | 原子吸收分光光度法 | | 0.05 | GB 7475—1987 |
| 9 | 硫酸盐 | 酚二磺酸分光光度法 | | 0.02 | GB 7475—1987 |
| | | 紫外分光光度法 | | 0.08 | ① |
| | | 离子色谱法 | | 0.1 | ① |
| 10 | 亚硝酸盐 | 分光光度法 | | 0.001 | GB 7493—1987 |
| 11 | 非离子氨 | 纳氏试剂比色法 | | 0.05 | GB 7479—1987 |
| | | 水杨酸分光光度法 | | 0.01 | GB 7481—1987 |
| 12 | 凯氏氮 | | | 0.2 | GB 11891—1989 |
| 13 | 总　磷 | 钼酸铵分光光度法 | | 0.01 | GB 11893—1989 |
| 14 | 高锰酸盐指数 | | | 0.5 | GB 11892—1989 |
| 15 | 溶解氧 | 碘量法 | | 0.2 | GB 7489—1989 |
| | | 电化学探头法 | | | GB 11913—1989 |
| 16 | 化学需氧量 | 重铬酸盐法 | | 5 | GB 11914—1989 |
| | | 库仑法 | | 2 | ① |
| 17 | 生化需氧量($BOD_5$) | 稀释与接种法 | | 2 | GB 7488—1987 |
| 18 | 氟化物 | 氟试剂分光光度法 | | 0.05 | GB 7483—1987 |
| | | 离子选择电极法 | | 0.05 | GB 7484—1987 |
| | | 离子色谱法 | | 0.02 | ① |
| 19 | 硒(四价) | 2,3-二氨基萘荧光法 | | 0.00025 | GB 11902—1989 |

续表

| 序号 | 基本项目 | 分析方法 | 测定下限/(mg/L) | 方法来源 |
|---|---|---|---|---|
| 20 | 总砷 | 二乙基二硫代氨基甲酸银分光光度法 | 0.007 | GB 7485—1987 |
| 21 | 总汞 | 冷原子吸收分光光度法 | 0.00005 | GB 7468—1987 |
| | | 高锰酸钾-过硫酸钾消解法 双硫腙分光光度法 | 0.002 | GB 7469—1987 |
| | | 冷原子荧光法 | 0.00005 | ① |
| 22 | 总镉 | 原子吸收分光光度法(螯合萃取法) | 0.001 | GB 7475—1987 |
| | | 双硫腙分光光度法 | 0.001 | GB 7471—1987 |
| 23 | 铬(六价) | 二苯碳酰二肼分光光度法 | 0.004 | GB 7467—1987 |
| 24 | 总铅 | 原子吸收分光光度法 直接法 | 0.2 | GB 7475—1987 |
| | | 原子吸收分光光度法 螯合萃取法 | 0.01 | |
| | | 双硫腙分光光度法 | 0.01 | GB 7470—1987 |
| 25 | 总氰化物 | 异烟酸-吡唑啉酮比色法 | 0.004 | GB 7486—1987 |
| | | 吡啶-巴比妥酸比色法 | 0.002 | |
| 26 | 挥发酚 | 蒸馏后4-氨基安替比林分光光度法 | 0.002 | GB 7490—1987 |
| 27 | 石油类 | 红外分光光度法 | 0.01 | GB/T 16488—1996 |
| | | 非分散红外光度法 | 0.02 | |
| 28 | 阴离子表面活性剂 | 亚甲蓝分光光度法 | 0.05 | GB 7497—1987 |
| 29 | 粪大肠菌群 | 多管发酵法、滤膜法 | | ① |
| 30 | 氨氮 | 纳氏试剂比色法 | 0.05 | GB 7479—1987 |
| | | 水杨酸分光光度法 | 0.01 | GB 7481—1987 |
| 31 | 硫化物 | 亚甲基蓝分光光度法 | 0.005 | GB/T 16489—1996 |
| | | 直接显色分光光度法 | 0.004 | GB/T 17133—1997 |

①《水和废水监测分析方法》(第三版),中国环境科学出版社,1989年。

## 15. 海水质量标准

### 15.1 海水水质要求(据GB 3097—1982)

| 项目 | 第一类 | 第二类 | 第三类 |
|---|---|---|---|
| 悬浮物质 | 人为造成增加的量不得超过10mg/L | 人为造成增加的量不得超过50mg/L | 人为造成增加的量不得超过150mg/L |
| 色、臭、味 | 海水及海产品无异色、异臭、异味 | | 海水无异色、异臭、异味 |
| 漂浮物质 | 水面不得出现油膜、浮沫和其他杂质 | | 水面不得出现明显的油膜、浮沫和其他杂质 |
| pH值 | 7.5～8.4 | 7.3～8.8 | 6.5～9.0 |
| 化学耗氧量 | <3mg/L | <4mg/L | <5mg/L |
| 溶解氧 | 任何时候不低于5mg/L | 任何时候不低于4mg/L | 任何时候不低于3mg/L |
| 水温 | 不超过当地、当时水温4℃ | | |
| 大肠菌群 | 不超过10000个/L(供人生食的贝类养殖水质不超过700个/L) | | |
| 病原体 | 含有病原体的工业废水、生活污水须经过严格消毒处理,消灭病原体后,方可排放 | | |
| 底质 | 砂石等表面的淤积物不得妨碍种苗的附着生长 | | |
| | 溶出的成分应保证海水水质符合附录15.1、附录15.2的要求 | | |
| 有害物质 | 应符合附录15.2规定的最高容许浓度要求 | | |

## 15.2 海水中有害物质最高容许浓度（据 GB 3097—1982）

| 序号 | 项目名称 | 最高容许浓度/(mg/L) | | |
|---|---|---|---|---|
| | | 第一类 | 第二类 | 第三类 |
| 1 | 汞 | 0.0005 | 0.0010 | 0.0010 |
| 2 | 镉 | 0.005 | 0.010 | 0.010 |
| 3 | 铅 | 0.05 | 0.10 | 0.10 |
| 4 | 总铬 | 0.10 | 0.50 | 0.50 |
| 5 | 砷 | 0.05 | 0.10 | 0.10 |
| 6 | 铜 | 0.01 | 0.10 | 0.10 |
| 7 | 锌 | 0.10 | 1.00 | 1.00 |
| 8 | 硒 | 0.01 | 0.02 | 0.03 |
| 9 | 油类 | 0.05 | 0.10 | 0.50 |
| 10 | 氰化物 | 0.02 | 0.10 | 0.50 |
| 11 | 硫化物 | 按溶解氧计 | | |
| 12 | 挥发性酚 | 0.005 | 0.010 | 0.050 |
| 13 | 有机氯农药 | 0.001 | 0.020 | 0.040 |
| 14 | 无机氮 | 0.10 | 0.20 | 0.30 |
| 15 | 无机磷 | 0.015 | 0.030 | 0.045 |

## 16. 渔业水域水质标准（据 TJ 35—1979）

| 编号 | 项目 | 标准 |
|---|---|---|
| 1 | 色、臭、味 | 不得使鱼、虾、贝、藻类带有异色、异臭、异味 |
| 2 | 漂浮物质 | 水面不得出现明显油膜或浮沫 |
| 3 | 悬浮物质 | 人为增加的量不超过 10mg/L,而且悬浮物质沉积于底部后,不得对鱼、虾、贝、藻类产生有害影响 |
| 4 | pH 值 | 淡水 6.5～8.5,海水 7.0～8.5 |
| 5 | 生化需氧量(5d,20℃) | 不超过 5mg/L,冰封期不超过 3mg/L |
| 6 | 溶解氧 | 24h 中,16h 以上必须大于 5mg/L,其余任何时候不得低于 3mg/L。对于鲑科鱼类栖息水域,冰封期以外任何时候不得低于 4mg/L |
| 7 | 汞 | 不超过 0.0005mg/L |
| 8 | 镉 | 不超过 0.005mg/L |
| 9 | 铅 | 不超过 0.1mg/L |
| 10 | 铬 | 不超过 1.0mg/L |
| 11 | 铜 | 不超过 0.01mg/L |
| 12 | 锌 | 不超过 0.1mg/L |
| 13 | 镍 | 不超过 0.1mg/L |
| 14 | 砷 | 不超过 0.1mg/L |
| 15 | 氰化物 | 不超过 0.02mg/L |
| 16 | 硫化物 | 不超过 0.2mg/L |
| 17 | 氟化物 | 不超过 1.0mg/L |
| 18 | 挥发性酚 | 不超过 0.005mg/L |
| 19 | 黄磷 | 不超过 0.002mg/L |
| 20 | 石油类 | 不超过 0.05mg/L |
| 21 | 丙烯腈 | 不超过 0.7mg/L |
| 22 | 丙烯醛 | 不超过 0.02mg/L |
| 23 | 六六六 | 不超过 0.02mg/L |
| 24 | 滴滴涕 | 不超过 0.001mg/L |
| 25 | 马拉硫磷 | 不超过 0.005mg/L |
| 26 | 五氯酚钠 | 不超过 0.01mg/L |
| 27 | 苯胺 | 不超过 0.4mg/L |
| 28 | 对硝基氯苯 | 不超过 0.1mg/L |
| 29 | 对氨基苯酚 | 不超过 0.1mg/L |
| 30 | 水合肼 | 不超过 0.01mg/L |
| 31 | 邻苯二甲酸二丁酯 | 不超过 0.06mg/L |
| 32 | 松节油 | 不超过 0.3mg/L |
| 33 | 1,2,3-三氯苯 | 不超过 0.06mg/L |
| 34 | 1,2,4,5-四氯苯 | 不超过 0.02mg/L |

## 17. 农田灌溉水质标准（据 GB 5084—1985）

| 标准值 项目 ＼ 分类 | 一 类 | 二 类 |
|---|---|---|
| 水 温 | ≤35℃ | ≤35℃ |
| pH 值 | 5.5～8.5 | 5.5～8.5 |
| 全盐量① | ≤1000mg/L(非盐碱土地区)<br>≤2000mg/L(盐碱土地区)<br>有条件的地区可以适当放宽 | ≤1500mg/L(非盐碱土地区)<br>≤2000mg/L(盐碱土地区)<br>有条件的地区可以适当放宽 |
| 氯化物 | ≤200mg/L | ≤200～300mg/L |
| 硫化物 | ≤1mg/L | ≤1mg/L |
| 汞及其化合物 | ≤0.001mg/L | ≤0.001mg/L<br>≤0.005mg/L(绿化地) |
| 镉及其化合物 | ≤0.002mg/L(轻度污染灌区②)<br>≤0.005mg/L | ≤0.003mg/L(轻度污染灌区②)<br>≤0.01mg/L<br>≤0.05mg/L(绿化地) |
| 砷及其化合物 | ≤0.05mg/L(水田)<br>≤0.1mg/L(旱田) | ≤0.1mg/L(水田)<br>≤0.5mg/L(旱地及绿化地) |
| 六价铬化合物 | ≤0.1mg/L | ≤0.5mg/L |
| 铅及其化合物 | ≤0.5mg/L | ≤1.0mg/L |
| 铜及其化合物 | ≤1.0mg/L | ≤1.0mg/L(土壤 pH<6.5)<br>≤3.0mg/L(土壤 pH>6.5) |
| 锌及其化合物 | ≤2.0mg/L | ≤3.0mg/L(土壤 pH<6.5)<br>≤5.0mg/L(土壤 pH>6.5) |
| 硒及其化合物 | ≤0.02mg/L | ≤0.02mg/L |
| 氟化物 | ≤2.0mg/L(高氟区)<br>≤3.0mg/L(一般地区) | ≤3.0mg/L(高氟区)<br>≤4.0mg/L(一般地区) |
| 氰化物 | ≤0.5mg/L(土层<1m 地区)<br>≤1.0mg/L(一般地区) | ≤0.5mg/L(土层<1m 地区)<br>≤1.0mg/L(一般地区) |
| 石油类 | ≤5.0mg/L(轻度污染灌区)<br>≤10.0mg/L | ≤1.0mg/L |
| 挥发性酚 | ≤1.0mg/L(土层<1m 地区)<br>≤3.0mg/L | ≤1.0mg/L(土层<1m 地区)<br>≤3.0mg/L |
| 苯 | ≤2.5mg/L(土层<1m 地区)<br>≤5.0mg/L | ≤2.5mg/L(土层<1m 地区)<br>≤5.0mg/L |
| 三氯化醛 | ≤0.5mg/L(小麦)<br>≤1.0mg/L(水稻、玉米、大豆) | ≤0.5mg/L(小麦)<br>≤1.0mg/L(水稻、玉米、大豆) |
| 丙烯醛 | ≤0.5mg/L | ≤0.5mg/L |
| 硼 | ≤1.0mg/L(西红柿、马铃薯、笋瓜、韭菜、洋葱、黄瓜、梅豆、柑橘)<br>≤2.0mg/L(小麦、玉米、茄子、青椒、小白菜、葱)<br>≤4.0mg/L(水稻、萝卜、油菜、甘蔗) | ≤1.0mg/L(西红柿、马铃薯、笋瓜、韭菜、洋葱、黄瓜、梅豆、柑橘)<br>≤2.0mg/L(小麦、玉米、茄子、青椒、小白菜、葱)<br>≤4.0mg/L(水稻、萝卜、油菜、甘蔗) |
| 大肠菌群 | ≤10000 个/L(生吃瓜果、收获前一星期) | ≤10000 个/L(生吃瓜果、收获前一星期) |

① 在以下具体条件的地区，全盐量水质标准可略放宽：

a. 在水资源缺少的干旱和半干旱地区；

b. 具有一定的水利灌排工程设施，能保证一定的排水和地下水径流条件的地区；

c. 有一定淡水资源能满足冲洗土体中盐分的地区；

d. 土壤渗透性较好，土地较平整，并能掌握耐盐作物类型和生育阶段的地区。

② 轻度污染灌区，指污物含量超过土壤本底上限，但农作物残留不超过农作物本底上限。

注：放射性物质按国家放射防护规定的有关标准执行。按照灌溉水的用途，农业灌溉水水质要求分两类。

1. 指长期利用工业废水或城市污水作为农业灌溉用水主要水源的水质要求。灌溉量：水田 800 方/亩年，旱田 300 方/亩年（1 方＝$1m^3$，1 亩＝$666.7m^2$）。

2. 指利用工业废水或城市污水作为农业灌溉用水补充水源进行清污混灌轮灌的水质要求。其用量不超过 1. 的一半。各项标准数值均指单次测定最高值，而非多次测定的平均值。

## 18. 污水排放综合标准及测定方法

### 18.1 第一类污染物最高允许排放浓度（据 GB 8978—1996）/（mg/L）

| 序 号 | 污染物 | 最高允许排放浓度 | 序 号 | 污染物 | 最高允许排放浓度 |
|---|---|---|---|---|---|
| 1 | 总汞 | 0.05 | 8 | 总镍 | 1.0 |
| 2 | 烷基汞 | 不得检出 | 9 | 苯并[a]芘 | 0.000 03 |
| 3 | 总镉 | 0.1 | 10 | 总铍 | 0.005 |
| 4 | 总铬 | 1.5 | 11 | 总银 | 0.5 |
| 5 | 六价铬 | 0.5 | 12 | 总α放射性 | 1 Bq/L |
| 6 | 总砷 | 0.5 | 13 | 总β放射性 | 10 Bq/L |
| 7 | 总铅 | 1.0 | | | |

### 18.2 第二类污染物最高允许排放浓度

（1）适用于1997年12月31日之前建设的单位/（mg/L）

| 序号 | 污染物 | 适用范围 | 一级标准 | 二级标准 | 三级标准 |
|---|---|---|---|---|---|
| 1 | pH | 一切排污单位 | 6～9 | 6～9 | 6～9 |
| 2 | 色度（稀释倍数） | 染料工业 | 50 | 180 | — |
| | | 其他排污单位 | 50 | 80 | — |
| 3 | 悬浮物（SS） | 采矿、选矿、选煤工业 | 100 | 300 | — |
| | | 脉金选矿 | 100 | 500 | — |
| | | 边远地区砂金选矿 | 100 | 800 | — |
| | | 城镇二级污水处理厂 | 20 | 30 | — |
| | | 其他排污单位 | 70 | 200 | 400 |
| 4 | 五日生化需氧量（$BOD_5$） | 甘蔗制糖、苎麻脱胶、湿法纤维板工业 | 30 | 100 | 600 |
| | | 甜菜制糖、酒精、味精、皮革、化纤浆粕工业 | 30 | 150 | 600 |
| | | 城镇二级污水处理厂 | 20 | 30 | — |
| | | 其他排污单位 | 30 | 60 | 300 |
| 5 | 化学需氧量（COD） | 甜菜制糖、焦化、合成脂肪酸、湿法纤维板、染料、洗毛、有机磷农药工业 | 100 | 200 | 1 000 |
| | | 味精、酒精、医药原料药、生物制药、苎麻脱胶、皮革、化纤浆粕工业 | 100 | 300 | 1 000 |
| | | 石油化工工业（包括石油炼制） | 100 | 150 | 500 |
| | | 城镇二级污水处理厂 | 60 | 120 | — |
| | | 其他排污单位 | 100 | 150 | 500 |

续表

| 序号 | 污染物 | 适用范围 | 一级标准 | 二级标准 | 三级标准 |
|---|---|---|---|---|---|
| 6 | 石油类 | 一切排污单位 | 10 | 10 | 30 |
| 7 | 动植物油 | 一切排污单位 | 20 | 20 | 100 |
| 8 | 挥发酚 | 一切排污单位 | 0.5 | 0.5 | 2.0 |
| 9 | 总氰化合物 | 电影洗片(铁氰化合物) | 0.5 | 5.0 | 5.0 |
| | | 其他排污单位 | 0.5 | 0.5 | 1.0 |
| 10 | 硫化物 | 一切排污单位 | 1.0 | 1.0 | 2.0 |
| 11 | 氨氮 | 医药原料药、染料、石油化工工业 | 15 | 50 | — |
| | | 其他排污单位 | 15 | 25 | — |
| 12 | 氟化物 | 黄磷工业 | 10 | 20 | 20 |
| | | 低氟地区(水体含氟量＜0.5 mg/L) | 10 | 20 | 30 |
| | | 其他排污单位 | 10 | 10 | 20 |
| 13 | 磷酸盐(以P计) | 一切排污单位 | 0.5 | 1.0 | — |
| 14 | 甲醛 | 一切排污单位 | 1.0 | 2.0 | 5.0 |
| 15 | 苯胺类 | 一切排污单位 | 1.0 | 2.0 | 5.0 |
| 16 | 硝基苯类 | 一切排污单位 | 2.0 | 3.0 | 5.0 |
| 17 | 阴离子表面活性剂(LAS) | 合成洗涤剂工业 | 5.0 | 15 | 20 |
| | | 其他排污单位 | 5.0 | 10 | 20 |
| 18 | 总铜 | 一切排污单位 | 0.5 | 1.0 | 2.0 |
| 19 | 总锌 | 一切排污单位 | 2.0 | 5.0 | 5.0 |
| 20 | 总锰 | 合成脂肪酸工业 | 2.0 | 5.0 | 5.0 |
| | | 其他排污单位 | 2.0 | 2.0 | 5.0 |
| 21 | 彩色显影剂 | 电影洗片 | 2.0 | 3.0 | 5.0 |
| 22 | 显影剂及氧化物总量 | 电影洗片 | 3.0 | 6.0 | 6.0 |
| 23 | 磷 | 一切排污单位 | 0.1 | 0.3 | 0.3 |
| 24 | 粪大肠菌群数 | 医院[①]、兽医院及医疗机构含病原体污水 | 500个/L | 1 000个/L | 5 000个/L |
| | | 传染病、结核病医院污水 | 100个/L | 500个/L | 1 000个/L |
| 25 | 总余氯(采用氯化消毒的医院污水) | 医院[①]、兽医院及医疗机构含病原体污水 | ＜0.5[②] | ＞3(接触时间≥1h) | ＞2(接触时间≥1h) |
| | | 传染病、结核病医院污水 | ＜0.5[②] | ＞6.5(接触时间≥1.5h) | ＞5(接触时间≥1.5h) |

① 指50个床位以上的医院。

② 加氯消毒后须进行脱氯处理，达到本标准。

（2）适用于1998年1月1日后建设的单位/（mg/L）

| 序号 | 污染物 | 适用范围 | 一级标准 | 二级标准 | 三级标准 |
|---|---|---|---|---|---|
| 1 | pH | 一切排污单位 | 6～9 | 6～9 | 6～9 |
| 2 | 色度(稀释倍数) | 一切排污单位 | 50 | 80 | — |
| 3 | 悬浮物(SS) | 采矿、选矿、选煤工业 | 70 | 300 | — |
| | | 脉金选矿 | 70 | 400 | — |
| | | 边远地区砂金选矿 | 70 | 800 | — |
| | | 城镇二级污水处理厂 | 20 | 30 | — |
| | | 其他排污单位 | 70 | 150 | 400 |
| 4 | 五日生化需氧量($BOD_5$) | 甘蔗制糖、苎麻脱胶、湿法纤维板、染料、洗毛工业 | 20 | 60 | 600 |
| | | 甜菜制糖、酒精、味精、皮革、化纤浆粕工业 | 20 | 100 | 600 |
| | | 城镇二级污水处理厂 | 20 | 30 | — |
| | | 其他排污单位 | 20 | 30 | 300 |
| 5 | 化学需氧量(COD) | 甜菜制糖、合成脂肪酸、湿法纤维板、染料、洗毛、有机磷农药工业 | 100 | 200 | 1 000 |
| | | 味精、酒精、医药原料药、生物制药、苎麻脱胶、皮革、化纤浆粕工业 | 100 | 300 | 1 000 |
| | | 石油化工工业(包括石油炼制) | 60 | 120 | 500 |
| | | 城镇二级污水处理厂 | 60 | 120 | — |
| | | 其他排污单位 | 100 | 150 | 500 |
| 6 | 石油类 | 一切排污单位 | 5 | 10 | 20 |
| 7 | 动植物油 | 一切排污单位 | 10 | 15 | 100 |
| 8 | 挥发酚 | 一切排污单位 | 0.5 | 0.5 | 2.0 |
| 9 | 总氰化合物 | 一切排污单位 | 0.5 | 0.5 | 1.0 |
| 10 | 硫化物 | 一切排污单位 | 1.0 | 1.0 | 1.0 |
| 11 | 氨　氮 | 医药原料药、染料、石油化工工业 | 15 | 50 | — |
| | | 其他排污单位 | 15 | 25 | — |
| 12 | 氟化物 | 黄磷工业 | 10 | 15 | 20 |
| | | 低氟地区(水体含氟量＜0.5 mg/L) | 10 | 20 | 30 |
| | | 其他排污单位 | 10 | 10 | 20 |
| 13 | 磷酸盐(以P计) | 一切排污单位 | 0.5 | 1.0 | — |
| 14 | 甲　醛 | 一切排污单位 | 1.0 | 2.0 | 5.0 |
| 15 | 苯胺类 | 一切排污单位 | 1.0 | 2.0 | 5.0 |
| 16 | 硝基苯类 | 一切排污单位 | 2.0 | 3.0 | 5.0 |
| 17 | 阴离子表面活性剂(LAS) | 一切排污单位 | 5.0 | 10 | 20 |
| 18 | 总　铜 | 一切排污单位 | 0.5 | 1.0 | 2.0 |
| 19 | 总　锌 | 一切排污单位 | 2.0 | 5.0 | 5.0 |
| 20 | 总　锰 | 合成脂肪酸工业 | 2.0 | 5.0 | 5.0 |
| | | 其他排污单位 | 2.0 | 2.0 | 5.0 |
| 21 | 彩色显影剂 | 电影洗片 | 1.0 | 2.0 | 3.0 |
| 22 | 显影剂及氧化物总量 | 电影洗片 | 3.0 | 3.0 | 6.0 |
| 23 | 磷 | 一切排污单位 | 0.1 | 0.1 | 0.3 |
| 24 | 有机磷农药(以P计) | 一切排污单位 | 不得检出 | 0.5 | 0.5 |

续表

| 序号 | 污染物 | 适用范围 | 一级标准 | 二级标准 | 三级标准 |
|---|---|---|---|---|---|
| 25 | 乐 果 | 一切排污单位 | 不得检出 | 1.0 | 2.0 |
| 26 | 对硫磷 | 一切排污单位 | 不得检出 | 1.0 | 2.0 |
| 27 | 甲基对硫磷 | 一切排污单位 | 不得检出 | 1.0 | 2.0 |
| 28 | 马拉硫磷 | 一切排污单位 | 不得检出 | 5.0 | 10 |
| 29 | 五氯酚及五氯酚钠（以五氯酚计） | 一切排污单位 | 5.0 | 8.0 | 10 |
| 30 | 可吸附有机卤化物（AOX）（以 Cl 计） | 一切排污单位 | 1.0 | 5.0 | 8.0 |
| 31 | 三氯甲烷 | 一切排污单位 | 0.3 | 0.6 | 1.0 |
| 32 | 四氯化碳 | 一切排污单位 | 0.03 | 0.06 | 0.5 |
| 33 | 三氯化烯 | 一切排污单位 | 0.3 | 0.6 | 1.0 |
| 34 | 四氯乙烯 | 一切排污单位 | 0.1 | 0.2 | 0.5 |
| 35 | 苯 | 一切排污单位 | 0.1 | 0.2 | 0.5 |
| 36 | 甲 苯 | 一切排污单位 | 0.1 | 0.2 | 0.5 |
| 37 | 乙 苯 | 一切排污单位 | 0.4 | 0.6 | 1.0 |
| 38 | 邻-二甲苯 | 一切排污单位 | 0.4 | 0.6 | 1.0 |
| 39 | 对-二甲苯 | 一切排污单位 | 0.4 | 0.6 | 1.0 |
| 40 | 间-二甲苯 | 一切排污单位 | 0.6 | 0.6 | 1.9 |
| 41 | 氯 苯 | 一切排污单位 | 0.2 | 0.4 | 1.0 |
| 42 | 邻-二氯苯 | 一切排污单位 | 0.4 | 0.6 | 1.0 |
| 43 | 对-二氯苯 | 一切排污单位 | 0.4 | 0.6 | 1.0 |
| 44 | 对-硝基氯苯 | 一切排污单位 | 0.5 | 1.0 | 5.0 |
| 45 | 2,4-二硝基氯苯 | 一切排污单位 | 0.5 | 1.0 | 5.0 |
| 46 | 苯 酚 | 一切排污单位 | 0.3 | 0.4 | 1.0 |
| 47 | 间-甲酚 | 一切排污单位 | 0.1 | 0.2 | 0.5 |
| 48 | 2,4-二氯酚 | 一切排污单位 | 0.6 | 0.8 | 1.0 |
| 49 | 2,4,6-三氯酚 | 一切排污单位 | 0.6 | 0.8 | 1.0 |
| 50 | 邻苯二甲酸二丁酯 | 一切排污单位 | 0.2 | 0.4 | 2.0 |
| 51 | 邻苯二甲酸二辛酯 | 一切排污单位 | 0.3 | 0.6 | 2.0 |
| 52 | 丙烯腈 | 一切排污单位 | 2.0 | 5.0 | 5.0 |
| 53 | 总 硒 | 一切排污单位 | 0.1 | 0.2 | 0.5 |
| 54 | 粪大肠菌群数 | 医院[①]、兽医院及医疗机构含病原体污水 | 500 个/L | 1 000 个/L | 5 000 个/L |
|  |  | 传染病、结核病医院污水 | 100 个/L | 500 个/L | 1 000 个/L |
| 55 | 总余氯（采用氯化消毒的医院污水） | 医院[①]、兽医院及医疗机构含病原体污水 | <0.5[②] | >3（接触时间≥1h） | >2（接触时间≥1h） |
|  |  | 传染病、结核病医院污水 | <0.5[②] | >6.5（接触时间≥1.5h） | >5（接触时间≥1.5h） |
| 56 | 总有机碳（TOC） | 合成脂肪酸工业 | 20 | 40 | — |
|  |  | 苎麻脱胶工业 | 20 | 60 | — |
|  |  | 其他排污单位 | 20 | 30 | — |

① 指 50 个床位以上的医院。

② 加氯消毒后须进行脱氯处理，达到本标准。

注：其他排污单位指除在该控制项目中所列行业以外的一切排污单位。

## 18.3 部分行业最高允许排水量

(1) 适用于1997年12月31日之前建设的单位

| 序号 | 行业类别 | | | 最高允许排水量或<br>最低允许水重复利用率 |
|---|---|---|---|---|
| 1 | 矿山工业 | 有色金属系统选矿 | | 水重复利用率75% |
| | | 其他矿山工业采矿、选矿、选煤等 | | 水重复利用率90%(选煤) |
| | | 脉金选矿 | 重选 | 16.0$m^3$/t(矿石) |
| | | | 浮选 | 9.0$m^3$/t(矿石) |
| | | | 氰化 | 8.0$m^3$/t(矿石) |
| | | | 炭浆 | 8.0$m^3$/t(矿石) |
| 2 | 焦化企业(煤气厂) | | | 1.2$m^3$/t(焦炭) |
| 3 | 有色金属冶炼及金属加工 | | | 水重复利用率80% |
| 4 | 石油炼制工业(不包括直排水炼油厂)<br>加工深度分类：<br>A. 燃料型炼油厂<br>B. 燃料＋润滑油型炼油厂<br>C. 燃料＋润滑油型＋炼油化工型炼油厂<br>(包括加工高含硫原油页岩油和石油添加剂生产基地的炼油厂) | | | A ＞500万吨，1.0$m^3$/t(原油)<br>250～500万吨，1.2$m^3$/t(原油)<br>＜250万吨，1.5$m^3$/t(原油) |
| | | | | B ＞500万吨，1.5$m^3$/t(原油)<br>250～500万吨，2.0$m^3$/t(原油)<br>＜250万吨，2.0$m^3$/t(原油) |
| | | | | C ＞500万吨，2.0$m^3$/t(原油)<br>250～500万吨，2.5$m^3$/t(原油)<br>＜250万吨，2.5$m^3$/t(原油) |
| 5 | 合成洗涤剂 | 氯化法生产烷基苯 | | 200.0$m^3$/t(烷基苯) |
| | | 裂解法生产烷基苯 | | 70.0$m^3$/t(烷基苯) |
| | | 烷基苯生产合成洗涤剂 | | 10.0$m^3$/t(产品) |
| 6 | 合成脂肪酸工业 | | | 200.0$m^3$/t(产品) |
| 7 | 湿法生产纤维板工业 | | | 30.0$m^3$/t(板) |
| 8 | 制糖工业 | 甘蔗制糖 | | 10.0$m^3$/t(甘蔗) |
| | | 甜菜制糖 | | 4.0$m^3$/t(甜菜) |
| 9 | 皮革工业 | 猪盐湿皮 | | 60.0$m^3$/t(原皮) |
| | | 牛干皮 | | 100.0$m^3$/t(原皮) |
| | | 羊干皮 | | 150.0$m^3$/t(原皮) |
| 10 | 发酵、酿造工业 | 酒精工业 | 以玉米为原料 | 100.0$m^3$/t(酒精) |
| | | | 以薯类为原料 | 80.0$m^3$/t(酒精) |
| | | | 以糖蜜为原料 | 70.0$m^3$/t(酒精) |
| | | 味精工业 | | 600.0$m^3$/t(啤酒) |
| | | 啤酒工业(排水量不包括麦芽水部分) | | 16.0$m^3$/t(啤酒) |
| 11 | 铬盐工业 | | | 5.0$m^3$/t(产品) |
| 12 | 硫酸工业(水洗法) | | | 15.0$m^3$/t(产品) |
| 13 | 苎麻脱胶工业 | | | 500$m^3$/t(原麻)或750$m^3$/t(精干麻) |
| 14 | 化纤浆粕 | | | 本色：150$m^3$/t(浆)<br>漂白：240$m^3$/t(浆) |
| 15 | 黏胶纤维工业(单纯纤维) | 短纤维(棉型中长纤维、毛型中长纤维) | | 300$m^3$/t(纤维) |
| | | 长纤维 | | 800$m^3$/t(纤维) |
| 16 | 铁路货车洗刷 | | | 5.0$m^3$/辆 |
| 17 | 电影洗片 | | | 5$m^3$/1 000m(35 mm的胶片) |
| 18 | 石油沥青工业 | | | 冷却池的水循环利用率95% |

（2）适用于1998年1月1日后建设的单位

| 序号 | 行业类别 | | | | 最高允许排水量或最低允许水重复利用率 |
|---|---|---|---|---|---|
| 1 | 矿山工业 | 有色金属系统选矿 | | | 水重复利用率75% |
| | | 其他矿山工业采矿、选矿、选煤等 | | | 水重复利用率90%（选煤） |
| | | 脉金选矿 | 重选 | | 16.0$m^3$/t（矿石） |
| | | | 浮选 | | 9.0$m^3$/t（矿石） |
| | | | 氰化 | | 8.0$m^3$/t（矿石） |
| | | | 炭浆 | | 8.0$m^3$/t（矿石） |
| 2 | 焦化企业（煤气厂） | | | | 1.2$m^3$/t（焦炭） |
| 3 | 有色金属冶炼及金属加工 | | | | 水重复利用率80% |
| 4 | 石油炼制工业（不包括直排水炼油厂）<br>加工深度分类：<br>A. 燃料型炼油厂<br>B. 燃料＋润滑油型炼油厂<br>C. 燃料＋润滑油型＋炼油化工型炼油厂<br>（包括加工高含硫原油页岩油和石油添加剂生产基地的炼油厂） | | | A | ＞500万吨，1.0$m^3$/t（原油） |
| | | | | | 250～500万吨，1.2$m^3$/t（原油） |
| | | | | | ＜250万吨，1.5$m^3$/t（原油） |
| | | | | B | ＞500万吨，1.5$m^3$/t（原油） |
| | | | | | 250～500万吨，2.0$m^3$/t（原油） |
| | | | | | ＜250万吨，2.0$m^3$/t（原油） |
| | | | | C | ＞500万吨，2.0$m^3$/t（原油） |
| | | | | | 250～500万吨，2.5$m^3$/t（原油） |
| | | | | | ＜250万吨，2.5$m^3$/t（原油） |
| 5 | 合成洗涤剂 | 氯化法生产烷基苯 | | | 200.0$m^3$/t（烷基苯） |
| | | 裂解法生产烷基苯 | | | 70.0$m^3$/t（烷基苯） |
| | | 烷基苯生产合成洗涤剂 | | | 10.0$m^3$/t（产品） |
| 6 | 合成脂肪酸工业 | | | | 200.0$m^3$/t（产品） |
| 7 | 湿法生产纤维板工业 | | | | 30.0$m^3$/t（板） |
| 8 | 制糖工业 | 甘蔗制糖 | | | 10.0$m^3$/t（甘蔗） |
| | | 甜菜制糖 | | | 4.0$m^3$/t（甜菜） |
| 9 | 皮革工业 | 猪盐湿皮 | | | 60.0$m^3$/t（原皮） |
| | | 牛干皮 | | | 100.0$m^3$/t（原皮） |
| | | 羊干皮 | | | 150.0$m^3$/t（原皮） |
| 10 | 发酵、酿造工业 | 酒精工业 | 以玉米为原料 | | 100.0$m^3$/t（酒精） |
| | | | 以薯类为原料 | | 80.0$m^3$/t（酒精） |
| | | | 以糖蜜为原料 | | 70.0$m^3$/t（酒精） |
| | | 味精工业 | | | 600.0$m^3$/t（啤酒） |
| | | 啤酒工业（排水量不包括麦芽水部分） | | | 16.0$m^3$/t（啤酒） |
| 11 | 铬盐工业 | | | | 5.0$m^3$/t（产品） |
| 12 | 硫酸工业（水洗法） | | | | 15.0$m^3$/t（产品） |
| 13 | 苎麻脱胶工业 | | | | 500$m^3$/t（原麻） |
| | | | | | 750$m^3$/t（精干麻） |

续表

| 序号 | 行业类别 | | 最高允许排水量或最低允许水重复利用率 |
|---|---|---|---|
| 14 | 黏胶纤维工业(单纯纤维) | 短纤维(棉型中长纤维、毛型中长纤维) | $300m^3/t$(纤维) |
| | | 长纤维 | $800m^3/t$(纤维) |
| 15 | 化纤浆粕 | | 本色:$150m^3/t$(浆);漂白:$240m^3/t$(浆) |
| 16 | 制药工业医药原料药 | 青霉素 | 4 $700m^3/t$(青霉素) |
| | | 链霉素 | 1 $450m^3/t$(链霉素) |
| | | 土霉素 | 1 $300m^3/t$(土霉素) |
| | | 四环素 | 1 $900m^3/t$(四环素) |
| | | 洁霉素 | 9 $200m^3/t$(洁霉素) |
| | | 金霉素 | 3 $000m^3/t$(金霉素) |
| | | 庆大霉素 | 20 $400m^3/t$(庆大霉素) |
| | | 维生素 C | 1 $200m^3/t$(维生素 C) |
| | | 氯霉素 | 2 $700m^3/t$(氯霉素) |
| | | 新诺明 | 2 $000m^3/t$(新诺明) |
| | | 维生素 $B_1$ | 3 $400m^3/t$(维生素 $B_1$) |
| | | 安乃近 | $180m^3/t$(安乃近) |
| | | 非那西汀 | $750m^3/t$(非那西汀) |
| | | 呋喃唑酮 | 2 $400m^3/t$(呋喃唑酮) |
| | | 咖啡因 | 1 $200m^3/t$(咖啡因) |
| 17 | 有机磷农药工业[①] | 乐果[②] | $700m^3/t$(产品) |
| | | 甲基对硫磷(水相法)[②] | $300m^3/t$(产品) |
| | | 对硫磷($P_2S_5$ 法)[②] | $500m^3/t$(产品) |
| | | 对硫磷($PSCl_3$ 法)[②] | $550m^3/t$(产品) |
| | | 敌敌畏(敌百虫碱解法) | $200m^3/t$(产品) |
| | | 敌百虫 | $40m^3/t$(产品)(不包括三氯乙醛生产废水) |
| | | 马拉硫磷 | $700m^3/t$(产品) |
| 18 | 除草剂工业[①] | 除草醚 | $5m^3/t$(产品) |
| | | 五氯酚钠 | $2m^3/t$(产品) |
| | | 五氯酚 | $4m^3/t$(产品) |
| | | 2 甲 4 氯 | $14m^3/t$(产品) |
| | | 2,4-D | $4m^3/t$(产品) |
| | | 丁甲胺 | $4.5m^3/t$(产品) |
| | | 绿麦隆(以 Fe 粉还原) | $2m^3/t$(产品) |
| | | 绿麦隆(以 $Na_2S$ 粉还原) | $3m^3/t$(产品) |
| 19 | 火力发电工业 | | $3.5m^3/(MW \cdot h)$ |
| 20 | 铁路货车洗刷 | | $5.0m^3$/辆 |
| 21 | 电影洗片 | | $5m^3$/1 000m(35 mm 胶片) |
| 22 | 石油沥青工业 | | 冷却池的水循环利用率 95% |

① 产品按 100%含量计。

② 不包括 $P_2S_5$,$PSCl_3$,$PCl_3$ 原料生产废水。

## 18.4 测定方法

| 序号 | 项　目 | 测　定　方　法 | 方法来源 |
|---|---|---|---|
| 1 | 总汞 | 冷原子吸收光度法 | GB 7468—1987 |
| 2 | 烷基汞 | 气相色谱法 | GB/T 14204—1993 |
| 3 | 总镉 | 原子吸收分光光度法 | GB 7475—1987 |
| 4 | 总铬 | 高锰酸钾氧化-二苯碳酰二肼分光光度法 | GB 7466—1987 |
| 5 | 六价铬 | 二苯碳酰二肼分光光度法 | GB 7467—1987 |
| 6 | 总砷 | 二乙基二硫代氨基甲酸银分光光度法 | GB 7485—1987 |
| 7 | 总铅 | 原子吸收分光光度法 | GB 7475—1987 |
| 8 | 总镍 | 火焰原子吸收分光光度法 | GB 11912—1989 |
|  |  | 丁二酮肟分光光度法 | GB 19910—1989 |
| 9 | 苯并[a]芘 | 乙酰化滤纸层析荧光分光光度法 | GB 11895—1989 |
| 10 | 总铍 | 活性炭吸附-铬天菁S光度法 | ① |
| 11 | 总银 | 火焰原子吸收分光光度法 | GB 11907—1989 |
| 12 | 总α | 物理法 | ② |
| 13 | 总β | 物理法 | ② |
| 14 | pH 值 | 玻璃电极法 | GB 6920—1986 |
| 15 | 色度 | 稀释倍数法 | GB 11903—1989 |
| 16 | 悬浮物 | 重量法 | GB 11901—1989 |
| 17 | 生化需氧量($BOD_5$) | 稀释与接种法 | GB 7488—1987 |
|  |  | 重铬酸钾紫外光度法 | 待颁布 |
| 18 | 化学需氧量(COD) | 重铬酸钾法 | GB 11914—1989 |
| 19 | 石油类 | 红外光度法 | GB/T 16488—1996 |
| 20 | 动植物油 | 红外光度法 | GB/T 16488—1996 |
| 21 | 挥发酚 | 蒸馏后用4-氨基安替比林分光光度法 | GB 7490—1987 |
| 22 | 总氰化物 | 硝酸银滴定法 | GB 7486—1987 |
| 23 | 硫化物 | 亚甲基蓝分光光度法 | GB/T 16489—1996 |
| 24 | 氨氮 | 钠氏试剂比色法 | GB 7479—1987 |
|  |  | 蒸馏和滴定法 | GB 7479—1987 |
| 25 | 氟化物 | 离子选择电极法 | GB 7484—1987 |
| 26 | 磷酸盐 | 钼蓝比色法 | ① |
| 27 | 甲醛 | 乙酰丙酮分光光度法 | GB 13197—1991 |
| 28 | 苯胺类 | N-(1-萘基)乙二胺偶氮分光光度法 | GB 11889—1989 |
| 29 | 硝基苯类 | 还原-偶氮比色法或分光光度法 | ① |
| 30 | 阴离子表面活性剂 | 亚甲蓝分光光度法 | GB 7494—1987 |
| 31 | 总铜 | 原子吸收分光光度法 | GB 7475—1987 |
|  |  | 二乙基二硫化氨基甲酸钠分光光度法 | GB 7474—1987 |
| 32 | 总锌 | 原子吸收分光光度法 | GB 7474—1987 |
|  |  | 双硫腙分光光度法 | GB 7472—1987 |
| 33 | 总锰 | 火焰原子吸收分光光度法 | GB 11911—1989 |
|  |  | 高碘酸钾分光光度法 | GB 11906—1989 |
| 34 | 彩色显影剂 | 169成色剂法 | ③ |
| 35 | 显影剂及氧化物总量 | 碘-淀粉比色法 | ③ |
| 36 | 元素磷 | 磷钼蓝比色法 | ③ |
| 37 | 有机磷农药(以P计) | 有机磷农药的测定 | GB 13192—1991 |
| 38 | 乐果 | 气相色谱法 | GB 13192—1991 |
| 39 | 对硫磷 | 气相色谱法 | GB 13192—1991 |
| 40 | 马基对硫磷 | 气相色谱法 | GB 13192—1991 |
| 41 | 马拉硫磷 | 气相色谱法 | GB 13192—1991 |
| 42 | 五氯酚及五氯酚钠(以五氯酚计) | 气相色谱法 | GB 8972—1988 |
|  |  | 藏红T分光光度法 | GB 9803—1988 |
| 43 | 可吸附有机卤化物(AOX)(以Cl计) | 微库仑法 | GB/T 15959—1995 |
| 44 | 三氯甲烷 | 气相色谱法 | 待颁布 |
| 45 | 四氯化碳 | 气相色谱法 | 待颁布 |
| 46 | 三氯乙烯 | 气相色谱法 | 待颁布 |
| 47 | 四氯乙烯 | 气相色谱法 | 待颁布 |

续表

| 序号 | 项 目 | 测 定 方 法 | 方法来源 |
|---|---|---|---|
| 48 | 苯 | 气相色谱法 | GB 11890—1989 |
| 49 | 甲苯 | 气相色谱法 | GB 11890—1989 |
| 50 | 乙苯 | 气相色谱法 | GB 11890—1989 |
| 51 | 邻-二甲苯 | 气相色谱法 | GB 11890—1989 |
| 52 | 对-二甲苯 | 气相色谱法 | GB 11890—1989 |
| 53 | 间-二甲苯 | 气相色谱法 | GB 11890—1989 |
| 54 | 氯苯 | 气相色谱法 | 待颁布 |
| 55 | 邻-二氯苯 | 气相色谱法 | 待颁布 |
| 56 | 对-二氯苯 | 气相色谱法 | 待颁布 |
| 57 | 对-硝基氯苯 | 气相色谱法 | GB 13194—1991 |
| 58 | 2,4-二硝基氯苯 | 气相色谱法 | GB 13194—1991 |
| 59 | 苯酚 | 气相色谱法 | 待颁布 |
| 60 | 间-甲酚 | 气相色谱法 | 待颁布 |
| 61 | 2,4-二氯酚 | 气相色谱法 | 待颁布 |
| 62 | 2,4,6-三氯酚 | 气相色谱法 | 待颁布 |
| 63 | 邻苯二甲酸二丁酯 | 气相、液相色谱法 | 待制定 |
| 64 | 邻苯二甲酸二辛酯 | 气相、液相色谱法 | 待制定 |
| 65 | 丙烯腈 | 气相色谱法 | 待制定 |
| 66 | 总硒 | 2,3-二氨基萘荧光法 | GB 11902—1989 |
| 67 | 粪大肠菌群数 | 多管发酵法 | ① |
| 68 | 余氯量 | *N*,*N*-二乙基-1,4-苯二胺分光光度法 | GB 11898—1989 |
| | | *N*,*N*-二乙基-1,4-苯二胺二胺滴定法 | GB 11897—1989 |
| 69 | 总有机碳(TOC) | 非色散红外吸收法 | 待制定 |
| | | 直接紫外荧光法 | 待制定 |

①《水和废水监测分析方法（第三版）》，中国环境科学出版社，1989 年。

②《环境监测技术规范（放射性部分）》，国家环境保护局。

③ 详见附录 21。

注：暂采用下列方法，待国家方法标准发布后，执行国家标准。

## 19. 农用污泥中污染物控制标准值（据 GB 4284—1984）

单位：mg/kg 干污泥

| 项 目 | 最高容许含量 | |
|---|---|---|
| | 在酸性土壤上 (pH<6.5) | 在中性和碱性土壤上 (pH>6.5) |
| 镉及其化合物(以 Cd 计) | 5 | 20 |
| 汞及其化合物(以 Hg 计) | 5 | 15 |
| 铅及其化合物(以 Pb 计) | 300 | 1000 |
| 铬及其化合物(以 Cr 计)① | 600 | 1000 |
| 砷及其化合物(以 As 计) | 75 | 75 |
| 硼及其化合物(以水溶性 B 计) | 150 | 150 |
| 矿物油 | 3000 | 3000 |
| 苯并[*a*]芘 | 3 | 3 |
| 铜及其化合物(以 Cu 计)② | 250 | 500 |
| 锌及其化合物(以 Zn 计)② | 500 | 1000 |
| 镍及其化合物(以 Ni 计)② | 100 | 200 |

① 铬的控制标准适用于一般含六价铬极少的具有农用价值的各种污泥，不适用于含有大量六价铬的工业废渣或某些化工厂的沉积物。

② 暂作参考标准。

**20. 常用污水水质检验方法标准**

pH 值的测定——电位计法
悬浮固体的测定——重量法
易沉固体的测定——体积法
总固体的测定——重量法
五日生化需氧量的测定——稀释与接种法
化学需氧量的测定——重铬酸钾法
油的测定——重量法
氨氮的测定——纳氏试剂比色法、容量法
总氮的测定——蒸馏后滴定法
总磷的测定——分光光度法
总有机碳的测定——非色散红外法

20.1 城市污水 pH 值的测定——电位计法（CJ/T 57—1999）

20.1.1 主题内容与适用范围

本标准规定了用电位计法测定城市污水的 pH 值。本标准适用于排入城市下水道污水和污水处理厂污水的 pH 值的测定。测定范围：1.0～13.0。

20.1.2 方法原理

以玻璃电极为测量电极，饱和甘汞电极为参比电极与样品组成工作电池，根据 Nernst 方程，25℃时每相差一个 pH 单位（即氢离子活度相差 10 倍），工作电池产生 59.1mV 的电位差，以 pH 值直接读出。

20.1.3 试剂和材料

用分析纯试剂和去离子水。

（1）标准溶液 A。称取经 105℃干燥 2h 的邻苯二甲酸氢钾（10.12±0.01）g 溶于水中，并稀释至 1000mL，此溶液的 pH 值在 20℃为 4.00。

（2）标准溶液 B。称取在 105℃干燥 2h 的磷酸二氢钾（$KH_2PO_4$）（3.390±0.003）g 和磷酸氢二钠（$Na_2HPO_4$）（3.530±0.003）g 溶于水中，并稀释至 1000mL，此溶液的 pH 值在 20℃为 6.88。

（3）标准溶液 C。称取硼酸钠（$Na_2B_4O_7 \cdot 10H_2O$）（3.800±0.004）g 溶于水中，并稀释至 1000mL，此溶液 pH 值在 20℃为 9.23。

20.1.4 仪器

（1）pH 计：刻度为 0.1pH 单位，并具有温度补偿装置。

（2）pH 复合电极。

20.1.5 样品

样品采集后在 4℃条件下，最多保存 6h。亦可在采样现场测定 pH。

20.1.6 分析步骤

（1）pH 计及电极的使用按说明书进行。

（2）pH 计校正。

① 电极的玻璃球在水中浸泡 8h 后，用滤纸揩干。

② 用标准溶液（A）冲洗电极 3 次后，将电极浸入标准溶液（A）中，摇动溶液，待读数稳定 1min 后，调整 pH 计的指针，使其位于该标准溶液在测量温度的 pH 值处（见附录 A）。

注：每次测量应使被测溶液的温度和室温相同。

③ 分别用标准溶液（B）和（C）按标准溶液 A 的方法校正 pH 计。

（3）量取足量实验室样品，作为试料盛入烧杯。

（4）用水和试料先后冲洗电极，然后将电极浸入试料中，摇动溶液，待读数稳定 1min 后，读出 pH 值。

20.1.7　分析结果的表述

以测定温度下的 pH 值表示，表示至一位小数。

## 附录 A　温度对标准溶液 pH 值的影响

（补充件）

| 温度/℃ | 标准溶液 A | 标准溶液 B | 标准溶液 C |
|---|---|---|---|
| 0 | 4.00 | 6.98 | 9.46 |
| 5 | 4.00 | 6.95 | 9.39 |
| 10 | 4.00 | 6.92 | 9.33 |
| 15 | 4.00 | 6.90 | 9.28 |
| 20 | 4.00 | 6.88 | 9.23 |
| 25 | 4.00 | 6.86 | 9.18 |
| 30 | 4.01 | 6.85 | 9.14 |
| 35 | 4.02 | 6.84 | 9.10 |
| 40 | 4.03 | 6.84 | 9.07 |

**附加说明：**

本标准由中华人民共和国建设部标准定额研究所提出；

本标准由建设部水质标准技术归口单位中国市政工程中南设计院归口；

本标准由上海市城市排水管理处、上海市城市排水监测站负责起草；

本标准主要起草人为沈培明；

本标准委托上海市城市排水监测站负责解释。

20.2　城市污水悬浮固体的测定——重量法（CJ/T 57—1999）

20.2.1　主题内容与适用范围

本标准规定了用重量法测定城市污水中的悬浮固体。

本标准适用于排入城市下水道污水和污水处理厂污水中的悬浮固体的测定。当试料体积为 100mL 时，本方法的最低检出浓度为 5mg/L。

20.2.2　方法提要

悬浮在样品中的非溶解性固体能被酸洗石棉层截留，从而以重量法测得。

20.2.3　试剂和材料

均使用分析纯试剂和蒸馏水。

（1）盐酸：$\rho=1.19g/mL$。

（2）酸洗石棉。

（3）石棉浮液的制备。取15g酸洗石棉，放入烧杯，加300mL水搅和，待较粗的石棉纤维沉下后，倒出上层浮液至玻璃瓶中，重复进行三次，所得石棉浮液贮于瓶中备用。余下较粗的石棉液贮于另一玻璃瓶中。

若无酸洗石棉，可取未处理石棉15g用水湿润后，加入20mL盐酸（1.19g/mL），在沸水浴加热12h，抽滤，并用热水洗涤后备用。

20.2.4　仪器

（1）30mL细孔瓷坩埚。

（2）真空泵。

（3）吸滤瓶。

（4）干燥箱。

（5）分析天平：感量0.1mg。

20.2.5　样品

测定悬浮固体的样品采集要特别注意样品的代表性。

20.2.6　分析步骤

（1）石棉层的铺垫。取30mL细孔瓷坩埚置于吸滤瓶上，倾入较粗的石棉浮液，慢慢抽滤成1～2mm厚的石棉层，然后倾入细石棉浮液，用水洗涤，直至洗出液中不含有石棉纤维为止。正确铺好的石棉层，使滤下的水流不成一连续直线，而是形成间断而密集的水滴。

（2）空坩埚的称量。将铺好石棉层的坩埚，在105℃干燥1h后，于干燥器内冷却30min以上，取出后立即称量。再次烘干、冷却、称量直至达到恒重（即两次称量相差不超过0.5mg）。

（3）试料。量取100mL实验室样品作为试料。估计悬浮固体大致含量，可适当增加或减少试料体积。

（4）过滤。将称量过的坩埚置于吸滤瓶上，用水稍加湿润。将试料的上层清液先行过滤，然后将下层浑浊液倾入坩埚过滤，并用少量水洗涤容器数次，一并过滤。

（5）坩埚与悬浮固体总质量的称量。操作同空坩埚的称量。

20.2.7　分析结果的表述

悬浮固体的浓度$C$以mg/L表示，按下式计算

$$C=\frac{m_2-m_1}{V}\times1000\times1000$$

式中　$m_1$——坩埚的质量，g；

$m_2$——坩埚与悬浮固体的总质量，g；

$V$——试料体积，mL。

所得结果表示至整数。

## 附录A　砂芯坩埚的使用及洗涤方法

（补充件）

对于悬浮固体较少的水可使用G3玻璃砂芯坩埚作为滤器。

**A1　分析步骤**

A1.1　洗净的玻璃砂芯坩埚在105℃干燥1h后，于干燥器内冷却30min以上，取出后立即称量。再次干燥、冷却、称量，直至达到恒重（即两次称量相差不超过0.5mg）。

A1.2　将称量过的砂芯坩埚置于吸滤瓶上，用水稍加湿润，将试料上层清液先行过滤，然后过滤下层浊液，并用少量水洗涤器具数次，一并过滤。

A1.3　砂芯坩埚与悬浮固体总量的称量方法同 A1.1 条。

**A2　玻璃砂芯坩埚的洗涤**

A2.1　第一次使用前先用酸溶液浸泡数小时，再用水洗净，除去水滴，120℃干燥 2h。

A2.2　玻璃砂芯坩埚使用后，滤板上常附着沉积物，可先用水冲洗。如果沉积物是油脂类物质或其他有机物质，可先用四氯化碳或其他有机溶剂洗涤，然后用热的铬酸洗液浸泡过夜，最后用水冲洗洁净。

## 附录 B　悬浮固体的离心分离法
（参考件）

悬浮固体含量在 200mg/L 以上的城市污水可用本方法。

**B1　操作步骤**

B1.1　离心沉淀。取摇匀的实验室样品 100mL 移入离心管，以 2000r/min 的速度离心 5min，静止片刻，用虹吸法移去上层清液。用 100mL 水洗涤，以同样速度离心 5min，静置后虹吸，再洗涤、离心、虹吸一次。

B1.2　沉淀物的干燥与称量。将离心管中的沉淀物全部移入恒重的蒸发皿中，在红外线快速干燥箱内烘干，再放入105℃的烘箱内干燥 1h，放在干燥器内冷却 30min 以上，立即称量，并再次干燥、冷却、称量，直至达到恒重（两次称量相差不超过 0.5mg）。

**B2　精密度和准确度**

四个实验室用离心法，得下列结果：

| 含量/(mg/L) | 40 | 200 | 400 |
|---|---|---|---|
| 平均回收率/% | 88.9 | 91.2 | 92.6 |
| 室内标准偏差/% | 5.20 | 4.98 | 3.89 |
| 室间标准偏差/% | 5.39 | 6.13 | 5.60 |

**附加说明：**

本标准由中华人民共和国建设部标准定额研究所提出；

本标准由建设部水质标准技术归口单位中国市政工程中南设计院归口；

本标准由上海市城市排水管理处、上海市城市排水监测站负责起草；

本标准主要起草人为沈培明；

本标准委托上海市城市排水监测站负责解释。

### 20.3　城市污水易沉固体的测定——体积法（CJ/T 57—1999）

20.3.1　主题内容与适用范围

本标准规定了用体积法测定城市污水中的易沉固体。

本标准适用于排入城市下水道污水和污水处理厂污水中易沉固体的测定。

20.3.2　方法原理

将样品在英霍夫锥形管（Imhoff Cone）中放置15min 后直接读出易沉固体的体积。

20.3.3　仪器

英霍夫锥形管，如图 1 所示。

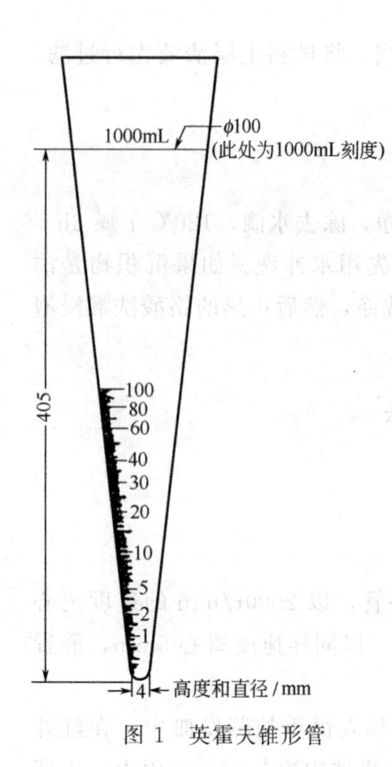

图1　英霍夫锥形管

20.3.4　样品

测定易沉固体的样品要特别注意代表性。

20.3.5　分析步骤

将充分摇匀的样品倾入英霍夫锥形管至1000mL标线，待沉降10min后用玻璃棒触及管壁，使停留在管壁上的沉降物下沉，待继续静置沉降5min后，记录易沉固体所占的体积。当易沉固体与上浮物分离时，不要把上浮物作为易沉固体。

20.3.6　分析结果的表述

易沉固体的测定单位是mL/(L·15min)，数值在英霍夫锥形管上直接读得。

**附加说明：**

本标准由中华人民共和国建设部标准定额研究所提出；

本标准由建设部水质标准技术归口单位中国市政工程中南设计院归口；

本标准由上海市城市排水管理处、上海市城市排水监测站负责起草；

本标准主要起草人为李允中、卢瑞仁；

本标准委托上海市城市排水监测站负责解释。

20.4　城市污水总固体的测定——重量法（CJ/T 57—1999）

20.4.1　主题内容与适用范围

本标准规定了用重量法测定城市污水中的总固体。

本标准适用于排入城市下水道污水和污水处理厂污水中总固体的测定。

20.4.2　方法提要

将样品混合均匀，移入已恒重的蒸发皿于水浴上蒸干，放在103～105℃干燥箱内烘至恒重，增加的质量为总固体。

20.4.3　仪器

(1) 瓷蒸发皿：直径90mm，容量100mL。

(2) 电热恒温水浴锅。

(3) 干燥箱。

(4) 分析天平，感量0.1mg。

20.4.4　样品

测定总固体的样品要特别注意样品的代表性。

20.4.5　分析步骤

(1) 将瓷蒸发皿在103～105℃烘1h后，于干燥器内冷却至室温，称量。再次烘30min，冷却，称量至恒重（两次称量相差不超过0.5mg）。

(2) 将样品充分摇匀，立即取出（50±0.5）mL全部移入已恒重的瓷蒸发皿（若总固体量小于2.5mg，取（100±0.5）mL试料），置水浴上蒸干（水浴面不可接触皿底）按步骤（1）烘干、冷却和称量，直至恒重。

20.4.6　分析结果的表述

总固体的浓度 $C$（mg/L）用下式计算

$$C=\frac{m_2-m_1}{V}\times1000\times1000$$

式中　$m_1$——蒸发皿质量，g；

$m_2$——蒸发皿与总固体的质量，g；

$V$——试料体积，mL。

**附加说明：**

本标准由中华人民共和国建设部标准定额研究所提出；

本标准由建设部水质标准技术归口单位中国市政工程中南设计院归口；

本标准由上海市城市排水管理处、上海市城市排水监测站负责起草；

本标准主要起草人为卢瑞仁；

本标准委托上海市城市排水监测站负责解释。

20.5　城市污水五日生化需氧量的测定——稀释与接种法（CJ/T 57—1999）

20.5.1　主题内容与适用范围

本标准规定了用稀释与接种法测定城市污水中五日生化需氧量。

本标准适用于排入城市下水道污水和污水处理厂污水中五日生化需氧量的测定。

(1) 测定范围。本方法适用于测定 $BOD_5$ 大于或等于 2mg/L 的样品，大于 6000mg/L 会造成较大误差，有必要对测定结果加以说明。

(2) 干扰。水中某些有毒物质的干扰，如杀菌剂、重金属、游离氯等，会抑制生化作用。藻类或硝化微生物可能造成结果偏高。

20.5.2　方法原理

五日生化需氧量的测定采用稀释法，即取原样品或经适当稀释的样品，要含有足够的溶解氧，能满足五日生化的需氧要求。将上述样品分成两份，一份测定当天的溶解氧含量，将另一份放入 20℃ 培养箱内，培养 5d 以后再测其溶解氧含量，两者之差即为五日生化需氧量，如经稀释培养则应乘以稀释倍数。

20.5.3　试剂和材料

均用分析纯试剂和蒸馏水或去离子水，水中含铜不应高于 0.01mg/L。

(1) 接种水。如样品本身不含有足够的合适的微生物，应采用下述方法之一，以获得种子。

① 将生活污水保持 20℃ 放置 24～36h，取用上层清液。

② 污水生化处理后未经消毒的出水。

③ 当分析样品为工业废水时，应取排放口下游的水作种液或经实验室培养驯化后的种液。其驯化方法是采用适量的生活污水，开始加入少量的待测废水，连续曝气培养逐渐增加待测废水投加量，直至驯化液中含有可分解废水中有机物的微生物种群为止。驯化周期一般为 10d 左右。

(2) 盐溶液。下述溶液应贮存在玻璃瓶内，置于暗处，至少可稳定一个月。一旦发现有生物滋长现象，应弃去不用。

① 磷酸盐缓冲溶液。将 8.5g 磷酸二氢钾（$KH_2PO_4$）、21.75g 磷酸氢二钾（$K_2HPO_4$）、33.4g 磷酸氢二钠（$Na_2HPO_4\cdot7H_2O$）和 1.7g 氯化铵（$NH_4Cl$）溶于 500mL 水中，稀释至 1000mL，混匀。此缓冲溶液的 pH 值为 7.2。

② 硫酸镁溶液 22.5g/L。将 22.5g 硫酸镁（$MgSO_4 \cdot 7H_2O$）溶于水中，稀释到 1000mL，并混匀。

③ 氯化钙溶液 27.5g/L。将 27.5g 无水氯化钙（$CaCl_2$）溶于水中，稀释到 1000mL 并混匀。

④ 三氯化铁溶液：0.25g/L。将 0.25g 三氯化铁（$FeCl_3 \cdot 6H_2O$）溶于水中，稀释到 1000mL 并混匀。

（3）稀释水。将水于 20℃恒温下，曝气 1h 以上，静置 24h 或自然充氧 3～4d，确保溶解氧浓度不低于 8mg/L。每 1000mL 水中加入 4 种盐溶液各 1mL，作为微生物的营养剂，此溶液即为稀释水。它的五日生化需氧量不得超过 0.2mg/L，每次使用前需新鲜配制。

（4）接种的稀释水。每升稀释水中加 2.0～5.0mL 接种水，接种水应在使用时加入稀释水中，用时现配。接种的稀释水五日生化需氧量一般控制在 0.6～1.0mg/L 之间。

（5）盐酸溶液 $c(HCl)=0.5mol/L$。取 42mL 盐酸（HCl）用水稀释成 1000mL。

（6）氢氧化钠溶液 20g/L。称取 20g 氢氧化钠（NaOH）溶于 1000mL 水中。

（7）硫代硫酸钠溶液：$c(Na_2S_2O_3)=0.0125mol/L$。配制及标定方法参照附录 A3.5 条。

（8）葡萄糖-谷氨酸标准溶液。将无水葡萄糖（$C_6H_{12}O_6$）和谷氨酸（HOOC—$CH_2$—$CH_2$—$CHNH_2$—COOH）在 104℃干燥 1h，每种称量（150±1）mg，溶于水中，稀释至 1000mL，混匀。此溶液于用前配制。

20.5.4 仪器

（1）生化需氧量瓶或 250mL 具塞细口瓶。

（2）（20±1）℃恒温培养箱。使用的玻璃器皿要洗干净，并防止沾污。

20.5.5 样品

样品需装满并密封于瓶中，放在 2～4℃下保存，一般采样后 6h 之内应进行测定，贮存时间不得超过 24h。

20.5.6 分析步骤

（1）样品预处理。

① pH 值的控制。如样品中含有游离酸或碱，将会影响微生物活动，应用盐酸溶液或氢氧化钠溶液调节到 pH 值 7.0～8.0 之间。

② 去除游离氯或其他氧化剂。加入硫代硫酸钠溶液使样品中的游离氯或其他氧化剂失效。具体方法是：取 100mL 污水于碘量瓶中，加入 5mL$c(1/2H_2SO_4)=6mol/L$ 的硫酸，再加入 1g 碘化钾，摇匀，放暗处静置 5min，此时碘被游离，以淀粉做指示剂，用标准硫代硫酸钠溶液滴定，计算所需硫代硫酸钠溶液的量，根据稀释培养用的实际污水量，计算并加入硫代硫酸钠溶液的量。

③ 抑制硝化作用。经生物处理净化后的污水，或类似生物净化水等，可在加营养剂及缓冲溶液的同时每升稀释水中加入 10mg 2-氯-6-(三氯甲基)吡啶或者每升稀释水中加入 10mg 丙烯基硫脲且在报告结果时加以说明。

（2）选择稀释倍数。若样品含溶解氧在 6mg/L 以上，则无需稀释，可直接测定 5d 前后的溶解氧，而受污染的地面水、污水或工业废水则应根据其污染程度进行不同倍数的稀释，一般应使经过稀释的样品保持在 20℃下，培养 5d 后，剩余溶解氧至少有 1mg/L 和消耗的溶解氧至少 2mg/L。

稀释倍数也可参照化学需氧量（$COD_{Cr}$）来折算，一般是将污水的 $COD_{Cr}$ 值除以 5～15，作 3 个稀释倍数。

当难于确定恰当的稀释比时，可先测定水样的总有机碳（TOC）和重铬酸盐法化学需氧量（COD），根据 TOC 和 COD 估计 $BOD_5$ 可能值，再围绕预期的 $BOD_5$ 值，作几种不同的稀释比，最后从所得测定结果中选取合乎要求条件者。

（3）稀释样品。生活污水可用稀释水稀释，工业废水则需用接种的稀释水来稀释。根据已决定的稀释倍数，正确计算并量取所需的污水量及稀释水量（或接种的稀释水量）进行稀释。把经过稀释的样品沿瓶壁缓缓倾入两个编号的生化需氧量瓶内，直至满溢为止。轻轻敲击瓶颈使气泡完全逸出，盖紧瓶塞，再用稀释水灌满瓶口凹处，达到水封。如稀释倍数大于 50，先用蒸馏水将原水样稀释 10 倍、100 倍或 1000 倍，再按上述步骤操作。若无生化需氧量瓶，也可用 250mL 细口瓶代替，在培养 5d 的过程中，应将盛有样品的瓶倒置于水中，水面应保持淹没瓶品，保证水封的可靠性，按照同法，可分别做 3 个不同的稀释倍数。

（4）空白实验。另取两个编号的生化需氧量瓶，倒入稀释水（或接种的稀释水）盖紧瓶塞后，一瓶水封，一瓶用于测定当天溶解氧。

（5）测定。将上述各稀释倍数的样品（包括空白）一份测定当天溶解氧值，另一份放在 (20±1)℃培养箱内，培养 5d 后再测定其相应的溶解氧值。测定溶解氧的方法均用碘量法（参照附录 A）。

（6）为了检验测定正确性，需进行验证实验，将 20mL 葡萄糖-谷氨酸标准溶液用接种稀释水稀释到 1000mL，并按照测定步骤进行测定，所得 $BOD_5$ 值应为（200±37）mg/L。本实验同测试样品同时进行。

20.5.7　分析结果的表述

（1）被测定溶液若满足以下条件，则能获得可靠的结果。

培养 5d 后：剩余 DO≥1mg/L

消耗 DO≥2mg/L

若不能满足以上条件，一般应舍去该结果。

（2）五日生化需氧量 $BOD_5$（mg/L）由下式计算。

$$BOD_5=\frac{(C_1-C_2)-f_1(C_3-C_4)}{f_2}$$

式中　$C_1$——稀释后的样品在培养前的溶解氧，mg/L；

$C_2$——稀释后的样品在培养 5d 后的溶解氧，mg/L；

$C_3$——稀释水在培养前的溶解氧，mg/L；

$C_4$——稀释水在培养 5d 后的溶解氧，mg/L；

$f_1$——稀释水（或接种稀释水）在培养液中所占比例；

$f_2$——样品在培养液中所占比例。

若样品有几种稀释比所得结果都符合前面所要求的条件，则这些结果皆有效，以平均值表示测定结果。

20.5.8　精密度

测定 300mg/L 葡萄糖-谷氨酸（$BOD_5$ 为 199.4mg/L）混合标准溶液 32 次，实验室内相对误差 3%，相对标准偏差为 1.8%。

## 附录A　碘量法测定溶解氧

（补充件）

### A1　方法原理

样品在碱性条件下，加入硫酸锰，产生的氢氧化锰被样品中的溶解氧氧化，产生锰酸锰，在酸性条件下，锰酸锰氧化碘化钾析出碘，析出碘的量相当于样品中溶解氧的量，最后用标准硫代硫酸钠溶液滴定。

### A2　仪器

A2.1　溶解氧瓶（同生化需氧量瓶）。

A2.2　250mL三角烧瓶。

A2.3　50mL滴定管。

### A3　试剂和材料

均用分析纯试剂和蒸馏水或去离子水。

A3.1　浓硫酸（$H_2SO_4$）：$\rho=1.84$g/mL。

A3.2　硫酸锰溶液。称取360g硫酸锰（$MnSO_4 \cdot H_2O$）溶于水中，稀释到1000mL，过滤备用。

A3.3　碱性碘化钾溶液。称取500g氢氧化钠及150g碘化钾溶于水中，稀释到1000mL，静止24h使所含杂质下沉，过滤备用。

A3.4　重铬酸钾标准溶液：$c(1/6K_2Cr_2O_7)=0.0125$mol/L。将分析纯重铬酸钾放在180℃烘箱内，干燥2h，取出，置于干燥器内冷却。称取（0.6129±0.0006）g重铬酸钾溶于水中，倾入1000mL容量瓶，稀释到标线。

A3.5　硫代硫酸钠标准溶液：$c(Na_2S_2SO_3)=0.0125$mol/L。称取分析纯硫代硫酸钠（$Na_2S_2O_3 \cdot 5H_2O$）约32g溶于煮沸并冷却的1000mL水中，使用前取100mL稀释至1000mL，然后按下法标定。

在具塞的三角烧瓶中加入1g碘化钾及50mL水，用移液管加入20mL重铬酸钾标准溶液（A3.4条）及5mL、$c(1/2H_2SO_4)=6$mol/L的硫酸静置5min后，用硫代硫酸钠溶液滴定至淡黄色，加1mL淀粉溶液，继续滴定至蓝色刚退去为止，记录用量，根据公式（$C_1V_1=C_2V_2$）计算硫代硫酸钠的浓度，并校正为0.0125mol/L。

A3.6　淀粉溶液。称取1g可溶性淀粉用少量水调成糊状，再用刚煮沸的水稀释成100mL，冷却后加入0.1g水杨酸或0.4g氯化锌保存。

### A4　分析步骤

A4.1　在已知体积的溶解氧瓶中装满样品（或经稀释的样品）轻轻敲击瓶颈使气泡完全逸出，使瓶塞下不留气泡。

A4.2　用滴定管浸入样品，加入1mL，硫酸锰溶液（A3.2条），1mL碱性碘化钾溶液（A3.3条）盖紧瓶塞，把样品摇匀，使之充分混合，静止数分钟使沉淀下降。

A4.3　加1mL浓硫酸盖紧瓶塞，摇动瓶子使沉淀全部溶解。

A4.4　静止5min后，量取100mL，沿壁倒入三角烧瓶中，用硫代硫酸钠标准溶液（A3.5条）滴定至淡黄色，再加入1mL淀粉溶液（A3.6条），继续滴定至蓝色刚退去为止，记下用量。

**A5 分析结果的表述**

溶解氧（DO，mg/L）用下式计算

$$DO=\frac{V_1\times0.0125\times8\times1000}{100}$$

式中 $V_1$——样品耗用硫代硫酸钠标准溶液（A3.5条）的体积，mL；

100——被测定溶液的体积，mL。

**A6 其他**

A6.1 如样品中含有亚硝酸盐时，可改用叠氮化钠修正法，操作步骤不变（同上所述），仅在步骤（A4.2条）中以叠氮化钠碱性碘化钾溶液（叠氮化钠的浓度为10g/L）代替碱性碘化钾溶液。

A6.2 如样品含有还原性物质时，可选用高锰酸钾修正法，样品装满溶解氧瓶后，先往瓶中加0.5mL浓硫酸和0.5mL 0.4%高锰酸钾溶液，盖紧瓶塞摇匀，放置15min，在此时间内粉红色退去，应随时补加高锰酸钾溶液，直至粉红色保持不退，然后加1mL 1%草酸钠溶液去除多余的高锰酸钾，再加入3mL碱性碘化钾，其他试剂及操作步骤同碘量法。

A6.3 含有较多铁盐的样品，在测溶解氧前，应先加40%氟化钾溶液1mL，使氟化钾与铁生成络合物，以消除铁的影响。

**附加说明：**

本标准由中华人民共和国建设部标准定额研究所提出；

本标准由建设部水质标准技术归口单位中国市政工程中南设计院归口；

本标准由上海市城市排水管理处、上海市城市排水监测站负责起草；

本标准主要起草人：李允中、严英华；

本标准委托上海市城市排水监测站负责解释。

20.6 城市污水化学需氧量的测定——重铬酸钾法（CJ/T 57—1999）

20.6.1 主题内容与适用范围

本标准规定了用重铬酸钾法测定城市污水中化学需氧量。

本标准适用于排入城市下水道污水和污水处理厂污水中化学需氧量的测定。

（1）测定范围。本方法测定化学需氧量（$COD_{Cr}$）的范围为50～400mg/L。

（2）干扰。氯离子对本方法有干扰，若氯离子浓度小于1000mg/L时，可加硫酸汞消除。亚硝酸盐也有干扰，可加氨基磺酸消除。

20.6.2 方法原理

在强酸性溶液中，用重铬酸钾氧化样品中还原性物质，过量的重铬酸钾以试亚铁灵为指示剂，用硫酸亚铁铵溶液滴定，根据消耗的重铬酸钾量可计算出样品中的化学需氧量。

20.6.3 试剂和材料

均用分析纯试剂和蒸馏水或去离子水。

（1）硫酸汞。

（2）硫酸银-硫酸溶液。于500mL浓硫酸中加入6.7g硫酸银，溶解后使用（每75mL硫酸中含1g硫酸银）。

（3）重铬酸标准溶液：$c_1(\frac{1}{6}K_2CrO_7)=0.2500mol/L$。称取预先在180℃干燥过的重铬酸钾（12.258±0.005）g，溶于水中，移入1000mL容量瓶，用水稀释至标线、摇匀。

（4）硫酸亚铁铵标准溶液。称取49g硫酸亚铁铵[$FeSO_4(NH_4)_2SO_4\cdot6H_2O$]溶于水中，加入 20mL 浓硫酸，冷却后稀释至 1000mL，摇匀，临用前用重铬酸钾标准溶液标定。

① 标定方法。吸取 25.0mL 重铬酸钾标准溶液于 500mL 锥形瓶中，用水稀释至 250mL，加 20mL 浓硫酸，冷却后加 2～3 滴试亚铁灵指示剂，用硫酸亚铁铵溶液滴定到溶液由黄色经蓝绿色刚变为红褐色为止。

② 硫酸亚铁铵标准溶液浓度 $c$（mol/L）的计算

$$c=\frac{c_1 \cdot V_1}{V} \tag{1}$$

式中 $c_1$——重铬酸钾标准溶液的浓度，mol/L；

$V_1$——吸取重铬酸钾标准溶液的体积，mL；

$V$——消耗硫酸亚铁铵标准溶液的体积，mL。

(5) 试亚铁灵指示剂。称取 1.49g 邻菲罗啉（$C_{12}H_8N_2 \cdot H_2O$）、0.695g 硫酸亚铁($FeSO_4 \cdot 7H_2O$)溶于水中，稀释至 100mL，贮于棕色试剂瓶中。

20.6.4 仪器

(1) COD 消解装置：250mL 磨口锥形瓶连接球形冷凝管。

(2) 加热装置。功率约 1.4W/cm$^2$ 的电热板或电炉，以保证回流液充分沸腾。

20.6.5 样品

若取样后推迟分析则用浓硫酸酸化至 pH 小于 2 保存。

20.6.6 分析步骤

(1) 空白实验。取 50mL 水按 6.2 进行操作。

(2) 测定。

① 量取适量实验室样品作为试料（不足 20mL 时，用水补足）于 250mL 磨口锥形瓶中，加入 10mL 重铬酸钾标准溶液，缓缓加入 30mL 硫酸银-硫酸溶液和数粒玻璃珠，轻轻摇动锥形瓶使溶液混匀，加热回流 2h。

② 若样品氯离子大于 300mg/L，取 20mL 样品，加 0.2 硫酸汞和 5mL 浓硫酸，摇匀，待硫酸汞溶解后，再按①操作，其中硫酸银-硫酸溶液加 25mL。

③ 冷却后，先用水冲洗冷凝器壁，然后取下锥形瓶，再用水稀释至 140mL，此酸度时，滴定终点较为明显。

④ 冷却后，加 2～3 滴试亚铁灵指示剂用硫酸亚铁铵标准溶液滴定到溶液由黄色至蓝绿色刚变为红褐色为止，记录消耗的硫酸亚铁铵标准溶液的体积。

20.6.7 分析结果的表述

化学需氧量 $COD_{Cr}$（$O_2$，mg/L）由下式计算

$$COD_{Cr}=\frac{(V_0-V_1) \cdot c \times 8 \times 1000}{V_2} \tag{2}$$

式中 $c$——硫酸亚铁铵标准溶液的浓度，mol/L；

$V_1$——滴定试料消耗硫酸亚铁铵标准溶液的体积，mL；

$V_0$——滴定空白消耗硫酸亚铁铵标准溶液的体积，mL；

8——氧$\left(\frac{1}{4}O_2\right)$的摩尔质量，g/mol；

$V_2$——试料体积，mL。

20.6.8 精密度

生活污水中加标 425.1mg/L 的邻苯二甲酸氢钾（相当于 $COD_{Cr}$500mg/L），测定 23 次，

平均回收率为98%，相对标准偏差2.16%。

20.6.9 其他

（1）本方法测定时，0.1g硫酸汞可与10mg氯离子结合，如果氯离子浓度高，应补加硫酸汞使它与氯离子质量比为10∶1，如有少量沉淀不影响测定。

（2）试料加热回流后，溶液中重铬酸钾剩余量为原加入量的⅕～⅘为宜。

（3）若试料中含易挥发有机物，在加硫酸银-硫酸溶液时，应在冰浴或水浴中进行，或从冷凝器顶端慢慢加入，以防易挥发性物质损失，使结果偏低。

（4）样品中的亚硝酸盐对测定有干扰，可按1mg亚硝酸盐氮加入10mg氨基磺酸来消除，空白中也应加入等量的氨基磺酸。

（5）用邻苯二甲酸氢钾作标准检验，邻苯二甲酸氢钾浓度为425mg/L，相当于COD值500mg/L。

（6）如采用各种不同类型的COD消解装置，试料体积在10～50mL时，所加试剂的体积及浓度应按表1进行相应的调整。

**表1 用重铬酸钾法测定COD的条件**

| 试料体积/mL | $C_1$(⅙$K_2Cr_2O_7$=0.2500mol/L)溶液的体积/mL | 硫酸银-硫酸溶液的体积/mL | 硫酸汞/g(可消除1000mg/L氯离子干扰) | 硫酸亚铁铵标准溶液的浓度/(mol/L) | 滴定前的体积/mL |
|---|---|---|---|---|---|
| 10.00 | 5.00 | 15 | 0.1 | 0.0500 | 70 |
| 20.00 | 10.00 | 30 | 0.2 | 0.1000 | 140 |
| 30.00 | 15.00 | 45 | 0.3 | 0.1500 | 210 |
| 40.00 | 20.00 | 60 | 0.4 | 0.2000 | 280 |
| 50.00 | 25.00 | 75 | 0.5 | 0.2500 | 350 |

**附加说明：**

本标准由中华人民共和国建设部标准定额研究所提出；

本标准由建设部水质标准技术归口单位中国市政工程中南设计院归口；

本标准由上海市城市排水管理处、上海市城市排水监测站负责起草；

本标准主要起草人为严英华；

本标准委托上海市城市排水监测站负责解释。

## 20.7 城市污水油的测定——重量法（CJ/T 57—1999）

### 20.7.1 主题内容与适用范围

本标准规定了用重量法测定城市污水中的油。

本标准适用于排入城市下水道污水和污水处理厂污水中油的测定。

本方法适用于测定含油在5mg/L以上的样品。不受油的品种限制，所测定的油不能区分矿物油，动、植物油。

### 20.7.2 方法提要

以硫酸酸化样品，用石油醚从样品提取油类，蒸发去除石油醚，再称其质量，此方法测定的是水中可被石油醚提取的物质的总量。

### 20.7.3 试剂和材料

均用分析纯试剂。

（1）石油醚，沸程30～60℃。

（2）无水乙醇。

（3）无水硫酸钠。

（4）50%（$V/V$）硫酸溶液。将硫酸（$H_2SO_4$，$\rho$=1.84g/mL），缓慢倒入等体积水中。

20.7.4 仪器

（1）分析天平。

（2）干燥箱。

（3）电热恒温水浴锅。

20.7.5 样品

定量采集100～500mL样品于清洁干燥的玻璃瓶内，此瓶用洗涤剂清洗，勿用肥皂水洗，为了保存样品，采样前，可向瓶里加入硫酸（每1000mL样品加2.5mL硫酸）使pH小于2，低于4℃保存，常温下，样品可保存24h。

20.7.6 分析步骤

（1）将采集的样品全部作为试料倒入500mL或1000mL分液漏斗中，加硫酸溶液5mL，用25mL石油醚洗采样瓶后，倾入分液漏斗中，充分振摇2min，并注意打开活塞放气，静置分层。水相用石油醚重复提取2次，每次用量25mL，合并3次石油醚（有机相）提取液于锥形瓶中。

（2）向石油醚提取液中，加入无水硫酸钠（3.3条）脱水，轻轻摇动，至不结块为止。加盖，放置0.5～2h。

（3）用预先以石油醚洗涤过的滤纸过滤，收集滤液于经烘干恒重的1000mL蒸发皿中。

（4）将蒸发皿置于（65±1）℃水浴上蒸发至近干。将蒸发皿外壁水珠擦干，置于烘箱中，在65℃烘1h，放干燥器内冷却30min，称量，直至恒重。

20.7.7 分析结果的表述

油的含量$C$（mg/L）按下式计算

$$C=\frac{m_1-m_2}{V}\times1000\times1000$$

式中 $m_1$——蒸发皿和油的总质量，g；

$m_2$——蒸发皿的质量，g；

$V$——试料体积，mL。

20.7.8 其他

（1）石油醚必须纯净，取100mL蒸干，残渣不得大于0.2g，否则需要重蒸馏。

（2）分液漏斗活塞切勿涂任何油脂。

（3）发现分层不好，可加少量无水乙醇。

（4）确定矿物油可用紫外分光法。

## 附录A 紫外分光光度法测定油

（参考件）

本方法适用于测定含矿物油0.05～50mg/L的样品。

**A1 方法原理**

石油及其产品在紫外光区有特征吸收，带有苯环的芳香族化合物，主要吸收波长为250～260nm；带有共轭双键的化合物主要吸收波长为215～230nm。一般原油的两个吸收波长为225nm及254nm。石油产品中，如燃料油、润滑油等的吸收峰与原油相近。因此，波长的选择应视实际情况而定，原油和重质油可选 254nm，而轻质油及炼油厂的油品可选 225nm。

标准油采用受污染地点水样中的石油醚萃取物。

**A2 仪器**

A2.1 分光光度计（具有 215～256nm 波长），10nm 石英比色皿。

A2.2 1000mL 分液漏斗。

A2.3 50mL 容量瓶。

A2.4 G3 型 25mL 玻璃砂芯漏斗。

**A3 试剂和材料**

均用分析纯试剂和蒸馏水或去离子水。

20.8 城市污水氨氮的测定（CJ/T 57—1999）

20.8.1 纳氏试剂比色法

20.8.1.1 主题内容与适用范围

本标准规定了用纳氏试剂比色法测定城市污水中的氨氮。

本标准适用于排入城市下水道污水和污水处理厂污水中氨氮的测定。

（1）测定范围。本方法测定氨氮浓度范围以氮计为 0.050～0.30mg/L。

（2）干扰。酮、醛、醇、胺等有机物可产生浊度或颜色，使结果偏高。

20.8.1.2 方法原理

氨氮是指以游离态的氨或铵离子形式存在的氮。氨氮与纳氏试剂反应生成黄棕色的络合物，在 400～500nm 波长范围内与光吸收成正比，可用分光光度法进行测定。

20.8.1.3 试剂和材料

均使用分析纯试剂及无氨蒸馏水。

（1）无氨蒸馏水。在每升蒸馏水中加 0.1mL 浓硫酸进行重蒸馏。或用离子交换法，蒸馏水通过强酸性阳离子交换树脂（氢型）柱来制取。无氨水贮存在带有磨口玻璃塞的玻璃瓶内，每升中加 10g 强酸性阳离子交换树脂（氢型），以利保存。

（2）硫酸铝溶液。称取 18g 硫酸铝[$Al_2(SO_4)_3 \cdot 18H_2O$]溶于 100mL 水。

（3）50%（*W*/*V*）氢氧化钠溶液。称取 25g 氢氧化钠（NaOH）溶于 100mL 水中，加热煮沸驱氨，待冷却后用水稀释至 100mL。

（4）酒石酸钾钠溶液。称取 50g 酒石酸钾钠（$KNaC_4H_6O_6 \cdot 4H_2O$）溶于 100mL 水中，加热煮沸驱氨，待冷却后用水稀释至 100mL。

（5）纳氏试剂。称取 80g 氢氧化钾（KOH），溶于 60mL 水中。

称取 20g 碘化钾（KI）溶于 60mL 水中。

称取 8.7g 氯化汞（$HgCl_2$），加热溶于 125mL 水中，然后趁热将该溶液缓慢地加到碘化钾溶液中，边加边搅拌，直到红色沉淀不再溶解为止。

在搅拌下，将冷却的氢氧化钾溶液缓慢地加到上述混合液中，并稀释至 400mL，于暗处静置 24h，倾出上清液，贮于棕色瓶内，用橡皮塞塞紧，存放在暗处，此试剂至少稳定一个月。

（6）磷酸盐缓冲溶液。称取 7.15g 无水磷酸二氢钾（$KH_2PO_4$）及 45.08g 磷酸氢二钾（$K_2HPO_4 \cdot 3H_2O$）溶于 500mL 水中。

(7) 2%（W/V）硼酸溶液。称取 20g 硼酸（$H_3BO_3$），溶于 1000mL 水中。

(8) 氨氮贮备溶液 1000mg/L。称取(3.819±0.004)g 氯化铵（$NH_4Cl$，在 100～105℃干燥 2h)，溶于水中，移入 1000mL 容量瓶中，稀释至标线。此溶液可稳定一个月以上。

(9) 氨氮标准溶液 10mg/L。吸取 10.00mL 氨氮贮备溶液于 1000mL 容量瓶中，稀释至标线，用时现配。

20.8.1.4 仪器

(1) 500mL 全玻璃蒸馏器。

(2) 分光光度计。

20.8.1.5 样品

样品采集后应尽快分析，如不能及时分析，每升样品中应加 1mL 浓硫酸，并在 4℃下贮存，用酸保存的样品，测定时用氢氧化钠将 pH 值调至 7 左右。

20.8.1.6 分析步骤

(1) 空白实验。用 50mL 无氨蒸馏水，按（2）和（3）中①条进行操作。用所得吸光度查得空白值，若空白值超出置信区间时应检查原因（空白值置信区间的确定见附录 B)。

(2) 预处理。

① 取 100mL 样品，加入 1mL 硫酸铝溶液及 2～3 滴氢氧化钠溶液调节 pH 约为 10.5，经混匀沉淀后，上清液用于测定。

② 若采用上述方法后，样品仍浑浊或有色，影响直接比色测定，应采用蒸馏法预处理，取 50mL 样品，用氢氧化钠（1mol/L）或硫酸（1mol/L）调至中性，然后加入 10mL 磷酸盐缓冲溶液进行蒸馏。用 5mL 硼酸溶液吸收，收集 50mL 馏出液进行测定。

(3) 测定。

① 取适量经预处理后的样品作为试料，转入 50mL 比色管，不到 50mL 定容到 50mL，浓度稍大时可进行稀释，使氨氮含量控制在测定的线性范围内，加入 0.5mL 酒石酸钾钠溶液，摇匀，再加 1mL 纳氏试剂，摇匀、放置 10min 后，在 420nm 波长处，用 20mm 比色皿，以水作参比，测定吸光度。

② 确定氨氮含量。将试料吸光度扣除空白实验的吸光度，从工作曲线上查得氨氮含量。

(4) 工作曲线的绘制。

在 8 个 50mL 的比色管中，分别加入 0mL、0.50mL、1.00mL、2.00mL、3.00mL、5.00mL、7.00mL、10.00mL 氨氮的标准溶液，再稀释至标线，以下按预处理及测定第一步操作。

从测得的吸光度减去零标准的吸光度，然后绘制吸光度对氨氮含量的工作曲线。

20.8.1.7 分析结果的表述

氨氮的浓度 $C_N$（mg/L)，用下式计算

$$C_N=\frac{m}{V}\times 1000$$

式中 $m$——从工作曲线上查得的氨氮含量，mg；

$V$——测定时试料的体积，mL。

20.8.1.8 精密度

将氯化铵溶液加入生活污水中，测其加标回收率。沉淀后用纳氏比色法，测定 30 次，回收率为 95%～106%，相对标准偏差为 3.23%，蒸馏预处理后用纳氏比色法测定 16 次，

加标回收率为93%～106%，相对标准偏差为4.11%。

20.8.2 容量法

20.8.2.1 主题内容与适用范围

本标准规定了用容量法测定城市污水中的氨氮。

本标准适用于排入城市下水道污水和污水处理厂污水中氨氮的测定。

本方法测定氨氮的检测限为0.2mg/L。

20.8.2.2 方法原理

样品经磷酸盐缓冲液调节后进行蒸馏，蒸馏释放出的氨用硼酸溶液吸收，再以甲基红亚甲蓝混合溶液作指示剂，用标准硫酸溶液滴定。

20.8.2.3 试剂

均用分析纯试剂和无氨蒸馏水。

(1) 硫酸标准滴定液 $c\left(\frac{1}{2}H_2SO_4\right)=0.1mol/L$。稀释浓硫酸用碳酸钠进行标定（见附录A）。

(2) 硫酸标准滴定液 $c\left(\frac{1}{2}H_2SO_4\right)=0.02mol/L$。稀释硫酸标准滴定液使用。

(3) 混合指示剂。

称取0.1g甲基红及0.05g亚甲蓝，溶于100mL乙醇中。

(4) 碳酸钠。

20.8.2.4 分析步骤

(1) 空白实验。用250mL水代替样品，按蒸馏、滴定步骤操作。

(2) 试料。如果已知样品中氨氮的大致含量，可按表2选择试料体积。

**表2 不同氨氮浓度所需试料体积**

| 氨氮浓度/(mg/L) | 试料体积/mL | 氨氮浓度/(mg/L) | 试料体积/mL |
|---|---|---|---|
| <10 | 250 | 20～50 | 50 |
| 10～20 | 100 | 50～100 | 25 |

(3) 蒸馏。量取试料于500mL蒸馏瓶中，如果溶液非中性，可用氢氧化钠（1mol/L）和硫酸（1mol/L）调节至中性，然后加水至300mL，放入玻璃珠数粒，加10mL磷酸盐缓冲溶液。吸收瓶内加入50mL硼酸溶液并滴加1滴混合指示剂。导液管插到吸收液液面下。加热蒸馏，馏出液约200mL时停止蒸馏。

(4) 滴定。用硫酸标准滴定液（0.1mol/L或0.2mol/L）滴定吸收液，滴到溶液由绿色刚转至紫色为止。紫色的深浅与滴定空白作对照。

20.8.2.5 分析结果的表述

氨氮的含量 $C_N$（mg/L）用下式计算

$$C_N=\frac{V_1-V_2}{V_0}\times c\times 14.01\times 1000$$

式中 $V_0$——试料的体积，mL；

$V_1$——滴定试料时所消耗的硫酸标准滴定的体积，mL；

$V_2$——空白滴定时所消耗的硫酸标准滴定液的体积，mL；

$c$——硫酸的标准浓度，mol/L；

14.01——氮原子的摩尔质量，g/mol。

## 附录 A 硫酸标准滴定液的配制和标定

（补充件）

浓度。$c\left(\frac{1}{2}H_2SO_4\right)=0.1mol/L$。

配制。每升水中加入 2.8mL 浓硫酸。

标定。在锥形瓶中用 50mL 水溶解约 0.1g 精确至 0.002g 经 180℃烘干 1h 的无水碳酸钠（$Na_2CO_3$），摇匀，加入 3～4 滴甲基橙指示剂。在 25mL 滴定管中加入待标定的硫酸溶液，用该溶液滴定锥形瓶中的碳酸钠溶液，直至溶液由黄色转至橙红色为止，记下读数。同时用 50mL 水做空白。

被标定的硫酸浓度按下式计算

$$c=\frac{m\times1000}{53\times(V_1-V_0)}$$

式中 $m$——无水碳酸钠的质量，g；

$V_1$——滴定无水碳酸钠溶液时所消耗硫酸的体积，mL；

$V_0$——滴定空白时所消耗硫酸的体积，mL；

53——1mol 无水碳酸钠$\left(\frac{1}{2}Na_2CO_3\right)$的质量，g/mol。

## 附录 B 纳氏比色法空白值的估算和控制

（补充件）

为了保证测定浓度接近检出限时的结果，必须控制空白值。按照分析步骤要求，每天测定两个空白实验平行样，共测 5d。用测得的 10 个空白实验值，计算出标准偏差，然后用下列公式计算出置信区间（$C_1$）

$$C_1=x\pm S\cdot t/n^{1/2}$$

式中 $x$——空白值的平均值；

$S$——标准偏差；

$n$——测定次数；

$t$——根据置信水平与自由度 $f$ 由 $t$ 分布的双侧分位数 $t_a$ 表可查化学工业出版社出版的《环境水质监测质量保证手册》(一般置位水平取 95%即 $\alpha$ 取 0.05，$f=n-1$)。

在测定样品时，同时做空白实验，其结果应在置信区间 $C_1$ 以内，如果结果明显大于 $x+s\cdot t/n^{1/2}$ 则应检查所用试剂、实验用水、器量及容器的玷污情况，淘汰含氨量太高的试剂，如果空白值超出上限（或显著低于 $x-s\cdot t/n^{1/2}$）则应重新确定置信区间并推算出检出限。

**附加说明：**

本标准由中华人民共和国建设部标准定额研究所提出；

本标准由建设部水质标准技术归口单位中国市政工程中南设计院归口；

本标准由上海市城市排水管理处、上海市城市排水监测站负责起草；

本标准主要起草人为李允中、刘卫国；

本标准委托上海市城市排水监测站负责解释。

20.9　城市污水总氮的测定——蒸馏后滴定法（CJ/T 57—1999）

20.9.1　主题内容与适用范围

本标准规定了用蒸馏后滴定法测定城市污水中的总氮。

本标准适用于排入城市下水道污水和污水处理厂污水中总氮的测定。

本方法的最低检出浓度为总氮 0.2mg/L。

当硝酸盐和亚硝酸盐氮含量为 10mg/L 时回收率为 69%～83%，大于 10mg/L 时，本方法误差较大，可改用分别测定凯氏氮，硝酸盐氮和亚硝酸盐氮，计算总氮。

总氮浓度较低时，可取蒸馏液做纳氏比色法测定。

20.9.2　方法原理

总氮包括有机氮、氨氮、亚硝酸盐氮和硝酸盐氮，样品中的硝酸盐和亚硝酸盐氮用锌硫酸还原成硫酸铵；有机氮以硫酸铜作催化剂经硫酸消解后，转变成硫酸铵。在碱性条件下蒸馏释放出氨，吸收于硼酸溶液中，最后用标准硫酸溶液滴定。

20.9.3　试剂和材料

均使用分析纯试剂及无氨蒸馏水。

（1）无氨蒸馏水。每升蒸馏水中加 0.1mL 浓硫酸进行重蒸馏，或用离子交换法，蒸馏水通过强酸性阳离子交换树脂（氢型）柱来制取。无氨水贮存在带有磨口玻璃塞的玻璃瓶内，每升中加 10g 强酸性阳离子交换树脂（氢型）以利保存。

（2）锌粉。

（3）锌粒。

（4）硫酸（$H_2SO_4$，$\rho$=1.84g/mL）。

（5）硫酸铜-硫酸钠混合溶液。称取 4g 硫酸铜（$CuSO_4 \cdot 5H_2O$）及 20g 硫酸钠（$Na_2SO_4$），溶于 100mL 水中。

（6）2%（*W/V*）硼酸溶液。称取 20g 硼酸（$H_3BO_3$），溶于 1000mL 水中。

（7）50%（*W/V*）氢氧化钠溶液。称取 400g 氢氧化钠（NaOH）溶于 800mL 水中。

（8）硫酸标准滴定液 $c\left(\frac{1}{2}H_2SO_4\right)$=0.10mol/L。

稀释硫酸，用碳酸钠进行标定（见附录 A）。

（9）硫酸标准滴定液 $c\left(\frac{1}{2}H_2SO_4\right)$=0.02mol/L。将硫酸标准滴定液稀释使用。

（10）混合指示剂。称取 0.1g 甲基红及 0.05g 亚甲蓝，溶于 100mL 酒精中。

20.9.4　仪器。

（1）500mL 凯氏烧瓶和 500W 电炉。

（2）1000mL 全玻璃蒸馏器和 300W 电炉（见图 2）。

20.9.5　样品

样品在采集后应及时测定。如不能立即测定，应于每升样品中加入 1mL 硫酸，4℃下贮存。

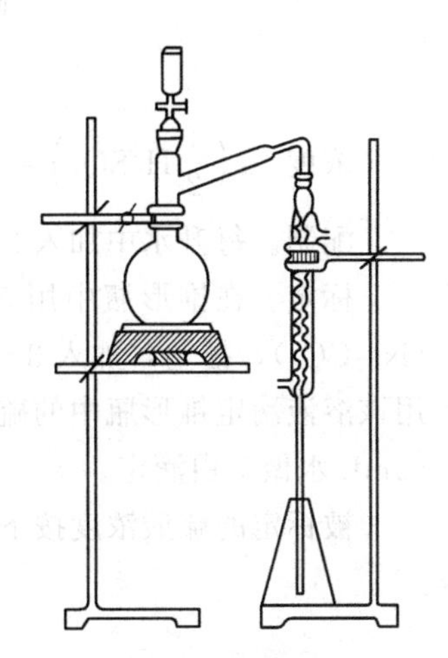

图 2　蒸馏装置

20.9.6　分析步骤

（1）空白实验。用 100mL 水，按第(3)～(4)条操作。

（2）试料体积的选择。如果已知样品中氮的大致含量，可按表 3 选择试料体积。

**表 3　不同总氮浓度所需试料体积**

| 总氮浓度 $C_N$/(mg/L) | 试料体积/mL | 总氮浓度 $C_N$/(mg/L) | 试料体积/mL |
|---|---|---|---|
| <10 | 250 | 20～50 | 50 |
| 10～20 | 100 | 50～100 | 25 |

（3）量取试料于 500mL 凯氏烧瓶内，若试料不足 100mL，用水稀释至 100mL，加 1g 锌粉，5mL 硫酸铜硫酸钠混合液及 10mL 浓硫酸，待锌粉反应完（约 10min），加热消解至消解液透明呈蓝绿色，继续消解 20～30min。待消解液冷却后，将其转移至蒸馏烧瓶中，加水使溶液体积为 200mL 左右，另在 150mL 锥形瓶中加入 50mL 硼酸溶液，并滴加 2 滴混合指示剂，用来吸收馏出液，导液管插至吸收液面下。再往蒸馏瓶中投入 2 粒锌粒，立即通过分液漏斗加入 40mL 氢氧化钠溶液，并用洗瓶吹洗分液漏斗，关闭活塞加热蒸馏。待吸收液变色后继续蒸 20～30min。

（4）用硫酸标准滴定液或滴定吸收液，滴到溶液由绿色刚转至紫色为止，紫色的深浅与滴定的空白作对照。

20.9.7　分析结果的表述

总氮的含量 $C_N$（mg/L）用下式计算

$$C_N=\frac{V_1-V_2}{V_0}\cdot c\times 14.01\times 1000$$

式中　$V_0$——试料的体积；

$V_1$——滴定试料时所消耗的硫酸标准滴定液的体积，mL；

$V_2$——滴定空白时所消耗的硫酸标准滴定液的体积，mL；

$c$——滴定用的硫酸标准滴定液的精确浓度，mol/L；

14.01——氮原子的摩尔质量，g/mol。

**附录 A　硫酸标准滴定液的配制和标定**

（补充件）

浓度。$c\left(\frac{1}{2}H_2SO_4\right)=0.1mol/L$。

配制。每升水中加入 2.8mL 浓硫酸。

标定。在锥形瓶中用 50mL 水溶解约 0.1g 精确到 0.002g 经 180℃烘干的无水碳酸钠（$Na_2CO_3$），摇匀，加入 3～4 滴甲基橙指示剂。在 25mL 滴定管中加入待标定的硫酸溶液，用该溶液滴定锥形瓶中的硫酸钠溶液，直至溶液由黄色刚转至橙红为止，记下读数，同时用 50mL 水做空白滴定。

被标定的硫酸浓度按下式计算

$$c=\frac{m\times 1000}{53\times(V_1-V_0)}$$

式中　$m$——无水碳酸钠的质量，g；

$V_1$——滴定无水碳酸钠的溶液时所消耗硫酸的体积，mL；

$V_0$——滴定空白时所消耗硫酸溶液的体积，mL；

53——无水碳酸钠$\left(\frac{1}{2}Na_2CO_3\right)$的摩尔质量，g/mol。

## 附录 B　过硫酸钾氧化——紫外分光光度法

（参考件）

**B1　主题内容与适用范围**

本方法适用于污染不严重的污水中总氮的测定。

B1.1　测定范围。本方法测定的总氮浓度范围在 0.05～4mg/L 之间。

B1.2　干扰。样品中含有六价铬离子及三价铬离子时，可加入 5%盐酸羟胺溶液 1～2mL，消除其对测定的影响。碳酸盐及碳酸氢盐对测定的影响，在加入一定量的盐酸后可消除。碘离子及溴离子对测定有干扰。

**B2　方法原理**

在 120～124℃的碱性介质条件下，用过硫酸钾作氧化剂，可将水中氨氮和亚硝酸盐及大部分有机氮化合物氧化为硝酸盐，然后分别测定 220nm 及 275nm 处的吸光度，用 $A = A_{220} - 2A_{275}$ 计算出硝酸盐氮的吸光度，计算出总氮的含量。

**B3　试剂和材料**

B3.1　无氨蒸馏水。在每升蒸馏水中加 0.1mL 浓硫酸，进行重蒸馏，收集馏出液于玻璃瓶内保存。

B3.2　质量分数为 20%氢氧化钠。称取 20g 氢氧化钠（NaOH），溶于无氨水中，稀释至 100mL。

B3.3　碱性过硫酸钾溶液。称取 40g 过硫酸钾（$K_2S_2O_8$），15g 氢氧化钠，溶于无氨蒸馏水（B3.1 条）中，稀释至 1000mL 溶液存放在聚乙烯瓶内，可贮存一周。

B3.4　体积分数为 10%盐酸。将 10mL 浓盐酸（HCl）加入 100mL 水（B3.1）中。

B3.5　硝酸钾贮备液 $C_N$=100mg/L。称取（0.7218±0.0007）g 经 105～110℃烘干的硝酸钾（$KNO_3$）溶于无氨蒸馏水（B3.1 条），移入 1000mL 容量瓶，加入 2mL 三氯甲烷，稀释至标线，可稳定 6 个月以上。

B3.6　硝酸钾标准溶液 $C_N$=10mg/L。吸取 10.00mL 硝酸钾标准贮备液于 100mL 容量瓶中，用无氨蒸馏水（B3.1 条）稀释至标线。

**B4　仪器**

B4.1　紫外分光光度计。

B4.2　压力蒸汽消毒器或家用压力锅（压力为 1.1～1.3kg/cm²，相应温度为 120～124℃）。

B4.3　25mL 具塞玻璃磨口比色管。

**B5　样品**

样品采集后，用浓硫酸酸化到 pH 小于 2，在 24h 内进行测定。

**B6　分析步骤**

B6.1　空白实验。用 10mL 无氨蒸馏水按 B6.2 条、B6.3 条进行。

B6.2　氧化。取 10.0mL 样品作试料（或取适量样品使氮含量为 20～80μg）于 25mL

比色管中，加入 5mL 的碱性过硫酸钾溶液（B3.3 条）塞紧磨口塞，用纱布及纱绳裹紧管塞，以防蹦出。将比色管置于压力蒸汽消毒器中，加热 0.5h，放气使压力指针回零，然后升温至 120～124℃开始计时（或将比色管置于家用压力锅中，加热至顶压阀吹气开始计时），使比色管在过热水蒸气中加热 0.5h。自然冷却，开阀放气，移去外盖，取出比色管并冷至室温。

B6.3　测定。在氧化过的溶液中加入盐酸（B3.4 条）1mL，用无氨蒸馏水（B3.1 条）稀释至 25mL 标线，以新鲜无氨蒸馏水作参比，用 10mm 石英比色皿分别在 220nm 及 275nm 波长处测定吸光度，算出 $A=A_{220}-2A_{275}$，从工作曲线上查出氮的含量。

B6.4　工作曲线的绘制。分别吸取 0mL、0.50mL、1.00mL、2.00mL、3.00mL、5.00mL、7.00mL、8.00mL 硝酸钾标准溶液（B3.6 条）于 25mL 比色管中，用无氨蒸馏水稀释至 10mL 标线，以下按 B6.2 条、B6.3 条进行，用校正吸光度绘制工作曲线。

**B7　结果的表述**

总氮的浓度 $C_N$（mg/L）用下式计算

$$C_N=\frac{m}{V}\times 1000$$

式中　$m$——从工作曲线上查得的含氨量，mg；

$V$——所取试料的体积，mL。

**附加说明：**

本标准由中华人民共和国建设部标准定额研究所提出；

本标准由建设部水质标准技术归口单位中国市政工程中南设计院归口；

本标准由上海市城市排水管理处、上海市城市排水监测站负责起草；

本标准主要起草人为刘卫国；

本标准委托上海市城市排水监测站负责解释。

20.10　城市污水总磷的测定——分光光度法（CJ/T 57—1996）

20.10.1　抗坏血酸还原法

20.10.1.1　主题内容与适用范围

本标准规定了用抗坏血酸还原法测定城市污水中的总磷。

本标准适用于排入城市下水道污水和污水处理厂污水中冲磷的测定。

（1）测定范围。本方法测定磷（P）的浓度范围为 0.03～2mg/L。

（2）干扰。六价铬存在将使结果偏低，浓度为 1mg/L 时大约低 3%，浓度为 10mg/L 时低 10%～15%。

20.10.1.2　方法原理

水中磷酸盐与钼酸铵形成磷钼酸盐，被抗坏血酸还原成钼蓝，在一定浓度范围内，溶液颜色的深浅与磷含量成比例。

20.10.1.3　试剂和材料

均用分析纯试剂和蒸馏水或去离子水。

（1）硫酸（$H_2SO_4$，$\rho$=1.84g/mL）。

（2）高氯酸（$HClO_4$，$\rho$=1.67g/mL）。高氯酸是易爆物，务必遵守爆炸物的有关安全管理规定。

（3）抗坏血酸。

(4) 体积分数50%氨水溶液。取50mL浓氨水用水稀释到100mL。

(5) 体积分数20%硫酸溶液。取20mL浓硫酸加入水中稀释到100mL。

(6) 质量分数2.5%钼酸铵酸性溶液。将2.5g钼酸铵溶解在100mL $c\left(\frac{1}{2}H_2SO_4\right)=$ 0.1mol/L的硫酸溶液中。用时现配。

(7) 硫酸溶液 $c\left(\frac{1}{2}H_2SO_4\right)=20$mol/L。取55.6mL浓硫酸缓缓加入水中稀释到100mL。

(8) 磷贮备溶液。磷酸二氢钾($KH_2PO_4$)于105℃干燥,然后在干燥器内冷却后,称取(0.2195±0.0002)g溶于水并稀释至100mL,此贮备液1mL含0.5mg磷。

(9) 磷标准溶液。称取磷贮备液10.0mL,用水稀释至500mL,此溶液1mL含0.010mg磷。

(10) 0.5% ($W/V$) 酚酞乙醇溶液。称取0.5g酚酞溶于100mL无水乙醇中。

20.10.1.4 仪器

(1) 100开氏烧瓶。

(2) 分光光度计。

注:所有玻璃容器都要先用热的稀盐酸浸泡,再用水冲洗数次,绝不能用含有磷酸盐的商品洗涤剂来清洗。

20.10.1.5 样品

样品采集后,需低温保存或加1mL硫酸保存,含磷量较少的样品,除非处于冷冻状态,否则不要用塑料瓶贮存,以防磷酸盐吸附在瓶壁上。

20.10.1.6 分析步骤

(1) 空白实验。取20.0mL水按(2)中①~④条进行操作。用所得吸光度从工作曲线上查得空白值,若空白值超出置信区间时应检查原因。

空白值置信区间可按CJ 26.25—1991附录B确定。

(2) 测定。

① 取20.0mL实验室样品作为试料,移入100mL开氏烧瓶中,如试料不到20mL用水补足,加入硫酸及高氯酸各1mL,开氏烧瓶口盖上小漏斗,放到通风橱内的电热炉上,加热0.5~1h,直到冒白烟,溶液呈无色为止,冷却后定容至50mL。

② 取出25mL(或适量)消解液放入50mL比色管中,加1滴酚酞指示剂,用氨水调节到微红,用水稀释至45mL左右。

③ 加入1mL硫酸溶液再加2mL钼酸铵溶液摇匀后加约0.1g抗坏血酸,摇动使之溶解,定容到50mL。

④ 把比色管放入沸水浴中,加热5min,冷却至室温,在670nm波长下,用10mm比色皿,用水作参比,测定吸光度。

⑤ 用测得的吸光度减去空白实验的吸光度,得到校正吸光度。

(3) 工作曲线的绘制。取7支100mL开氏烧瓶,分别加入磷标准溶液0mL、2.00mL、4.00mL、8.00mL、12.00mL、16.00mL、20.00mL按测定操作,其中消解液取25mL,以校正吸光度为纵坐标,各点对应浓度0mg/L、0.20mg/L、0.40mg/L、0.80mg/L、1.20mg/L、1.60mg/L、2.00mg/L为横坐标绘制工作曲线。

20.10.1.7 分析结果的表述

总磷含量 $C_p$（mg/L）用下式计算

$$C_p = C \cdot \frac{50}{V_1 \times \frac{V_2}{50''}} = C \cdot \frac{2500}{V_1 V_2}$$

式中　$C$——用校正吸光度从工作曲线上查得的磷（P）浓度，mg/L；

$V_1$——试料体积，mL；

$V_2$——取消解液的体积，mL；

50——显色溶液定容体积，mL；

50″——消解液定容体积，mL。

20.10.1.8　精密度

实验室内分析含磷盐 100mg/L 的加标样品相对标准偏差为 3.72%，平均回收率为 97.2%。

20.10.2　氯化亚锡还原法

20.10.2.1　主题内容与适用范围

本标准规定了用氯化锡还原法测定城市污水中的总磷。

本标准适用于排入城市下水道污水和污水处理厂污水中总磷的测定。

(1) 测定范围。本方法测定磷（P）的浓度范围为 0.02～1mg/L。

(2) 干扰。高铁（$Fe^{3+}$）40mg/L 时，影响显色，如铜离子（$Cu^{2+}$）含量大于 1mg/L 时，可出现负偏差。

20.10.2.2　方法原理

水中磷酸盐与钼酸铵溶液形成淡黄色的磷钼酸盐，被氯化亚锡还原成钼蓝，在一定范围内，溶液颜色的深浅与磷含量成比例。

20.10.2.3　试剂和材料

2.5%（质量体积分数）氯化亚锡甘油溶液。将 2.5g 氯化亚锡（$SnCl_2$）溶于 100mL 甘油中，置热水浴中溶解，摇匀后贮于棕色瓶内，可长期保存和使用。

其他试剂与抗坏血酸法相同。

20.10.2.4　仪器

同第一篇 4。

20.10.2.5　样品

同第二篇 5。

20.10.2.6　分析步骤

(1) 空白实验。取 20mL 水按测定步骤进行操作，用所得吸光度在工作曲线上查得空白值，若空白值超出置信区时应检查原因。

空白值置信区间可按 GJ 26.25—1991 附录 B 确定。

(2) 测定。

① 试料消解与溶液 pH 调节同第一篇 6.(2)①②。

② 在调好 pH 值溶液中，加入 1mL 硫酸溶液，再加入 2mL 钼酸铵溶液，摇匀后加 4 滴氯化亚锡甘油溶液，用水稀释至 50mL，摇匀。显色的速度和颜色深度都与温度有关，温度每升高 1℃使颜色加深 1%，因此必须严格控制温度。试料，标准溶液和试剂的温度彼此相

差不得大于 2℃，且要保持在 20～30℃之间。

③ 显色 10min 后进行比色测定，但必须在 20min 内完成。因为颜色将随时间延长而变深。用 10mm 比色皿，在 690nm 波长处，用水作参比，测定吸光度。

④ 用测得的吸光度减去空白实验的吸光度，得到校正吸光度。

(3) 工作曲线的绘制。取 6 支 100mL 开氏烧瓶，分别加入磷标准溶液、0mL、2.00mL、4.00mL、6.00mL、8.00mL、10.00mL 按测定步骤操作，其中消解溶液取 25mL，以校正吸光度为纵坐标，各点对应浓度 0mg/L、0.20mg/L、0.40mg/L、0.60mg/L、0.80mg/L、1.00mg/L 为横坐标绘制工作曲线。

20.10.2.7 分析结果的表述

同第一篇 7。

20.10.2.8 精密度

实验室内分析含磷酸盐 100mg/L 的加标样品，相对标准偏差为 6.47%，平均回收率为 94.5%。

## 附录 A 常压下的过硫酸钾消解法

（参考件）

**A1 试剂和材料**

均用分析纯试剂和蒸馏水或去离子水。

A1.1 30%（体积分数）的硫酸溶液。将 30mL 浓硫酸缓缓倒入 70mL 水中。

A1.2 5%（质量浓度）过硫酸钾溶液。溶解 5g 过硫酸钾（$K_2S_2O_8$）于水中，并稀释至 100mL。

A1.3 硫酸 $c(H_2SO_4)=1mol/L$。

A1.4 氢氧化钠溶液 $c(NaOH)=1mol/L$。

A1.5 1%（质量浓度）酚酞指示剂。将 0.5g 酚酞溶于 95%乙醇并稀释至 50mL。

**A2 操作步骤**

取适量混匀样品（含磷不超过 30μg）于 150mL 锥形瓶中，加水至 50mL，加数粒玻璃珠，加 1mL 硫酸溶液（A1.1 条），5mL 过硫酸钾溶液（A1.2 条），在电炉上加热煮沸，调节温度保持微沸 30～40min，至体积 10mL 为止。放冷，加 1 滴酚酞指示剂（A1.5 条），滴加氢氧化钠溶液（A1.4 条）至刚呈微红色，再滴加硫酸溶液（A1.3 条）使红色褪去，充分摇匀。如溶液不澄清，可用滤纸过滤于 50mL 比色管中，用水洗锥形瓶及滤纸，一并移入比色管中，加水至标线，供分析用。

**附加说明：**

本标准由中华人民共和国建设部标准定额研究所提出；

本标准由建设部水质标准技术归口单位中国市政工程中南设计院归口；

本标准由上海市城市排水管理处、上海市城市排水监测站负责起草；

本标准主要起草人为严英华；

本标准委托上海市城市排水监测站负责解释。

20.11 城市污水总有机碳的测定——非色散红外法（CJ/T 57—1991）

20.11.1 主题内容与适用范围

本标准规定了用非色散红外法测定城市污水中的总有机碳。

本标准适用于排入城市下水道污水和污水处理厂污水中总有机碳的测定。

（1）测定范围。本方法测定总有机碳的浓度范围为1～1000mg/L。

（2）干扰。如样品悬浮颗粒太多，盐的含量过高，会有干扰。

20.11.2 方法原理

利用燃烧氧化法，将样品分别注入高温燃烧管及低温燃烧管，在催化剂存在情况下，水中含碳物质，包括有机物、碳酸盐和碳酸氢盐，反应生成二氧化碳，经红外气体分析器，测得总碳含量及无机碳含量。

高温燃烧反应式如下

$$C_aH_bO_c + nO_2 \longrightarrow aCO_2 + \frac{b}{2}H_2O$$

$$Me(HCO_3)_2 \longrightarrow MeO + 2CO_2 + H_2O$$

$$MeCO_3 \longrightarrow MeO + CO_2$$

低温燃烧反应式如下

$$MeHCO_3 + H^+ \longrightarrow Me^+ + H_2O + CO_2$$

$$Me_2CO_2 + 2H^+ \longrightarrow 2Me^+ + H_2O + CO_2$$

20.11.3 试剂和材料

均用分析纯试剂及用无二氧化碳蒸馏水制备。

（1）总碳标准溶液。称取预先在105℃干燥2h的邻苯二甲酸氢钾（$KHC_6H_4O_4$）(2.215±0.002)g，溶于水中，移入1000mL容量瓶，用水稀释至标线，此溶液1mL含1mg总碳。

（2）无机碳标准溶液。称取无水碳酸钠（$Na_2CO_3$）(4.412±0.004)g和无水碳酸氢钠（$NaHCO_3$）(3.497±0.003)g(两种试剂都需干燥)溶于水中，移入1000mL容量瓶，用水稀释至标线。此溶液1mL含1mg无机碳。已制备好的标准溶液放入冰箱保存。

20.11.4 仪器

（1）总有机碳分析仪。

（2）微量注射器0～50μL、0～100μL。

（3）压缩空气钢瓶。

20.11.5 样品

样品中有机化合物在放置过程中易受氧化或被微生物分解，因此样品采集后要及时分析，如不能及时分析，应低温保存，但不能超过7d。

20.11.6 分析步骤

仪器操作应遵照仪器的使用说明书进行。

（1）样品的预处理。如样品浓度大于工作曲线测定范围，应用无$CO_2$蒸馏水将样品稀释再行测定。如果样品中有机碳浓度很低而无机碳浓度很高或是总碳浓度小于10mg/L，此时应将样品酸化，即取2mL样品，加入50%（体积分数）的盐酸数滴，使pH值为2左右。通入净化空气2～5min，将无机碳吹掉，可直接测得总有机碳的含量。

（2）测定。测定前要估计样品中总碳的大致含量，以选择适宜的进样量，在同一样品中，用微量注射器取一份样品注入TC进样口，再取一份样品注入IC进样口。

（3）总碳工作曲线的绘制。由标准溶液稀释配制标准系列，为了提高测定的准确度，可选择几档不同的浓度范围。例如1～50mg/L、20～100mg/L、40～200mg/L等，每一组标准至少要选5个不同浓度的标准，每一浓度至少进样3次，取其平均值，然后以浓度为横坐标，测得相应的电压（mV）为纵坐标，绘制出不同浓度范围的总碳工作曲线。

（4）无机碳工作曲线的绘制。将仪器上切换阀的位置转向无机碳，用标准溶液稀释配制标准系列，按总碳工作曲线绘制步骤操作，绘制出不同浓度范围的无机碳工作曲线，30mg/L以下的无机碳标准溶液，在空气中易发生变化，应临用前配制。

20.11.7　分析结果的表述

根据样品测得的总碳和无机碳电压（mV），分别在它们的标准曲线上查出相应的浓度（mg/L），二者之差即为总有机碳浓度（mg/L）。

$$总有机碳(TOC)=总碳(TC)-无机碳(IC)$$

20.11.8　精密度

本实验室内，TOC浓度为121mg/L的标准溶液经过20次测定，相对标准偏差为0.98%，平均回收率为98%。含颗粒样品测定的相对标准偏差为5%～10%。

20.11.9　其他

（1）除去水分。样品燃烧后有水蒸气产生，水蒸气的红外吸收频带较宽且与二氧化碳有重叠现象，所以在红外检测器前都有除水装置，一般用无水氯化钙除去水分，因此要经常注意除水装置，吸湿后，应立即调换。

（2）在注入样品或标准时发现平行测定不佳，如果仪器其他部分都正常，可能是催化剂失效，应按说明书更换催化剂。

**附加说明：**

本标准由中华人民共和国建设部标准定额研究所提出；

本标准由建设部水质标准技术归口单位中国市政工程中南设计院归口；

本标准由上海市城市排水管理处、上海市城市排水监测站负责起草；

本标准主要起草人为严英华；

本标准委托上海市城市排水监测站负责解释。

## 21. 洗片废水中污染物的测定

### 21.1　彩色显影剂总量的测定——169成色剂法

洗片的综合废水中存在的彩色显影剂很难检测出来，国内外介绍的方法一般都仅适用于显影水洗水中的显影剂检测。本方法可以快速地测出综合废水中的彩色显影剂。当废水中同时存在多种彩色显影剂时，用此法测出的量是多种彩色显影剂的总量。

21.1.1　原理

电影洗片废水中的彩色显影剂可被氧化剂氧化，其氧化物在碱性溶液中遇到水溶性成色剂时，立即偶合形成染料。不同结构的显影剂（TSS，CD-2，CD-3）与169成色剂偶合成染料时，其最大吸收的光谱波长均在550nm处，并在0～10mg/L范围内符合比耳定律。

以TSS为例，反应如下：

(TSS) + (169成色剂) $\xrightarrow{Cu^{2+}}$ (品红染料)

21.1.2 仪器及设备

721 型或类似型号分光光度计及 1cm 比色槽。

50mL、100mL 及 1000mL 的容量瓶。

21.1.3 试剂

(1) 0.5%成色剂 称取 0.5g169 成色剂置于有 100mL 蒸馏水的烧杯中。在搅拌下，加入 1～2 粒氢氧化钠，使其完全溶解。

(2) 混合氧化剂溶液 将 $CuSO_4 \cdot 5H_2O$ 0.5g，$Na_2CO_3$ 5.0g，$NaNO_2$ 5.0g 以及 $NH_4Cl$ 5.0g 依次溶解于 100mL 蒸馏水中。

(3) 标准溶液 精确称取照相级的彩色显影剂（生产中使用最多的一种）100mg，溶解于少量蒸馏水中。其已溶入 100mg $Na_2SO_3$ 作保护剂，移入 1L 容量瓶中，并加蒸馏水至刻度。此标准溶液相当 0.1mg/mL，必须在使用前配制。

21.1.4 步骤

(1) 标准曲线的制作 在 6 个 50mL 容量瓶中，分别加入以下不同量的显影剂标准液。

| 编号 | 加入标准液的体积/mL | 相当显影剂含量/（mg/L） |
|---|---|---|
| 0 | 0 | 0 |
| 1 | 1 | 2 |
| 2 | 2 | 4 |
| 3 | 3 | 6 |
| 4 | 4 | 8 |
| 5 | 5 | 10 |

以上 6 个容量瓶中皆加入 1mL 成色剂溶液，并用蒸馏水加至刻度。分别加入 1mL 混合氧化剂溶液，摇匀。在 5min 内在分光光度计 550nm 处测定其不同试样生成染料的光密度（以编号 0 为零），绘制不同显影剂含量的相应光密度曲线。横坐标为 2mg/L、4mg/L、6mg/L、8mg/L、10mg/L。

(2) 水样的测定 取 2 份水样（一般为 20mL）分别置于两个 50mL 的容量瓶中。一个为测定水样，另一个为空白实验。在前者测定水样中加 1mL 成色剂溶液。然后分别在两个瓶中加蒸馏水至刻度，其他步骤同标准曲线的制作。以空白液为零，测出水样的光密度，在标准曲线中查出相应的浓度。

21.1.5 计算

$$\text{从标准曲线中查出的浓度} \times \frac{50}{a} = \text{废水中彩色显影剂的总量 (mg/L)}$$

式中 $a$——为废水取样的体积，mL。

21.1.6 注意事项

(1) 生成的品红染料在 8min 之内光密度是稳定的，故宜在染料生成后 5min 之内测定。

(2) 本方法不包括黑白显影剂。

21.2 显影剂及其氧化物总量的测定方法

电影洗印废水中存在不同量的赤血盐漂白液，将排放的显影剂部分或全部氧化，因此废水中一种情况是存在显影剂及其氧化物，另一种情况是只存在大量的氧化物而无显影剂。本方法测出的结果在第一种情况下是废水中显影剂及氧化物的总量，在第二种情况下是废水中原有显影剂氧化物的含量。

21.2.1　原理

通常使用的显影剂，大都具有对苯二酚、对氨基酚、对苯二胺类的结构。经氧化水解后都能得到对苯二醌。利用溴或氯溴将显影剂氧化成显影剂氧化物，再用碘量法进行碘—淀粉比色法测定。

以米吐尔为例

$$HO-C_6H_4-NHCH_3 + H_2O + Br_2 \rightleftharpoons O=C_6H_4=O + CH_3NH_2 + 2H^+ + 2Br^-$$

醌是较强的氧化剂。在酸性溶液中，碘离子定量还原对苯二醌为对苯二酚。所释出的当量碘，可用淀粉发生蓝色进行比色测定。

$$O=C_6H_4=O + 2H^+ + 2I^- \rightleftharpoons I_2 + HO-C_6H_4-OH$$

21.2.2　仪器和设备

721或类似型号分光光度计及2cm比色槽，恒温水浴锅，50mL容量瓶，2mL、5mL及10mL刻度吸管。

21.2.3　试剂

(1) 0.1mol/L溴酸钾—溴化钾溶液　称取2.8g溴酸钾和4.0g溴化钾，用蒸馏水稀释至1L

(2) 1∶1磷酸　磷酸加一倍蒸馏水。

(3) 饱和氯化钠溶液　称取40g氯化钠，溶于100mL蒸馏水中。

(4) 20%溴化钾溶液　称取20g溴化钾，溶于100mL蒸馏水中。

(5) 5%苯酚溶液　取苯酚5mL，溶于100mL蒸馏水中。

(6) 5%碘化钾溶液　称取5g碘化钾，溶于100mL蒸馏水中。(用时配制，放暗处)

(7) 0.2%淀粉溶液　称1g可溶性淀粉，加少量水搅匀，注入沸腾的500mL水中，继续煮沸5min。夏季可加水杨酸0.2g。

(8) 配制标准液　准确称取对苯二酚（相对分子质量为110.11g）0.276g，如果是照相级米吐尔（相对分子质量为344.40g）可称取0.861g，照相级TSS（相对分子质量为262.33g）可称取0.656g（或根据所使用药品的相对分子质量及纯度另行计算），溶于25mL的6molHCl中，移入250mL容量瓶中，用蒸馏水加至刻度。此溶液浓度为0.0100mol/L。

21.2.4　步骤

(1) 标准曲线的制作

① 取标准液25mL，加蒸馏水稀释至1000mL，此液浓度为0.00025mol/L，即每毫升含对苯二酚0.25μmol（甲液）。

② 取甲液25mL用蒸馏水稀释至250mL，此溶液浓度为0.000025mol/L，即每毫升含对苯二酚0.025μmol（乙液）。

③ 取6个50mL容量瓶，分别加入标准稀释液（乙液）0μmol，0.1μmol，0.2μmol，0.3μmol，0.4μmol，0.5μmol对苯二酚（即4.0mL，8.0mL，12.0mL，16.0mL，20.0mL

乙液），加入适量蒸馏水，使各容量瓶中大约为 20mL 溶液。

④ 用刻度吸管加入 1∶1 磷酸 2mL。

⑤ 用吸管取饱和氯化钠溶液 5mL。

⑥ 用吸管取 0.1mol/L 溴酸钾-溴化钾溶液 2mL，尽可能不要沾在瓶壁上。用极少量的水冲洗瓶壁并摇匀。溶液应是氯溴的浅黄色。放入 35℃恒温水浴锅内，放置 15min。

⑦ 吸取 20%溴化钾溶液 2mL，沿瓶壁周围加入容量瓶中。摇匀后放在 35℃水浴中 5～10min。

⑧ 用滴管快速加入 5%苯酚溶液 1mL，立即摇匀，使溴的颜色退去。（如慢慢加入则易生成白色沉淀，无法比色）。

⑨ 降温：放自来水中降温 3min。

⑩ 用吸管加入新配制的 5%碘化钾溶液 2mL，冲洗瓶壁；放入暗柜 5min。

⑪ 吸取 0.2%淀粉指示剂 10mL，加入容量瓶中，用蒸馏水加至刻度，加盖摇匀后，放暗柜中 20min。

⑫ 将发色试液分别放入 2cm 比色槽中，在分光光度计 570nm 处，以试剂空白为零，分别测出 5 个溶液的光密度，并绘制出标准曲线。横坐标为 0.1μmol/50mL，0.2μmol/50mL，0.3μmol/50mL，0.4μmol/50mL，0.5μmol/50mL。

（2）水样的测定　取水样适量（约 1～10mL）放入 50mL 容量瓶中，并加蒸馏水至 20mL 左右，于另一个 50mL 容量瓶中加 20mL 蒸馏水作试剂空白。以下按步骤④～⑫进行，测出水样的光密度，在曲线上查出 50mL 中所含微克分子数。

（3）需排除干扰的水样测定　当水样中含有六价铬离子而影响测定时，可用 $NaNO_2$ 将 $Cr^{+6}$ 还原成 $Cr^{+3}$，用过量的尿素、去除多余的 $NaNO_2$ 对本实验的干扰，即可达到消除铬干扰的目的。

准确取适量的水样（约 1～10mL），放入 50mL 容量瓶中，加入蒸馏水至 20mL 左右，加入 1∶1 磷酸 2mL，再加入 3 滴 10%$NaNO_2$，充分振荡，放入 35℃恒温水浴中 15min。再加入 20%尿素 2mL，充分振荡，放入 35℃水溶中 10min。以下操作按步骤⑤～⑫ 进行，测出光密度，在曲线上查出 50mL 中所含微克分子数。

21.2.5　计算

水样中显影剂及氧化物总量 $C$（以对苯二酚计）按下式计算

$$C=\frac{50\text{mL 中 }\mu\text{mol 数}\times 110}{\text{取样体积（mL）}}\times 1\,000\ (\text{mg/L})$$

21.2.6　注意事项

（1）本实验步骤多，时间长，因此要求操作仔细认真。

（2）所用玻璃器皿必须用清洁液洗净。

（3）水浴温度要准确在 35℃±1℃，每个步骤反应时间要准确控制。

（4）加入溴酸钾—溴化钾后，必须用蒸馏水冲洗容量瓶壁，否则残留溴酸钾与碘化钾作用生成碘，使光密度增加。

（5）在无铬离子的废水中，水样可不必处理，直接进行测定。

（6）水样如太浓，则预先稀释再进行测定。

21.3　元素磷的测定——磷钼蓝比色法

本方法的原理：元素磷经苯萃取后氧化形成的钼磷酸为氯化亚锡还原成蓝色铬合物。灵敏度比钒钼磷酸比色法高，并且易于富集，富集后能提高元素磷含量小于0.1mg/L时检测的可靠性，并减少干扰。

水样中含砷化物、硅化物和硫化物的量分别为元素磷含量的100倍、200倍和300倍时，对本方法无明显干扰。

21.3.1 仪器和试剂

(1) 仪器

a. 分光光度计：3cm比色皿。

b. 比色管：50mL。

c. 分液漏斗：60mL、125mL、250mL。

d. 磨口锥形瓶：250mL。

(2) 试剂 以下试剂均为分析纯：苯、高氯酸、溴酸钾、溴化钾、甘油、氯化亚锡、钼酸铵、磷酸二氢钾、醋酸丁酯、硫酸、硝酸、无水乙醇、酚酞指示剂。

21.3.2 溶液的配制

(1) 磷酸二氢钾标准溶液 准确称取0.4394g干燥过的磷酸二氢钾，溶于少量水中，移入1 000mL容量瓶中，定容。此溶液$PO_4^{-3}$-P含量为0.1mg/mL。取10mL上述溶液于1 000mL容量瓶中，定容，得到$PO_4^{-3}$-P含量为1μg/mL的磷酸二氢钾标准溶液。

(2) 溴酸钾-溴化钾溶液 溶解10g溴酸钾和8g溴化钾于400mL水中。

(3) 2.5%钼酸铵溶液 称取2.5g钼酸铵，加1∶1硫酸溶液70mL，待钼酸铵溶解后再加入30mL水。

(4) 2.5%氯化亚锡甘油溶液 溶解2.5g氯化亚锡于100mL甘油中（可在水浴中加热，促进溶解）。

(5) 5%钼酸铵溶液 溶解12.5g钼酸铵于150mL水中，溶解后将此液缓慢地倒入100mL 1∶5的硝酸溶液中。

(6) 1%氯化亚锡溶液 溶解1g氯化亚锡于15mL盐酸中，加入85mL水及1.5g抗坏血酸（可保存4～5天）。

(7) 1∶1硫酸溶液、1∶5硝酸溶液、20%氢氧化钠溶液。

21.3.3 测定步骤

(1) 废水中元素磷含量大于0.05mg/L时，采取水相直接比色，按下列规定操作：

① 水样预处理。

a. 萃取 移取10～100mL水样于盛有25mL苯的125mL或250mL的分液漏斗中，振荡5min后静置分层。将水相移入另一盛有15mL苯的分液漏斗中，振荡2min后静置，弃去水相，将苯相并入第一支分液漏斗中。加入15min水，振荡1min后静置，弃去水相，苯相重复操作水洗6次。

b. 氧化 在苯相中加入10～15mL溴酸钾-溴化钾溶液，2mL 1∶1硫酸溶液振荡5min，静置2min后加入2mL高氯酸，再振荡5min，移入250mL锥形瓶内，在电热板上缓缓加热以驱赶过量高氯酸和除溴（勿使样品溅出或蒸干），至白烟减少时，取下冷却。加入少量水及1滴酚酞指示剂，用20%氢氧化钠溶液中和至呈粉红色，加1滴1∶1硫酸溶液至粉红色消失，移入容量瓶中，用蒸馏水稀释至刻度（据元素磷的含量确定稀释体积）。

比色 移取适量上述的稀释液于50mL比色管中，加2mL2.5%钼酸铵溶液及6滴2.5%氯化亚锡甘油溶液，加水稀释至刻度，混匀，于20～30℃放置20～30min，倾入3cm

比色皿中，在分光光度计 690nm 波长处，以试剂空白为零，测光密度。

② 直接比色工作曲线的绘制。

a. 移取适量的磷酸二氢钾标准溶液，使 $PO_4^{-3}$-P 的含量分别为 0μg、1μg、3μg、5μg、7μg……17μg 于 50mL 比色管中，测光密度。

b. 以 $PO_4^{-3}$-P 含量为横坐标，光密度为纵坐标，绘制直接比色工作曲线。

(2) 废水中元素磷含量小于 0.05mg/L 时，采用有机相萃取比色。按下列规定操作：

① 水样预处理。

萃取比色　移取适量的氧化稀释液于 60mL 分液漏斗已含有 3mL 的 1∶5 硝酸溶液中，加入 7mL 15%钼酸铵溶液和 10mL 醋酸丁酯，振荡 1min，弃去水相，向有机相加 2mL 1%氯化亚锡溶液，摇匀，再加入 1mL 无水乙醇，轻轻转动分液漏斗，使水珠下降，放尽水相，将有机相倾入 3cm 比色皿中，在分光光度计 630nm 或 720nm 波长处，以试剂空白为零测光密度。

② 有机相萃取比色工作曲线的绘制。

a. 移取适量的磷酸二氢钾标准溶液，使 $PO_4^{-3}$-P 含量分别为 1μg、2μg、3μg、4μg、5μg 于 60mL 分液漏斗中，加入少量的水，以下按上节萃取比色步骤进行。

b. 以 $PO_4^{3-}$-P 含量为横坐标，光密度为纵坐标，绘制有机相萃取比色工作曲线。

计算　用下列公式计算直接比色和有机相萃取比色测得 1L 废水中元素磷的质量 (mg)。

$$m=\frac{G}{\frac{V_1}{V_2}\cdot V_3}$$

式中　$G$——从工作曲线查得元素磷量，μg；

$V_1$——取废水水样体积，mL；

$V_2$——废水水样氧化后稀释体积，mL；

$V_3$——比色时取稀释液的体积，mL。

精确度　平行测定两个结果的差数，不应超过较小结果的 10%。

取平行测定两个结果的算术平均值作为样品中元素磷的含量，测定结果取两位有效数字。

样品保存　采样后调节水样 pH 值为 6～7，可于塑料瓶或玻璃瓶贮存 48h。

# 参 考 文 献


1 高廷耀主编．水污染控制工程（下册）．北京：高等教育出版社，1999
2 许保玖编著．当代给水与废水处理原理．北京：高等教育出版社，1990
3 钱易，米祥友主编．现代废水处理新技术．北京：中国科学技术出版社，1993
4 顾夏声编著．废水生物处理数学模式．第二版．北京：清华大学出版社，1993
5 兰淑澄编．活性炭水处理技术．北京：中国环境科学出版社，1992
6 刘双进．污水处理新技术——反渗透和超过滤．北京：海洋出版社，1985
7 国家环境保护局编．国家环境保护最佳实用技术汇编．北京：中国环境科学出版社，1996
8 钱易，郝吉明．环境科学与工程进展．北京：清华大学出版社，1998
9 王彩霞主编．城市污水处理新技术．北京：中国建筑工业出版社，1990
10 贺延龄编著．废水的厌氧生物处理．北京：中国轻工业出版社，1998
11 李燕城主编．水处理实验技术．北京：中国建筑工业出版社，2001
12 孙丽欣主编．水处理工程应用实验．哈尔滨：哈尔滨工业大学出版社，2002
13 章非娟主编．水污染控制工程实验．北京：高等教育出版社，1996
14 张希衡等编著．废水厌氧生物处理工程．北京：中国环境科学出版社，1996
15 同济大学主编．排水工程（下册）．上海：上海科学技术出版社，1988
16 胡家骏，周群英．环境工程微生物学．北京：高等教育出版社，1988
17 张晖，杨卓如等．臭氧氧化法水处理的进展．环境保护．1995，(11)：29～31

## 内 容 提 要

"水污染控制工程实验"是环境工程专业和给水排水工程专业必修课程，是水污染控制工程教学的重要组成部分。本书是高等工科院校环境工程专业"水污染控制工程"课程的配套教材。

本书内容包括：实验设计、误差与实验数据的处理、水样的采取与保存、水污染控制工程实验内容必开与选开的18个实验项目和附录。

本书在编排上由浅入深、由繁到简，实验项目具有科学性、准确性和实用性。本书为高等学校环境工程专业教材，同时可供相关工程技术人员参考。